EPLAN 电气设计实例入门

张　彤　张文涛　张　瓒　编著

北京航空航天大学出版社

内容简介

本书通过一个具体的案例讲述利用 EPLAN P8 软件绘制一套电气图纸。在绘制图纸的过程中讲述以下几方面的知识：如何用“结构标识”表达电气系统并对电气设备进行标识；如何用“符号”和“黑盒”进行基于图形的设计；如何构建及维护部件库并进行基于“部件”的电气设计；如何通过图表或者报表汇总展示设计信息；一些在电机设计中电气标准的应用以及部分绘图的技巧。通过以上内容引导读者了解 EPLAN 的设计方法并能够绘制基本的电气图纸。

本书适用于电气设计从业人员学习使用，也可用于相关专业教学实践。

图书在版编目(CIP)数据

EPLAN 电气设计实例入门 / 张彤，张文涛，张瓒编著. -- 北京 ：北京航空航天大学出版社，2014.8

ISBN 978-7-5124-1566-9

Ⅰ. ①E… Ⅱ. ①张… ②张… ③张… Ⅲ. ①电气设备—计算机辅助设计—应用软件 Ⅳ. ①TM02-39

中国版本图书馆 CIP 数据核字(2014)第 165305 号

EPLAN 电气设计实例入门

张　彤　张文涛　张　瓒　编著

责任编辑　王慕冰　龚荣桂　王平豪

*

北京航空航天大学出版社出版发行

北京市海淀区学院路 37 号(邮编 100191)　http://www.buaapress.com.cn

发行部电话：(010)82317024　传真：(010)82328026

读者信箱：goodtextbook@126.com　邮购电话：(010)82316524

北京宏伟双华印刷有限公司印装　各地书店经销

*

开本：787×1 092　1/16　印张：13.75　字数：352 千字

2014 年 8 月第 1 版　2024 年 1 月第 15 次印刷　印数：41 001～44000 册

ISBN 978-7-5124-1566-9　定价：42.00 元

若本书有倒页、脱页、缺页等印装质量问题，请与本社发行部联系调换。联系电话：(010)82317024

序

与作者张彤先生认识大致是在两年前，因为 EPLAN 业务的关系我去拜访他。当时他的公司处于起步阶段，参观完他的公司之后，我请教他：公司的厂房、办公楼还不怎么完善，为什么要投入那么多的预算购买 EPLAN？张彤说："我们对于公司将来的规划、核心的工程管理思想就基于 EPLAN 的'高效工程'的理念，即为我们的客户提供更多、更好、更高效的增值服务，永远都比我们的竞争对手做得多一点点，比客户的要求也多一点点。EPLAN 不像大多数人所认为的'仅是一个工具软件'，而是一个平台、一个工程平台、一个体现德国工程自动化演进的跨专业的工程管理平台。希望我们在 EPLAN 公司的支持下，能够更深刻地理解 EPLAN 工程平台的思想，更好地学习和运用 EPLAN，支持公司的自动化工程能力建设和发展。"当时，张彤如此这般地说。直到最近他极力邀请我作为 EPLAN 公司在大中国区事务负责人为他即将出版的著作《EPLAN 电气设计实例入门》作序，我坐下来回想他们公司最近两年的发展以及我们以往的多次沟通，才对他那时的一番话有了更深刻的体会，也借此序言跟读者分享。

谈到写这本书的初衷，张彤说主要还是第一次见面时我们都曾提及 EPLAN 软件很好，但是学习的资料实在太少，而且不容易获得，毕竟 EPLAN 现场技术支持的总体能力是有限的。他相信不仅自己面临这个问题，广大的 EPLAN 使用者和爱好者都会面临这个问题，于是决定在 EPLAN 公司的支持下写一本入门的参考书与大家分享，让更多的 EPLAN 用户受益。张彤还提到这只是计划中的"第一本书"，以后他会组织 EPLAN 爱好者们编纂更多的介绍 EPLAN 的资料分享给大家，涉及深化应用、工程思想的剖析等；除了 EPLAN Electric P8 产品之外，还希望有机会编写更多资料介绍 EPLAN 更多的产品，比如三维机柜的仿真软件 Pro Panel、三维线束解决方案 EPLAN Harness proD、EPLAN 工程平台 EEC Professional，等等。总而言之，我深切体会到张彤先生作为一位自动化工程行业的思想者，也的确是一位 EPLAN 的超级粉丝。他希望能够努力把德国的自动化工程管理思想和模式介绍给更多 EPLAN 的爱好者，影响更多的从业者，不仅为公司长远的发展夯实基础，也为中国工程自动化行业的发展做出自己的贡献。

进一步理解了张彤的宏大志愿和长远规划之后，我也分享一下我对于大中国区自动化工程软件的一些看法及对最近热议理念的一些思考。我在 EPLAN 工作近 4 年，拜访过 500 多家客户的工程自动化技术工作者和管理者。我的深刻体会是:中国的工程自动化从业者,有很大一部分对工程自动化理念还停留在“画图+办公软件”的认知上,这是远远不够的。

我翻阅了本书的目录和其中的几个重点篇章。第一认识——这是一本传递思想的实用的设计入门用书,不是一本告诉你如何把图纸画得更美观、更规范的参考书。加强对工程项目的认知、对图纸的认识等基本准备工作,还有对设计理念的深刻认知和运用,是编写准则。说到“设计”和“画图”,虽然两者都遵循一定的规范和流程,但是“设计”是面向整个工程流程的,从设计思想到生产流程、到业务环节都有涉及。EPLAN 提倡的“高效工程”理念,正是面向整个工程流程的自动输出各种项目设计的文档和手册,与各种工具软件、生产设备等智能集成,实现数据的一致性,让工程设计人员能够专注在“设计”工作上,节省在文档、变更、跨专业、跨部门等沟通上浪费的时间和成本。

我希望这本书能够帮助更多的工程设计人员充分理解工程“设计”的理念,进一步认识到基础数据准备的重要性和科学性,帮助大家更为高效地理解 EPLAN 工程思想体系,顺利入门、深化应用,进而提升 EPLAN 用户的业务价值。

德国经济以其强大的工业基础为特征,特别是德国的机械和设备制造、汽车和能源工业。EPLAN 公司作为一家德国公司,在这样的环境下成长并走过了 30 年的发展历程。无论是在工业领域,还是在软件领域,EPLAN 还只是一家中小企业,但是它专业而强大的高效工程管理思想已经完全被市场所接受和认可,这不得不引发我们的深刻思考。结合最近业内热议的德国“工业化 4.0”,中国政府提出的“两化融合”、“智造 2025”等理念,我在思考:如何才能一方面发展 EPLAN 公司的团队和业务,另一方面又为中国制造业的转型升级做出自己的贡献呢?“工业化 4.0(Industrie 4.0)”强调“智能工厂”和“智能生产”,英文是“Cyber Physical System”,实质上就是实现信息化和自动化技术的高度融合,其关键是软件、传感器和通信系统智能集成。当前的中国制造业面对种种压力与挑战——低劳动力成本的红利消失殆尽,低端制造业向更低劳动力成本的越南、孟加拉国、印度尼西亚等国家和地区转移,高端制造业向西方发达国家回流,特殊、高技术含量的材料、装备遭到技术封锁,造成高端制造能力欠缺。反观中国改革开放 30 多年的发展,我个人十分认同中国工程院周济院士的观点:“我们事实上是在没有完成工业化(电气化)的情况下,就进入信息化时代,德国‘工业化 4.0’对中国的启示是,通过‘两化融合’的手段促进制造业向更高的水平发展。”我借本书出版,号召工程自动化设计的学习者、爱好者、管理者们,充分学习、理解 EPLAN 所倡导的“高效工程”理念,深刻认知“工程设计”和“工程平台”的概念,重视工程基础数据的建立,总结和梳理工程流程,务实推进“两化融合”,促进公司业务的升级转型,提高公司的核心竞争力。

最后，跟大家分享我学习过的“时间机器”的概念，并希望将这个观点运用到工程自动化行业中。我的看法是：尽管在高效工程、先进制造、精益制造等理念上中国已经和欧洲国家、美国基本同步，但是在市场环境、实践基础、人才培养等方面，我们还相差很远。我们要放眼未来，科学扬弃以往经验，夯实基础知识和数据，高效提升，稳健前进。我们一方面要学习 EPLAN 公司的新概念、新技术、新产品，同时还要了解 EPLAN 产品 30 多年发展的基础和成长的历程。正是由于 EPLAN 公司对德国自动化工程人才培养的高度重视，才有了今天 EPLAN 在德国超过 60%的市场占有率和广大的用户群。

EPLAN 的一位中国用户说过，EPLAN 就是“Automate the Automation”，很形象。谁来 Automate the Automation？当然是我们这些工程自动化的从业者！更好、更全面地学习，更多、更广泛地培养自动化人才，是我们大家共同的使命。

让我们一起，在路上！

EPLAN 大中国区总经理

覃　政

2014 年 7 月

前　言

编写背景

EPLAN 软件是一款针对电气和自动化行业以及其他行业电气部分的设计软件，应用极其广泛，在全球范围内有较大的市场占有率。其特点如下：

(1) EPLAN 软件首先是一个高效的绘图软件。

- 它提供不同标准的符号库，让用户不会耗费精力去绘制代表部件的图形单元。
- 基于数据库的连接表示方式，让用户不用绘制导线实现部件的电气连接。

(2) EPLAN 软件是一个高效的设计软件。

- 部件信息来自于部件库链接，让用户进行选型设计。
- 基于完整的设计信息，可以根据用户的使用要求，以表格、图标或者图形化的方式展示。

(3) EPLAN 软件是一个高效的设计平台。

- EPLAN 是电气领域中真正的计算机辅助工程 CAE(Computer Aided Engineering) 软件。所谓 CAE，是指利用计算机对电气产品或工程设计、分析、仿真、制造和数据管理的过程，进行辅助设计和管理。
- EPLAN 的口号是 Efficient Engineering。EPLAN 的平台是以 EPLAN Electric P8 电气设计为核心平台，同时将液压、气动、工艺流程、仪表控制、柜体安装板三维布置仿真设计及制造等多种专业的设计和管理统一扩展到此平台上，实现了跨专业多领域的集成设计。

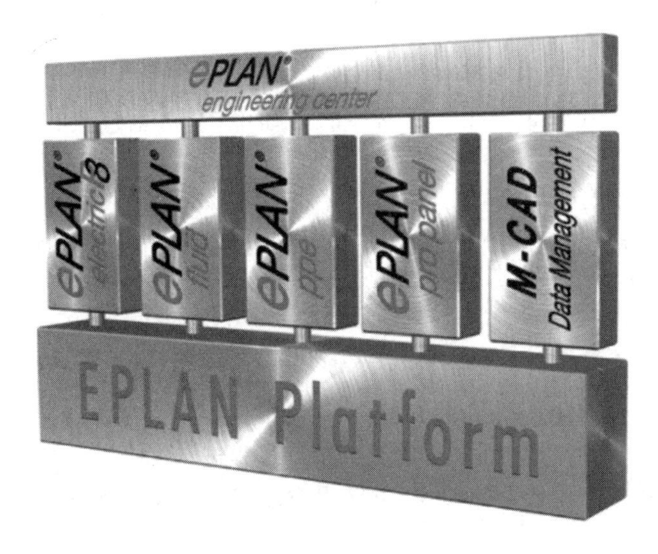

编写宗旨

作者在学习和使用 EPLAN 软件的过程中,遇到了很多困难和问题。和其他技术人员交流时,也会有很多相同的感受。作者在本书中汇总了这些问题和感受,特别是在学习过程中走的一些弯路和误区,这些困难曾经让很多学习者经历后放弃了。

其大概分为以下几类:

(1) 学习资料困难。众所周知,EPLAN 在线帮助晦涩,互联网上技术资料很多,但基本上都是介绍软件的菜单和一些表面上的功能,软件的帮助文档也与此类资料类似。很少有对电气设计过程有切实帮助的。在这些资料中,Bernd Gischel 所著的 *Eplan Electric P8 Reference Handbook* 是对我帮助最大的一本书,英文和德文版的语言障碍及价格是一个问题。

(2) 技术标准和设计习惯困难。习惯老国标的设计,让学习 EPLAN 的过程更加困难。

虽然现在电气方面的国标基本等同于 IEC 的技术标准,但是众多电气设计者和使用者对新国标的学习还有一个过程。不了解 EPLAN 对图纸和部件的定义,使用好 EPLAN 基本上不可能。

(3) EPLAN 专业术语掌握困难。习惯使用 CAD 绘制电气图纸的工程师,在遇到 EPLAN 各种不同的专业术语后无从下手,不知道这些术语和功能到底表达什么意思,如何正确地使用这些功能成为学好使用软件的关键因素。

针对以上汇总的困难和问题,感觉很有必要编写一本针对实际电气设计的入门手册来帮助那些希望了解 EPLAN 和在学习 EPLAN 过程中遇到困难的人们。

编写本书的宗旨是:

(1) 简单。尽量介绍必需的知识,让读者以最少的精力做到 EPLAN 的入门,通读全书后能绘制最简单的图纸,尽快上手形成生产力。

(2) 实例。手把手一步一步地教会读者画最简单的图纸。跟随教材通过一个实例入门掌握 EPLAN。

(3) 讲解。只讲解基本应用中用到的知识。

在实例中应用这些知识,用实例解释讲过的内容。

(4) 标准知识和专业知识。在实践辅导的过程中,会对电气设计中用到的 IEC 规范、EMC 要求做简单的介绍,也会对一些常用的部件结合 EPLAN 的术语进行讲解。

(5) 设计理念。EPLAN 是一款专业的电气 CAE 软件,只有了解 EPLAN 软件的设计理念,才能够用正确的方法实现设计师的想法,并为以后的数字化生产做准备。所谓"授人以鱼,不如授之以渔"。授人以鱼只救一时之急,授人以渔则可解一生之需。

本书结构

本书共 12 章,章节内容基本上遵循项目的设计过程进行编排。

本书以项目实际操作手把手的辅导,引导用户入门。在每个实例中,内容分为以下几个部分:

- 学习目标——介绍本章要传授的内容。

- 介绍知识——首先介绍实例中需要用到的知识，这些知识包括电气知识、标准知识和软件知识。
- 实例操作——一步一步辅导，以实现设计的目标。

整体学习的线索是从零开始完成一套典型的图纸设计。教程会从拿到设计需求开始，通过不同章节的学习，完成设计的要求；同时，也领悟 EPLAN 的设计理念，使读者不但可以完成基本的电气工程设计，也具备了继续学习的方法和能力。

随书资料包括每个章节的项目文件、图纸中用到部件库和报表等（见 www. xtreme-tek. com，www. buaapress. com. cn）。

教学建议

读者对象——本书面向的读者是有基本计算机操作技能、基本电气知识，能够阅读图纸并做一些基本设计的技术人员。

学习目标——本书希望能够通过一些实际的案例，让读者接触和了解 EPLAN，并尽快形成生产力，EPLAN 高级的内容还是很多的，不要希望通过这本入门书成为 EPLAN 的高手。

学习内容——本书不是软件说明书，也不是查询手册，内容聚集在电气设计必需的一些知识点上，我们只准备了形成生产力必需的知识。

学习过程——建议读者按照实例的顺序逐章节学习，在章节学习过程中也是按照“准备知识”、“实例过程”、“知识点评”、“课后练习”的顺序去学习。当然，如果读者有基础或者需要解决一些问题，可以跳到相应的章节或者知识点。

关于 EPLAN 的使用和设计，建议关注以下原则和方法，会少走一些弯路。

- EPLAN 是一个基于数据库的软件，绘制图纸时要多想想哪些需要在原理图中绘制，哪些可以通过图表或者报表展示出来，千万不要做重复的工作。
- EPLAN 的设计方法是先选中对象，再选择针对对象的操作动作，当执行指令得到的结果和预期不一样时，需要检查一下是否在执行指令前选定了操作对象。
- 不要打开过多的项目，打开过多的项目除了会耗费计算机的资源外，还会有因为系统或者病毒的原因造成系统故障并损坏当前打开项目的可能性。打开的项目尽量不要超过 3 个。
- 尽量不要修改 EPLAN 的表格、图框符号库和各种配置，如果需要自己定制，则可以复制后修改名称，然后在新文件中修改并应用。
- EPLAN 是容错的软件，如果只是简单绘制示意图，真的不要关注“消息管理”中的错误提示，图纸能够表达意愿就足够了。当然，如果希望 EPLAN 做更多的工作，则图纸设计过程的准确性、正确性无疑是要做到的。
- EPLAN 是用德语或者英语设计的，因此在文本描述和翻译的应用中，都是以“词”为单位的，在中文的应用中可以通过“词＋空格”的方式而不是用“字＋字”的方式构成句子。
- 当出现中断点本页自己连自己时，可以选择不同的中断点选用不同的名称，中断点名称和电位名称不一样，不具备任何电气含义。

EPLAN 提供的不同功能，需要不同的“授权”，如果本书中的功能无法使用，请核实加密狗是否有对应的授权。

致　谢

感谢引导我认识和了解电气 CAE 软件的许慧丽、Mr. Liao、穆东懿。

感谢在我学习期间给我提供过帮助的黄龙、唐力、张福辉、马如昶、战天明和未曾见过面的曹大平老师。

感谢启发我编写这本书并在我遇到困难不断鼓励我坚持做下去的张瓒。

感谢北京显通恒泰科技有限公司的张显、杨威、李玉凤、林丽莉、吴希敏对本书编写期间各方面的支持。也感谢默默支持我的妻子林雪菁。

最后还要感谢北京航空航天大学出版社的同志们，是他们一再鼓励作者结合讲稿和读者的反馈意见对《EPLAN 实例入门》一书进行修订、改编。

本书基本内容虽经多年教学的筛选提炼，但限于作者知识水平，书中可能仍有疏漏、错误和偏见，在此恳切期望得到各方面专家和广大读者的指教。作者联系方式 E-mail：13701033228@139.com。

作　者

2014 年 5 月

目　　录

第 1 章　结构标识的认知

在电气图纸设计过程中，一个非常重要的概念就是描述系统和部件的结构。例如，针对“冷却电机的接触器安装在 G1 的电柜中”这句话，我们怎样用电气设计的语言去描述呢？如何用符合标准的符号去标识呢？如何读懂其他工程师绘制的图纸呢？

本章将详细讲述这个非常重要的概念：“结构标识”。

1.1　学习目标

本节学习目标如下：

1. 通过对 1.2.1 小节的学习初步了解结构标识的基本概念，通过对 1.2.2、1.2.3、1.2.4 小节的学习，懂得如何从功能面结构、产品面结构和位置面结构描述电气设备。1.2.5 小节则介绍了如何综合三种结构面准确地描述电气设备。

2. 通过 1.2.6～1.2.9 小节学习描述部件位置的三种方法。

1.2　准备知识

1.2.1　结构标识

在电气图纸设计过程中，一个非常重要的概念就是如何描述系统和部件的结构。例如，针对“冷却电机的接触器安装在 G1 的电柜中”这句话，我们怎样用电气设计的语言去描述呢？

分析“冷却电机的接触器安装在 G1 的电柜中”的描述，可以提炼出以下三个词：冷却、接触器、G1 电柜。

“冷却电机的接触器安装在 G1 的电柜中”是从三个方面描述这个对象的：

- 冷却——它做什么；
- 接触器——它是如何构成的；
- G1 电柜——它位于何处。

IEC 国际电工委员会针对工业系统、装置与设备以及工业产品的描述，指定了相关的标准，其标准的指定原则从三个方面及功能面结构、产品面结构和位置面结构对产品进行描述。也就是上例中提到的：

- 冷却——它做什么——功能面结构描述；
- 接触器——它是如何构成的——产品面结构描述；
- G1 电柜——它位于何处——位置面结构描述。

目前 IEC 国际电工委员会实施的标准是 IEC 81346 *Industrial systems，installations and equipment and industrial products-structuring principles and reference designations*。IEC 81346 是 IEC 61346 的后续版本，我国使用 GBT 5094《工业系统、装置与设备以及工业产

品结构原则与参照代号》等同于 IEC 61346。

在描述工业产品时，应该遵循相关的国际和国家标准。

在 GBT 5094.1《工业系统、装置与设备以及工业产品结构原则与参照代号-基本规则》中定义了系统内项目的相关信息和结构，因所用的方面不同而可能大不相同，因此每一方面均需有单独的结构。

相对于所研究方面的三种类型，标准把相应的结构称为：

- 功能面结构；
- 产品面结构；
- 位置面结构。

如图 1-1 所示，描述对象既可以分别从“功能面”、“产品面”或“位置面”进行独立描述，也可以将三种描述方式组合在一起，综合描述对象。在电气设计领域，“综合描述对象”更为常用。

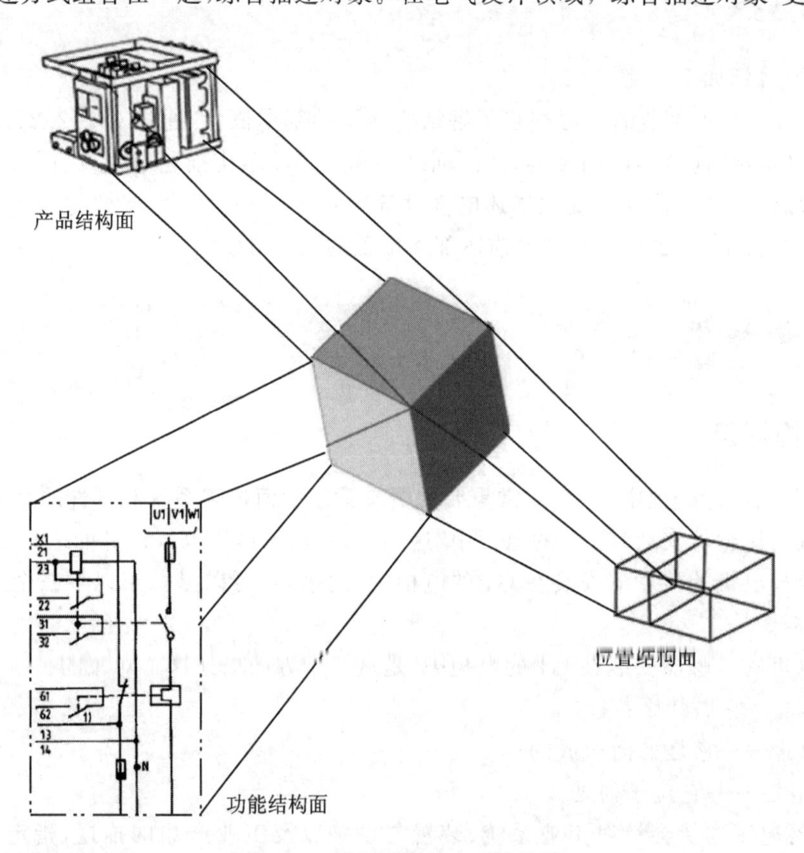

图 1-1　描述对象的 3 个结构面

1.2.2　功能面结构

功能面结构以系统的用途为基础。它表示系统根据功能被细分为若干组成项目，而不必考虑位置和/或实现功能的产品。以功能面结构为基础提供信息的文件，可以用图和/或文字来说明系统的功能如何被分解为若干子功能，正是这些子功能共同完成预期的用途。

图 1-2 从功能面角度描述了部件在系统中的位置。

以上述接触器为例，我们可以从功能面结构的角度去描述：“这是一个在配电环节由总控

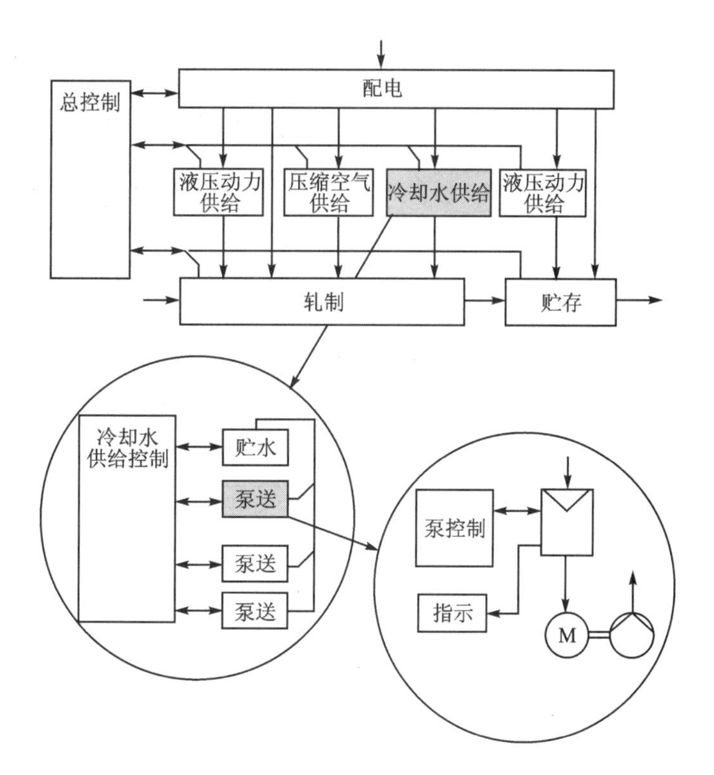

图1-2　功能面结构图解

制进行控制的设备。”它用于冷却水环节中由“冷却水供给控制”的一个“泵送”回路。

在IEC的标识符中，若“＝”用于功能描述，则图1-2中可以从功能面结构这样描述对象：“＝配电＝泵送”或者“＝ ＝配电＝泵送”或者“＝配电.泵送”。

在EPLAN的P8V2.3版本中，“＝ ＝”翻译为“功能分配”，“＝”翻译为“高层代号”，都是在“功能面”对所描述的对象进行约定。

1.2.3　产品面结构

GBT 5094对产品面结构描述如下：产品面结构以系统的实施、加工或交付使用中或成品的方式为基础。它表示系统根据产品方面被细分为若干组成项目，而不考虑功能和/或位置。一个产品可以完成一种或多种独立功能。一个产品可独处于一处，或与其他产品合处于一处。一个产品也可位于多处（如带负载——扬声器的立体声系统）。

以产品面结构为基础提供信息的文件，有图和/或文字说明产品如何被分解为若干子产品，正是这些子产品的制造、装配保证共同完成或汇集成产品。

图1-3从产品面角度描述了部件在系统中的位置。

根据GBT 5094标准描述的第二种定义元件的方法，对于如图1-3中描述的芯片，我们可以这样形容：“在立体声系统中，包含一个小型盘式放音机，在这个放音机中，又包含了数/模变换器印刷板，印刷板上有一颗IC芯片。”这是我们用自然语言进行的描述。在GBT 5094中，用减号“－”约定产品面。上述描述可以简化为“－立体声系统－小型盘式放音机－数/模变换器印刷板－IC”或者“－立体声系统.小型盘式放音机.数/模变换器印刷板.IC”。

在EPLAN的P8V2.3版本中，“－”被定义为对部件的定义。允许嵌套使用“－”，但是一

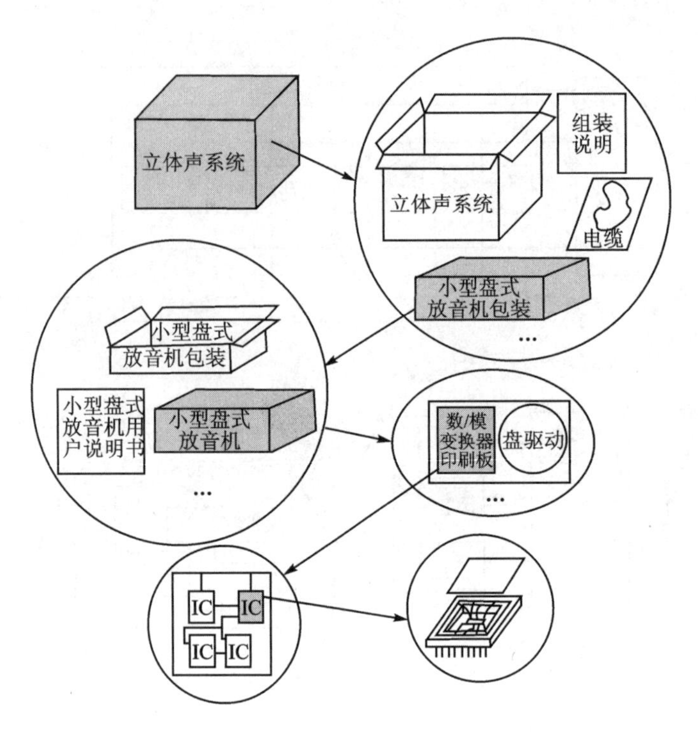

图 1-3　产品面结构图解

般和其他结构面配套使用，避免嵌套使用。

1.2.4　位置面结构

GBT 5094 对位置面结构描述如下：位置面结构以系统的位置布局和/或系统所在的环境为基础。位置面结构表示系统根据位置方面被分解为若干组成项目而不必考虑产品和/或功能。一个位置可以包含任意数量的产品。

在位置面结构中，位置可以被连续分解，例如：

- 地区；
- 大楼；
- 楼层；
- 房间/坐标；
- 柜组或柜列的位置；
- 柜的位置；
- 面板的位置；
- 印制电路板槽；
- 印制板上的位置。

以位置面结构为基础提供信息的文件，用图和/或文字说明构成系统的产品实际处于什么位置。

图 1-4 从位置面角度描述了部件在系统中的位置。

GBT 5094 描述了第三种定义元件的方法，如图 1-4 中描述的主柜面板，我们可以这样形容："区域内大楼内三层 下面左数第三个房间内 房间最右侧一排电柜 最右侧立柜内的面板"。

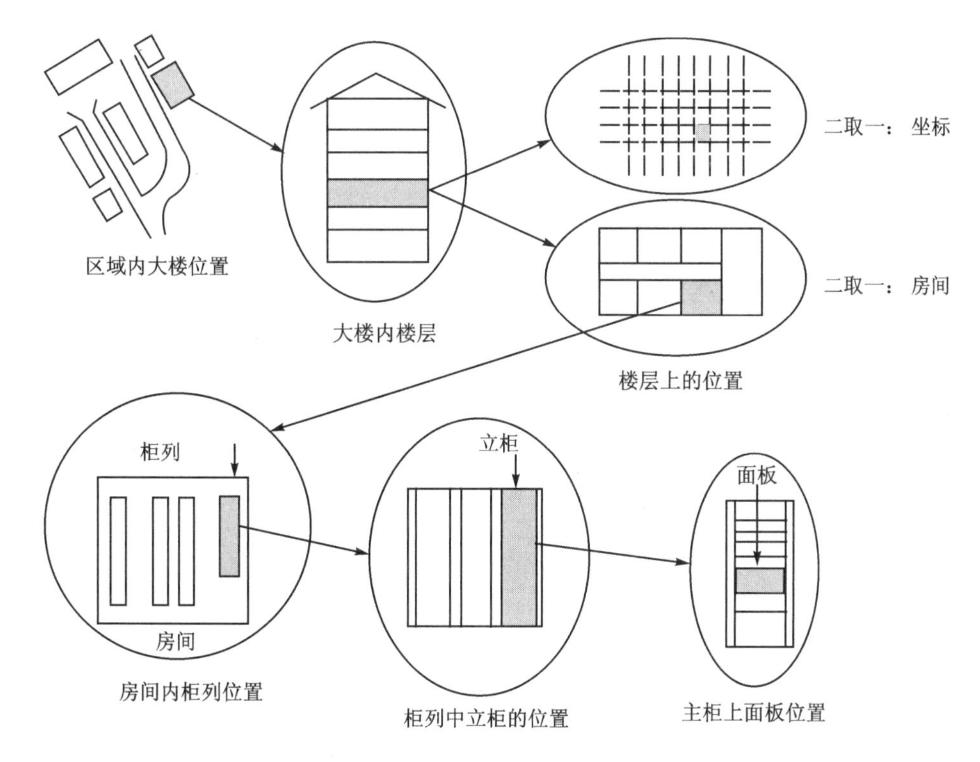

图 1-4　位置面结构图解

这是我们用自然语言进行的描述。在 GBT 5094 中，用加号“+”约定位置面。上述描述可以简化为“+区域+大楼内三层+下面左数第三个房间+房间最右侧一排电柜+最右侧立柜内+面板”或者“+区域.大楼内三层.下面左数第三个房间.房间最右侧一排电柜.最右侧立柜内.面板”。

在 EPLAN 的 P8V2.3 版本中，“+”的专业术语是“位置代号”，“++”的专业术语是“安放地点”，“++”在 EPLAN 中用来描述比“+”更高层的位置。

1.2.5　结构面的转移

GBT 5094 对项目的标识有如下描述：“只用一方面标识来研究系统中的项目往往是不可能的或不恰当的。通过有序项目从一方面到另一方面转移，就可以应用项目的不同方面。”

根据上述观点，GBT 5094 和 IEC 81346 除了支持从“功能面”、“产品面”和“位置面”单独描述项目外，也支持在描述项目时，对复杂项目的描述从一个“面”扩展到“多个面”。

在 EPLAN 的使用中，软件对结构的约定是这样的：

功能面—功能面—(转移)位置面—位置面—(转移)产品面

有些图纸以位置面开头，然后转移到功能面，这样做从标准的角度来说不能算错误，但是在使用 EPLAN 设计约定的角度来说，还是很不方便的。还见到有些图纸，用位置面“+”来描述系统的功能，这样应用就值得商榷了。

在标准中，关于“面”转移的内容很多，我们需要掌握的就是描述系统结构的三个面即“功能面”、“产品面”和“位置面”以及“面的转移”。更多概念读者可以通过查询 GBT 5094-1 或者 IEC 81346 来了解。

1.2.6 EPLAN 产品面结构描述符号“－”

在 EPLAN 软件中，用“产品面结构”的符号“－”对部件进行定义。

在图纸中经常见到如－10Q0，－K5…这样的标识（见图 1－5），当见到部件前面的“－”的标识符号时，可以迅速地判断这是一个以产品面进行描述的部件和设备。

在实际的电柜内部，也经常见到部件的标签，图 1－6 中开关电源左上角，有一个黄色的标签“－20G2”，就是通过结构标识对这个开关电源进行设定的。

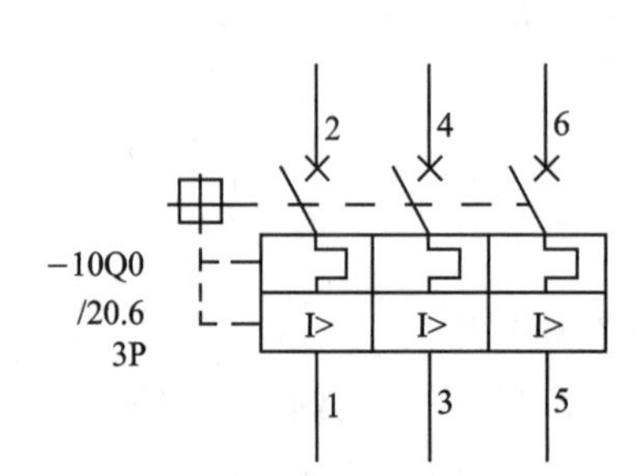

图 1－5 部件的标识

图 1－6 部件上的标签

1.2.7 EPLAN 位置面结构描述符号“＋”

在 EPLAN 中，用“位置面结构”的“＋”对部件的位置进行定义，名称叫做“位置代号”。

“位置代号”作为描述位置面的符号，与表达位置的名称一起作为位置的名称。如图 1－7 所示，安全开关的“显示设备标识符”显示的是“＋G1－1Q1”，其描述的意义是在“＋G1”的位置有一个“－1Q1”的这样一个设备。

在设计图纸时，就是通过这样的位置面结合产品面对产品进行标识的。

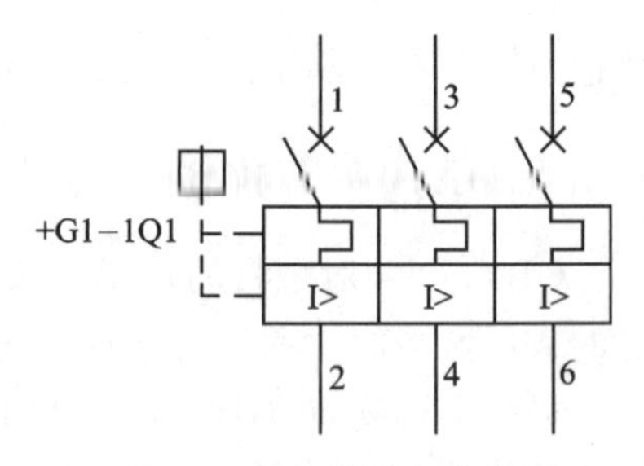

图 1－7 结构标识描述

1.2.8 “显示设备标识符”与“完整设备标识符”

每一个设备都有完整的名称，就像我们填写信封的地址，有国家、城市、区、县、街道和门牌号码，设备标识也是如此，最简单的就如刚才介绍的“＋G1－1Q1”，表示这个部件在“＋G1”的位置有一个“－1Q1”这样的设备。

但是我们在 EPLAN 的图纸中经常会看到这样的情况，在图 1－5 中，并没有“＋G1”的字符，由此引出了一个新的概念：“显示设备标识符”与“完整设备标识符”。

每个部件都有一个自己完整的标识，EPLAN 软件对部件的这个属性命名为“完整设备标识符”。当把鼠标悬浮在部件上方时，会看到这个完整的标识，如图 1－8 所示。

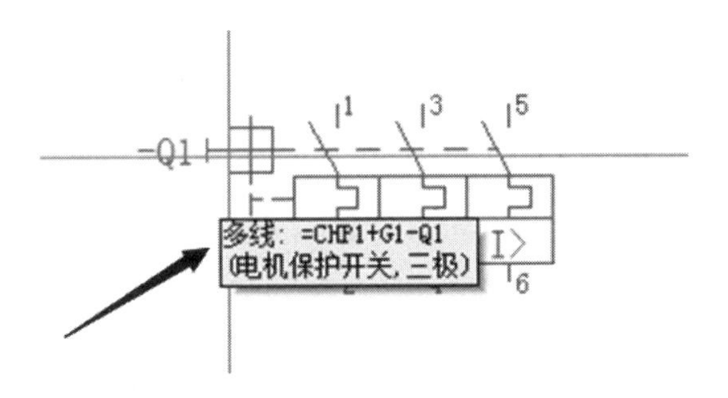

图 1－8　悬浮完整的部件标识符

同样，双击部件的符号，打开该符号“属性(元件)：常规设备”对话框，如图 1－9 所示。

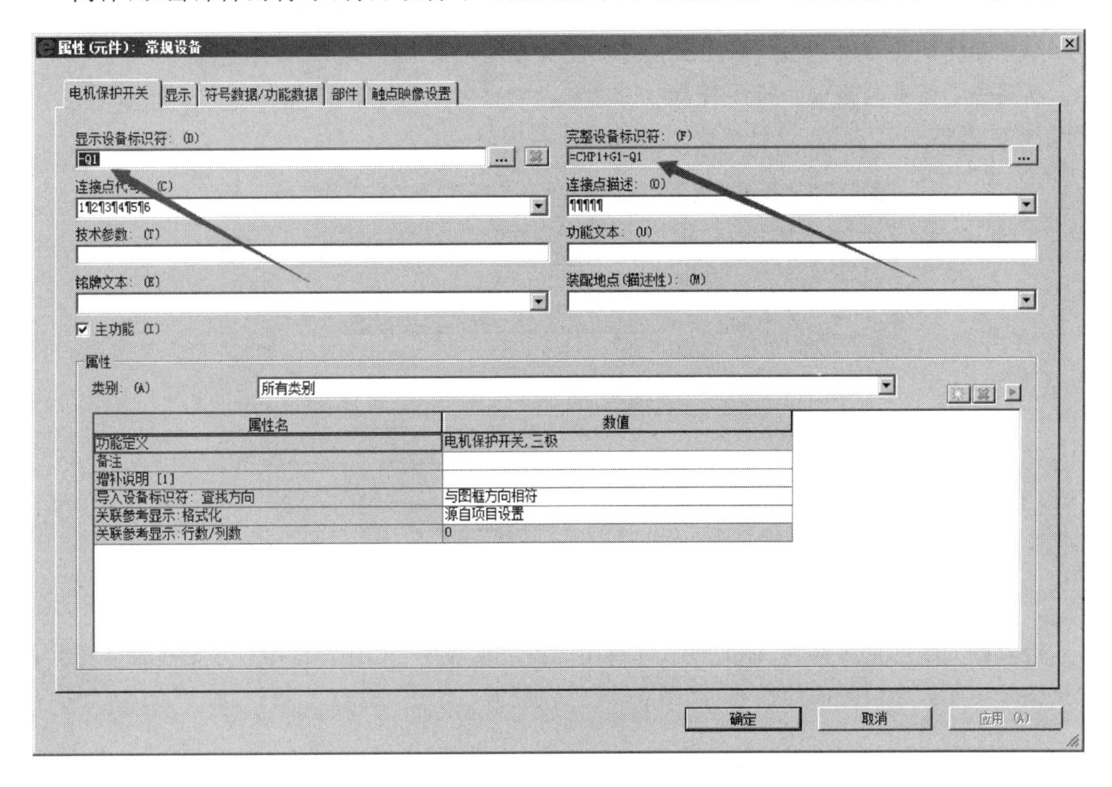

图 1－9　元件属性中的显示设备标识符和完整设备标识符

在“显示设备标识符”和“完整设备标识符”文本框中，可以看到显示不同的内容。在“完整设备标识符”文本框内，有全部设备标识符定义的元件信息。在图 1－9 中，“完整设备标识符”文本框中出现了前文讲解的标识符“－”和“＋”。

1.2.9　三种描述部件位置的方法

第一种标识的方法是设备标识符标记法。

对部件描述的方法是在部件标识符上填写完整的位置信息，如图 1－10 所示，符号表示在

＋G1 位置内部的 Q1 的部件。

第二种标识的方法是结构盒标注法。

这种标识的方法不在部件进行标注，而是用 EPLAN 的结构盒对符号进行标准。用“结构盒”绘制的矩形图框围住的部件，将继承“位置盒”的位置面描述属性。如图 1－11 所示，“－Q1”的位置面描述将是“＋G2”，完整的设备标识符是“＋G2－Q1”。

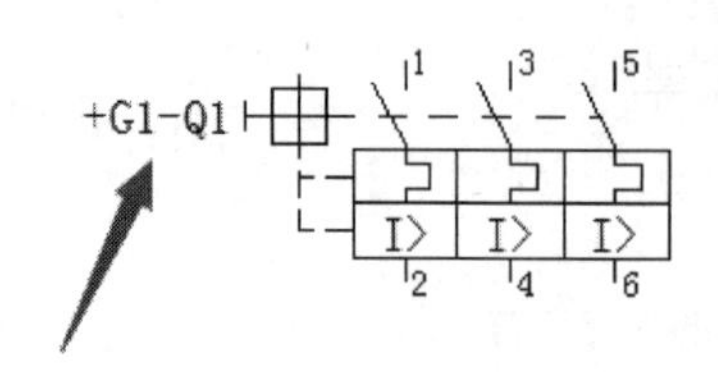

图 1－10　直接标注描述

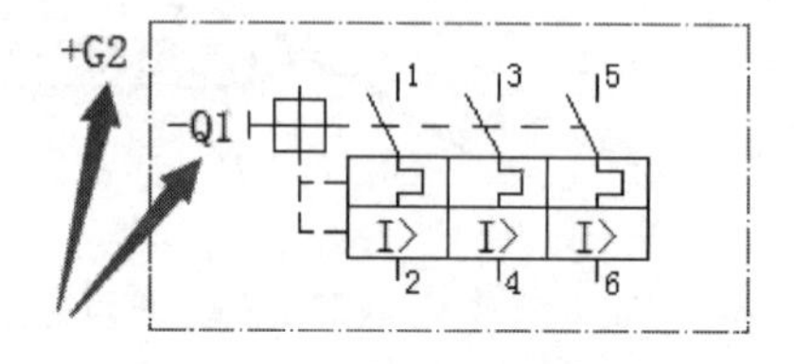

图 1－11　用结构盒标准描述

第三种标识的方法是通过对图纸位置面定义进而定义图纸中元件的位置面。

新建图纸或者调整页面属性时，可以见到“完整页名”属性窗口，如图 1－12 所示。在“位置代号”文本框中，“G3”就是对本页图纸位置面的描述。

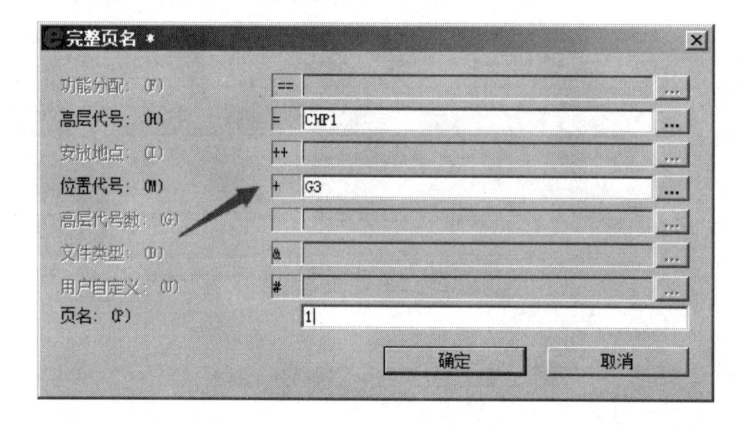

图 1－12　页属性

设置好图纸的页属性后，在 EPLAN 通用的图纸模板中，在图纸的右下方图框的位置会有本页图纸功能面和位置面的描述，如图 1－13 所示。

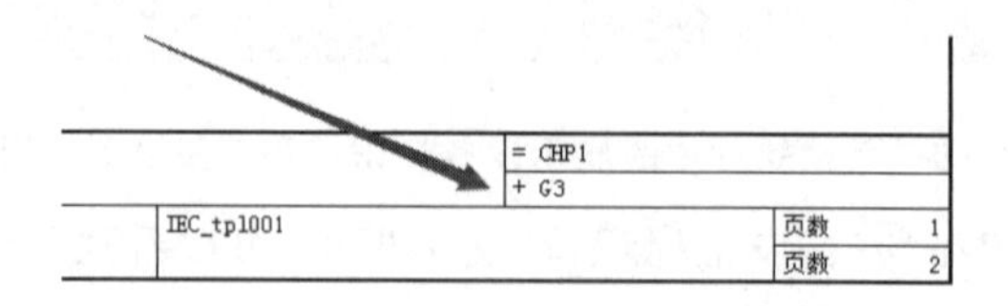

图 1－13　页图框

我们在新建的图纸的右下位置可以看到图 1－13 的图形，那么图框对图纸中部件的约束也可以这样理解，即整页图纸都是被“＋G3”的结构盒所定义的。本页图纸中除了经过部件特殊指定和用结构盒指定之外的所有部件都被图框定义的＋G3 所定义。如图 1－14 所示，这里的“－Q1”是被该图中的“＋G3”所定义的，即“＋G3－Q_1”。

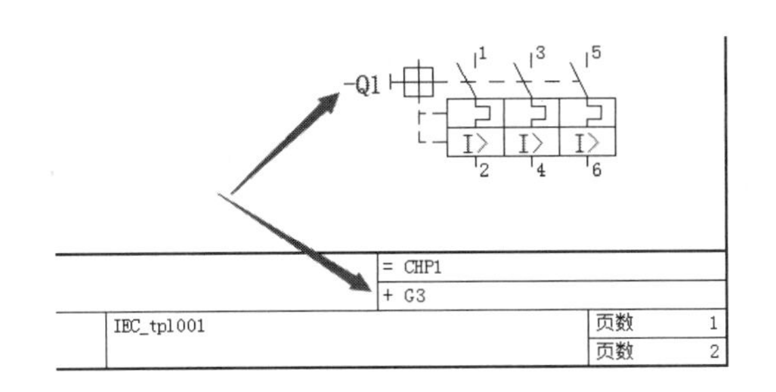

图 1-14　图框约定部件标识

1.3　实例教学

1.3.1　绘制内容要求

1. 按照 IEC 模板新建项目；
2. 新建页；
3. 绘制符号；
4. 定义部件的结构标识。

1.3.2　绘图过程

1. 按照 IEC 模板新建项目

双击桌面上的 EPLAN 图标打开 EPLAN 软件。

选择“项目”→“新建”菜单项，弹出“创建项目”对话框，如图 1-15 所示。

保持默认值，单击“确定”按钮，弹出“创建新项目”进度条，如图 1-16 所示。

进度条结束后出现“项目属性”对话框，如图 1-17 所示。

保持默认值，单击“确定”按钮，完成新项目的创建工作，如图 1-18 所示。

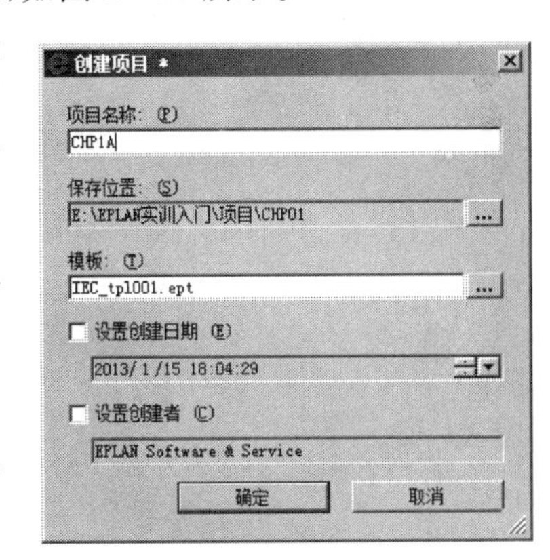

图 1-15　“创建项目”对话框

2. 新建页

选择“页”→“新建页”菜单项，弹出“新建页”对话框，如图 1-19 所示。

保持默认值，单击“确定”按钮，完成新建页的创建。窗口左侧的“页”导航器显示在“新项目”下新建的“1”，如图 1-20 所示。

同时，在右侧图纸区显示一页空白的图纸，如图 1-21 所示，图纸左侧名称显示“/1”(参见图 1-20)。

图 1-16 “创建新项目”进度条

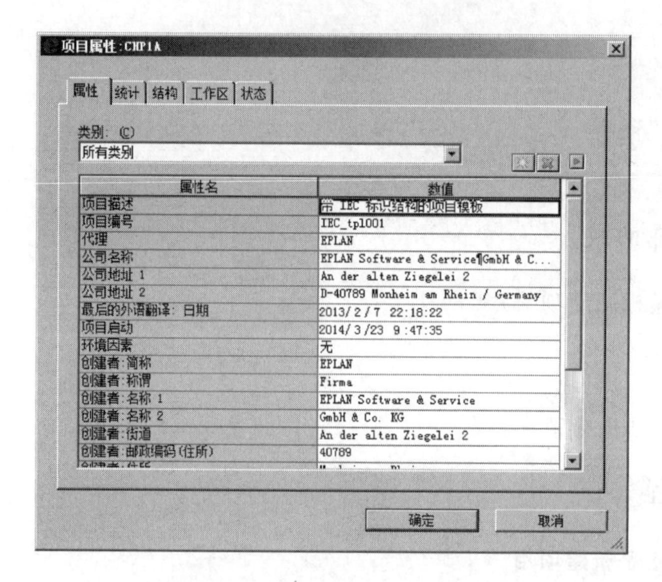

图 1-17 “项目属性”对话框

图 1-18 新项目窗口

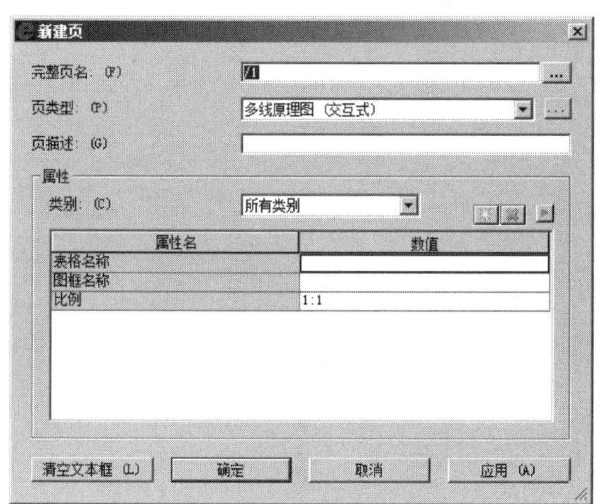

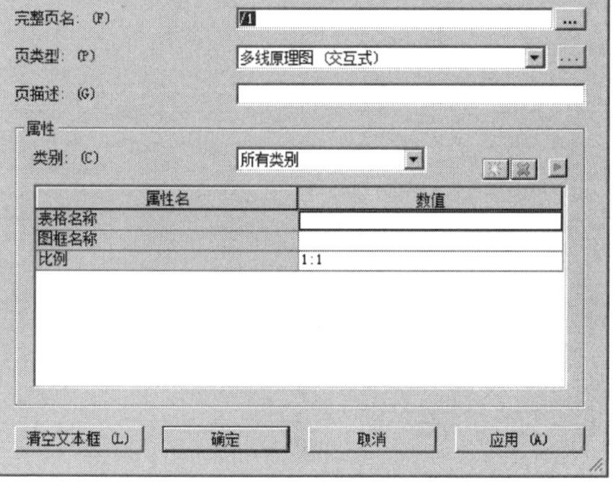

图 1-19　“新建页”对话框

图 1-20　“页”导航器新建页

说明：

- 常用的图纸是“多线原理图”，不同的图纸类型有不同的功能，此处错误的选择会造成后续图纸绘制时无法完成一些功能。
- EPLAN 针对相同类型的编辑对象建立“导航器”的概念，上文提到的“页”导航器就是提供了一个统一的编辑界面给用户，集中对与“页”有关的内容进行显示和编辑。
- 除了页导航器外，EPLAN 还提供了很多不同的导航器，如 PLC 导航器、端子排导航器、电缆导航器等，可以在这些导航器内集中编辑这些对象。
- 在绘图过程中，可以根据工作内容选择打开一个或者多个导航器，也可以关闭不用的导航器。
- 导航器打开比较混乱，当找不到需要的导航器时，可以选择“视图”→“工作区域”→“默认”菜单项，恢复到初始的导航器布局。
- 也可把使用习惯的导航器布局通过“工作区域”菜单项保存为自己喜爱的部件，以方便使用。

通过以上步骤便完成了页的创建。

说明：

- EPLAN 使用不同的图层用来表达不同的图纸内容，每个图层都具备不同的线型和颜色，在设计的过程中用户会调整相应的显示颜色。在本书中，为了清晰地展示图纸细节，把表格/图框等浅色图层修改为黑色。
- 选择“选项”→“层管理”菜单项，如图 1-22 所示。
- 进入“层管理”对话框，如图 1-23 所示。
- 分别把 EPLAN200、EPLAN201、EPLAN309、EPLAN440、EPLAN441、EPLAN442、EPLAN443、EPLAN444、EPLAN450、EPLAN451、EPLAN452、EPLAN453 颜色修改为黑色，完成后图纸如图 1-24 所示。

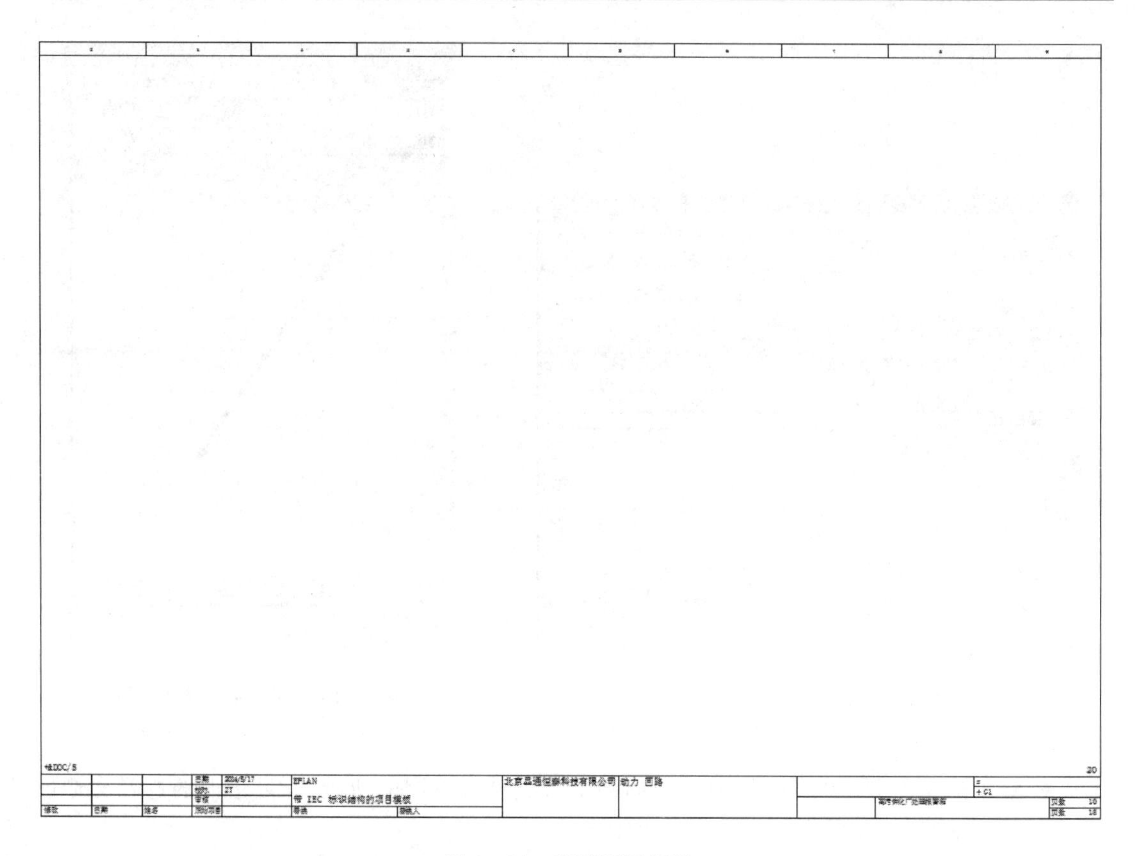

图 1－21　新建页图纸区

注意：

- 在图书附带的资料（见 www. xtreme-tek. com，www. buaapress. com. cn）中有保存好的图层设置文件，可以通过选择图 1－25 对图层信息进行保存和使用。
- 图层的配置名称为“DEMO 层管理颜色调整. clc”文件，如图 1－26 所示。

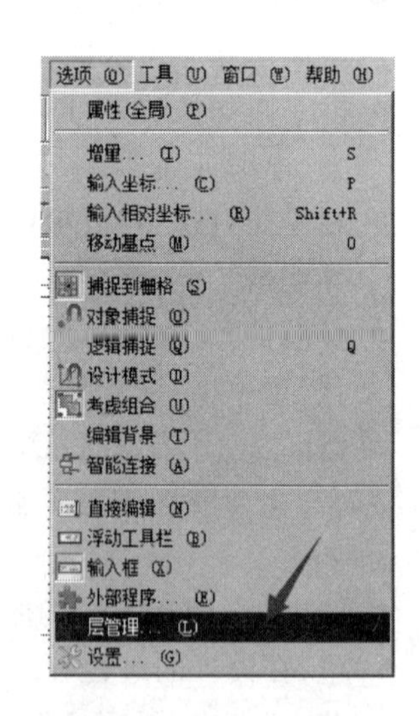

图 1－22　层管理菜单

3. 绘制符号

选择“插入”→“符号”菜单项，弹出“符号选择”对话框，如图 1－27 所示。

选择 IEC_symbol→“电气工程”→“安全设备”→“安全开关”菜单项，右侧窗口显示备选的符号，单击第二行第八个符号后，左侧下方说明栏显示该符号的说明文本：“电力断路器，三级（L－，I－ 保护特性）”。

单击“确定”按钮，“安全开关”符号附着在鼠标上，如图 1－28 所示。

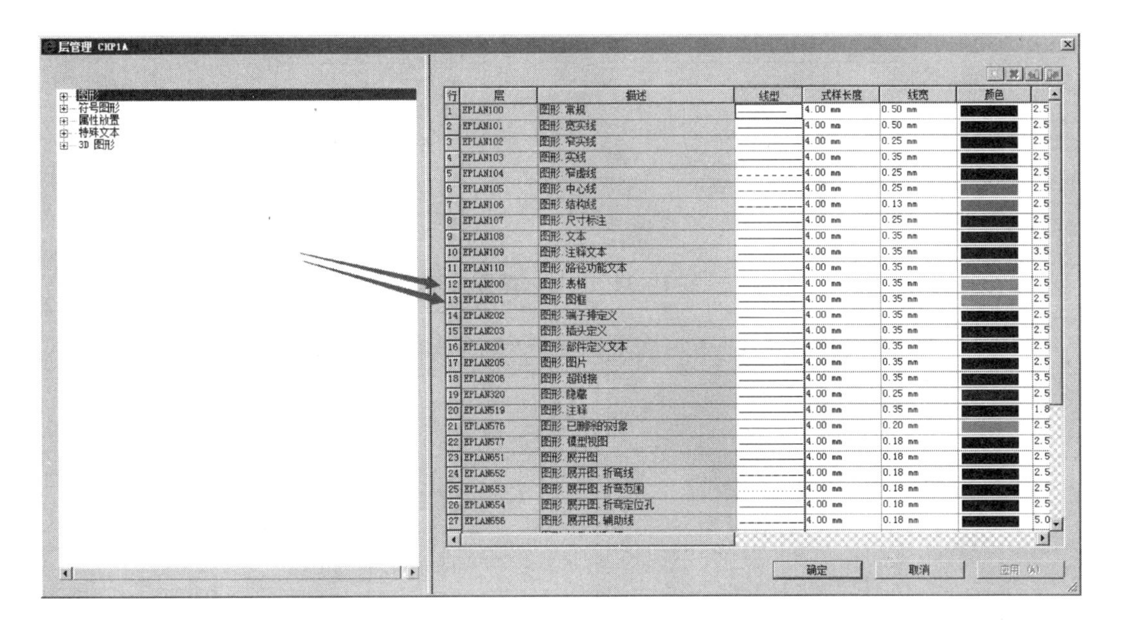

图 1 - 23　设置层颜色

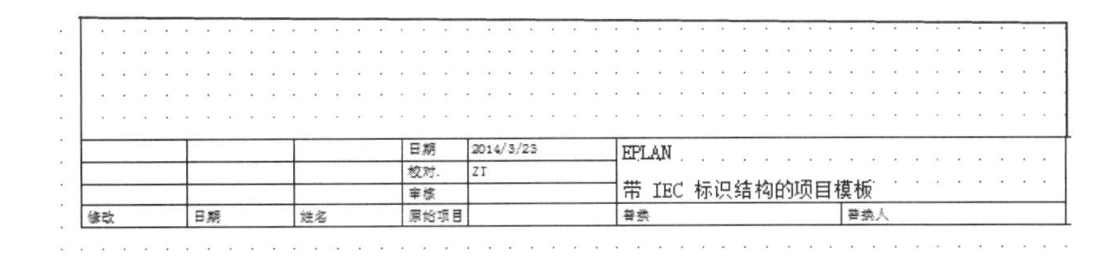

图 1 - 24　调整图层颜色后图框显示

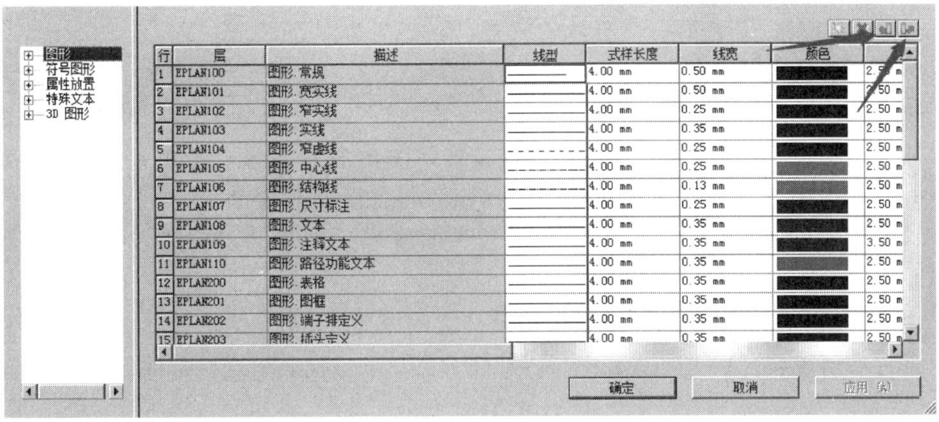

图 1 - 25　层设置的保存和导出

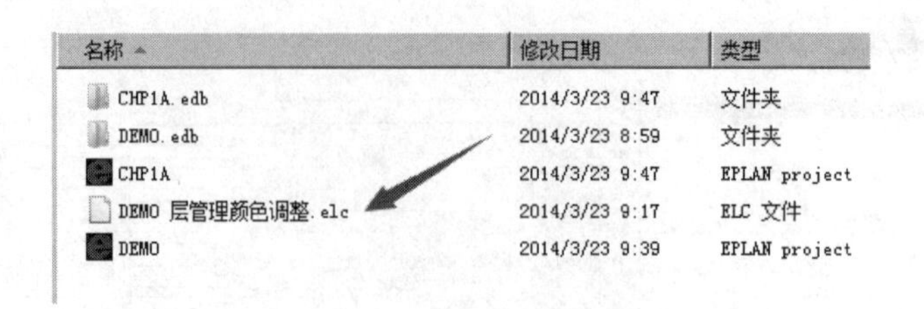

图 1-26　图层的配置文件

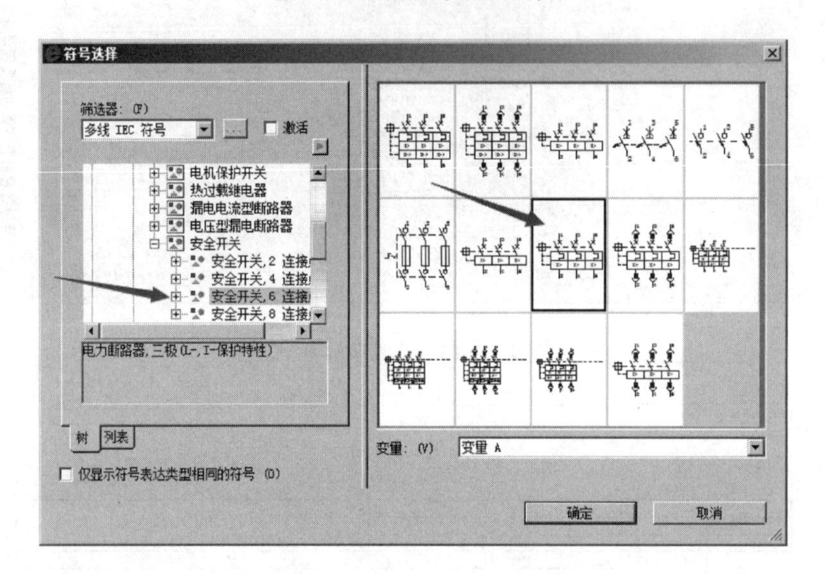

图 1-27　"符号选择"对话框

移动并单击鼠标插入符号，符号绘制到鼠标单击的位置，弹出"属性(元件)：常规设备"对话框，如图 1-29 所示。

单击"确定"按钮，完成第一个符号的放置，EPLAN 默认继续放置第二个符号，按 Esc 键中断继续放置符号的动作。

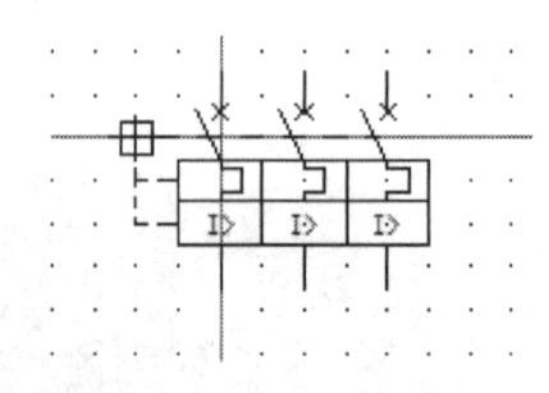

图 1-28　插入符号

说明：

- 刚开始学习 EPLAN 时，一定要严格按照本书的教程去做。在符号库的选择上一定要选择 IEC_symbol，若误选其他的符号库(如 IEC_Single_symbol 是单线图的符号)，则会造成后续多线原理图绘制不出来。
- 电气图纸的核心就是通过图纸表达设计者的意愿，就是表达选择什么样的部件，这些部件如何连接。在 EPLAN 中"符号"(和"黑盒子")代表了这些部件。

1.3.3　通过页位置信息定义部件的结构标识

前文提到结构标识描述部件的位置，在图纸中有三种方式为部件进行位置面的描述：

- 通过页位置信息赋予部件的位置信息；

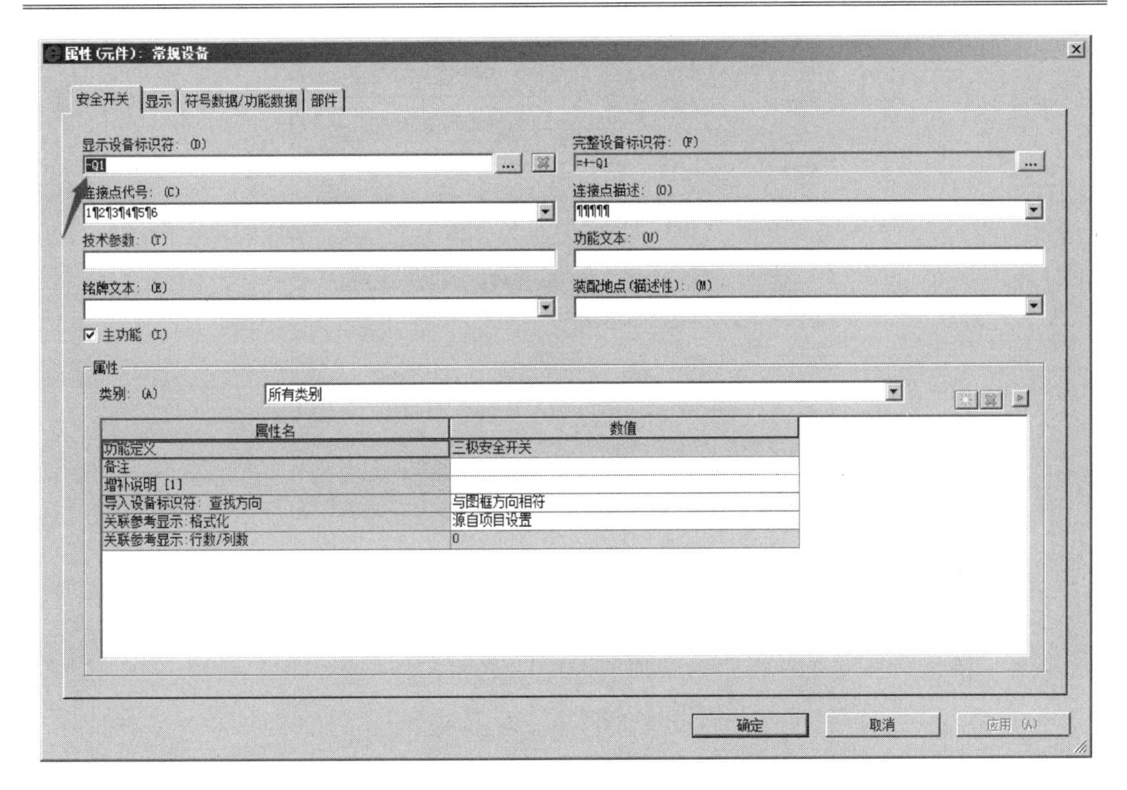

图 1-29　“属性(元件)：常规设备”对话框

- 通过“结构盒”赋予范围内部件的位置信息；
- 通过对部件属性的定义设定部件的位置信息。

首先通过修改本页的属性，赋予部件的位置信息。

右击“页”导航器中“/1”第一页，弹出快捷菜单，如图 1-30 所示。

选择“属性”菜单项，弹出“页属性”对话框，如图 1-31 所示。

单击“完整页名”的文本框后边的“…”按钮，弹出“完整页名”对话框，如图 1-32 所示。

在“位置代号”文本框后内键入文本“G1”，并单击“确定”按钮。EPLAN 关闭“完整页名”对话框，并返回“页属性”对话框，如图 1-33 所示。

对比图 1-31 和图 1-33 不难看出，完整页名由“/1”变更为“+G1/1”。由位置面的知识得知，本页图纸的位置面是“+G1”，那么其页面内包含的部件如果没有特殊定义，其位置面的信息都属于“+G1”。

单击“确定”按钮，完成“页属性”的设置。

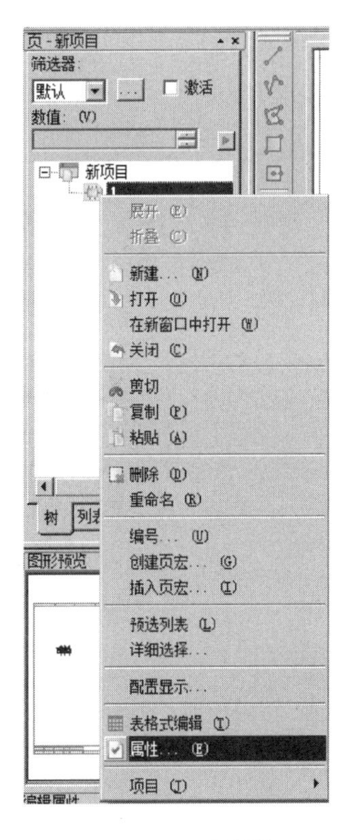

图 1-30　1 页属性

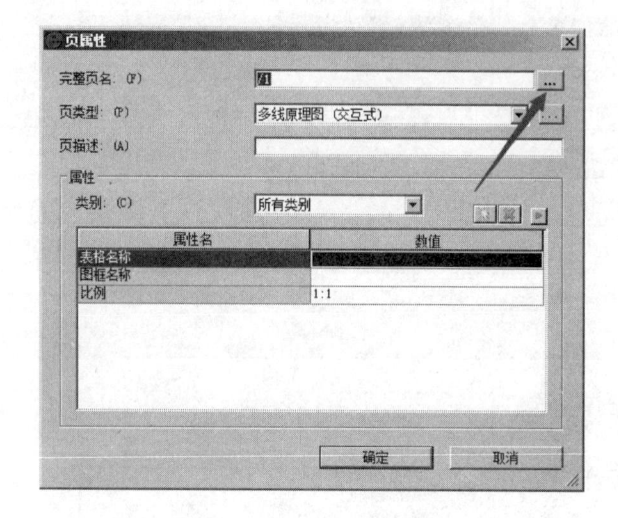

图 1-31 “页属性”对话框

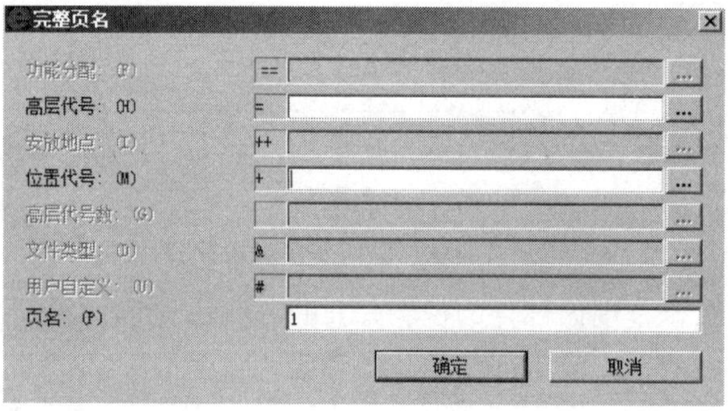

完整页名
功能分配：(F) ==
高层代号：(H) =
安放地点：(I) ++
位置代号：(M) +
高层代号数：(G)
文件类型：(D) &
用户自定义：(U) #
页名：(P) 1
确定 取消

图 1-32 “完整页名”对话框

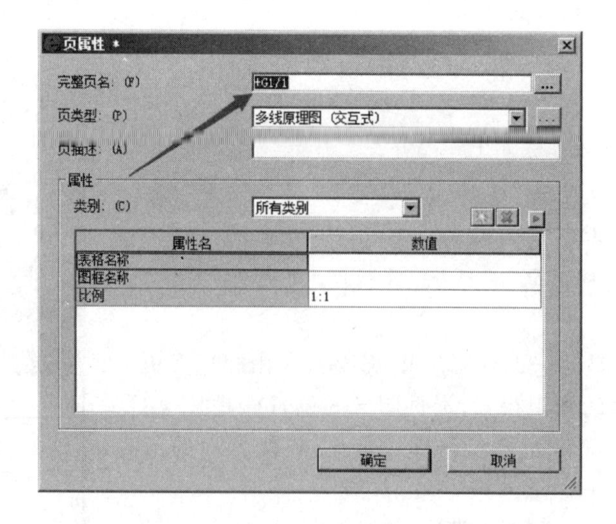

图 1-33 填写后的“页属性”

经过对“页”位置面的定义，在绘图窗口中可以发现以下变化：

- 在“页”导航器中，新项目下增加了“＋G1 ”文件夹，文件夹下级放置显示“1”的图纸，如图 1－34 所示。
- 回到图纸编辑界面，双击“－Q1”部件，在属性对话框“完整设备标识符”文本框中显示的内容为“＝＋G1－Q1”，如图 1－35 所示。
- 或者在编辑“多线原理图”时，鼠标指针悬浮在希望查询的部件上，悬浮鼠标也会悬浮显示该部件的完整设备标识符“＝＋G1－Q1”，如图 1－36 所示。

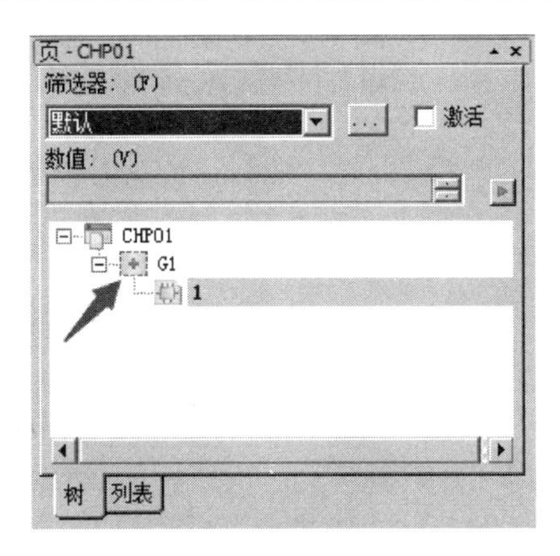

图 1－34 包含结构面信息的“页”导航器

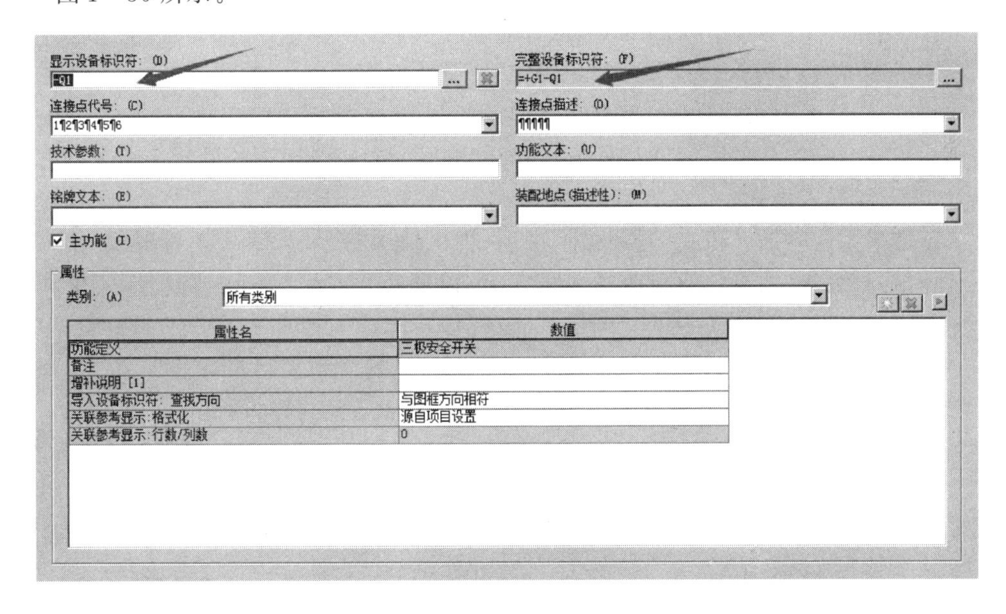

图 1－35 显示完整设备标识符

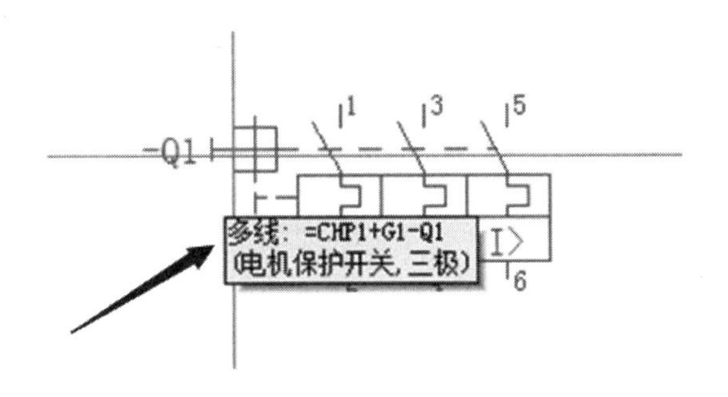

图 1－36 符号的悬浮指示

1.3.4 通过结构盒定义部件的结构信息

① 右击当前图纸“－Q1”，在弹出的快捷菜单里选择“复制”选项；

② 右击图纸空白部分，在弹出的快捷菜单里选择“粘贴”选项；

③ 移动鼠标选中放置新部件的位置，单击，弹出“插入模式”对话框，如图 1－37 所示；

④ 选择“编号”选项，在“编号格式”文本框中出现“标识字母＋计数器”，默认这个选项，单击“确定”按钮，完成部件的复制。

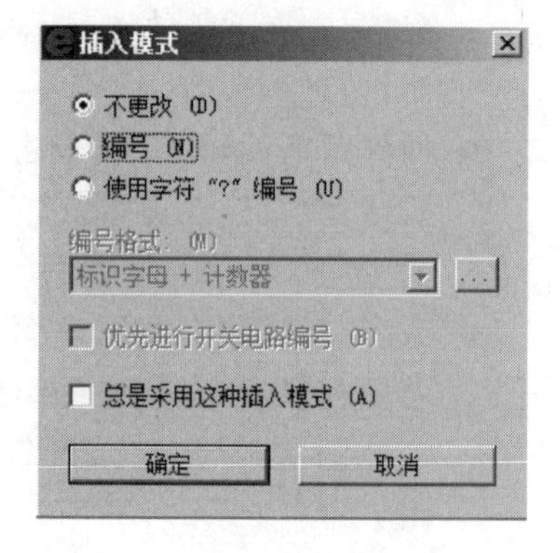

图 1－37 “插入模式”对话框

说明：

● 插入模式是什么？

在复制和粘贴的过程中，EPLAN 软件会要求我们提供新符号的标识符，并提供了几种可以预设的命名规则。在插入时可以选择“不更改”选项，也可以选择“编号”选项。“编号”选项激活后，系统会提供几种不同的编号模式，可以根据企业或者用户的设计标准进行选择。

● 如何设置插入模式？

“总是采用这种插入模式”选项被选中后，再次插入符号时，系统不再提供“插入模式”询问的对话框，如果希望更改插入模式，可以通过选择“选项”→“设置”菜单项，弹出“设置：编号(在线)”对话框，如图 1－38 所示。选择“项目”→“新项目”→“设备”→“编号(在线)”选项，右侧显示“在线编号”对话框，在“插入和复制宏时”选项内，选择“带有提问”选项，系统将在下次插入和复制宏时弹出“插入模式”对话框。

● 本书案例设定“编号(在线)”、“编号(离线)”为“页＋标识字母＋列”的方式。

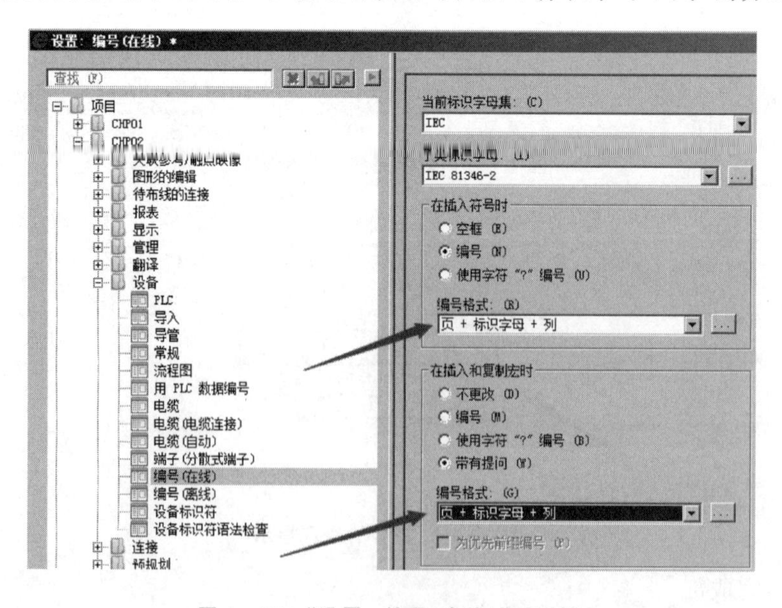

图 1－38 “设置：编号(在线)”对话框

● 关于使用字符"?"编号。

勾选"使用字符"?"编号",在插入部件进行编号时,在"设备标识符"内增加"?",提示设计者需要在稍后进行修改。

选择"插入"→"盒子/连接点/安装板"→"结构盒"菜单项,如图 1-39 所示。

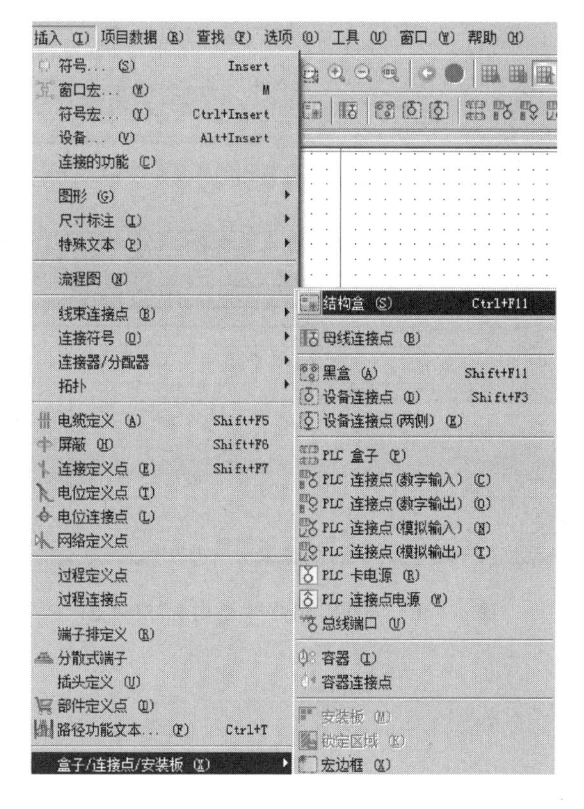

图 1-39　结构盒

鼠标可以带"结构盒"图表在图纸上移动,单击定义"结构盒"的第一点,再次单击"结构盒"的第二点,两个点围成的矩形面积就是定义的"新功能面",弹出"属性(元件):结构盒"对话框,如图 1-40 所示。

在"标识符"标签内的"位置代号"文本框中,填写文本"G2",单击"确定"按钮,绘图区域出现有"+G2"位置盒包围的一个矩形区域,鼠标移动到"-Q2"符号上方会显示浮动提示信息"多线　=+G2-Q2　(三相安全开关)"文本信息,如图 1-41 所示。

1.3.5　通过对部件属性的定义设定部件的位置信息

① 右击当前图纸"-Q1",在弹出的快捷菜单里选择"复制"选项;

② 右击图纸空白部分,在弹出的快捷菜单里选择"粘贴"选项;

移动鼠标选中放置新部件的位置,单击,弹出"插入模式"对话框,如图 1-37 所示;

③ 选择"编号"选项,在"编号格式"文本框中出现"标识字母+计数器",默认这个选项,单击"确定"按钮,完成部件的复制。

双击"-Q2"符号,弹出"属性(元件):常规设备"对话框,如图 1-42 所示。

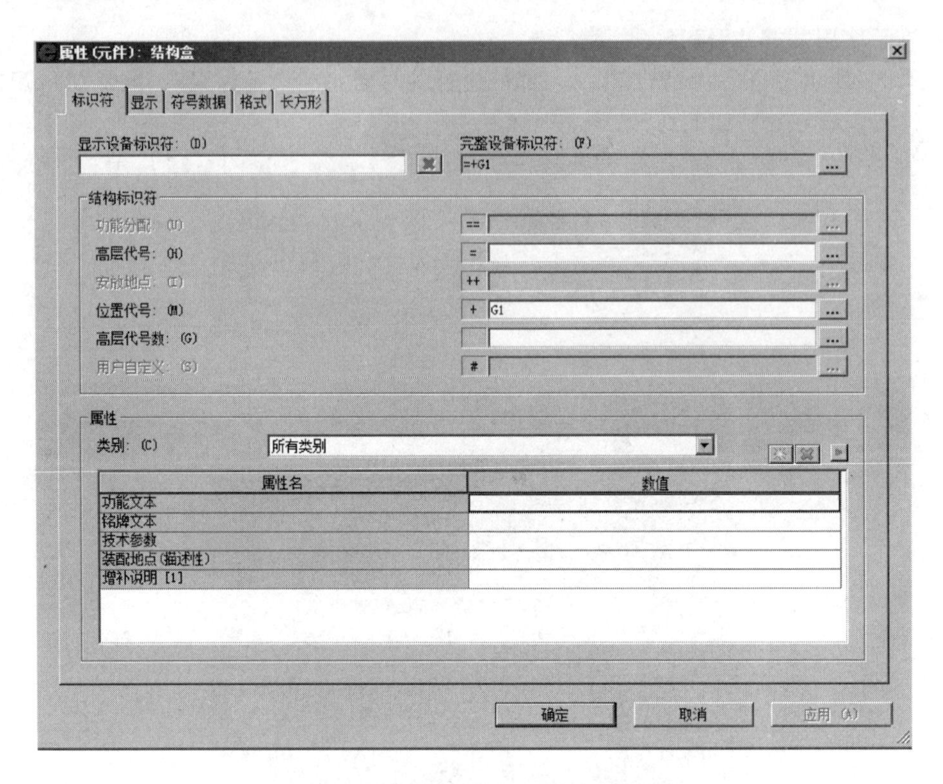

图 1-40 “属性(元件):结构盒”对话框

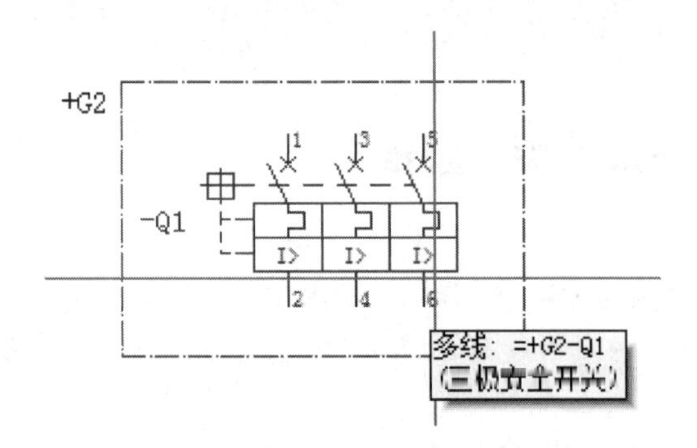

图 1-41 定义结构盒

单击“完整设备标识符”按钮,弹出“完整设备标识符”对话框,修改“位置代号”文本框中的内容为“G3”,如图 1-43 所示。

单击“确定”按钮,返回“属性”窗口,此时“完整设备标识符”文本框中的内容变更为“=+G3-Q2”,单击“确定”按钮,返回绘图界面。原“-G2”的设备标识符变更为“+G3-Q2”,如图 1-44 所示。

以上用三种方法实现了对部件位置面的描述,如图 1-45 所示,从左到右三个部件的位置面分别属于“+G1-Q1”、“+G2-Q2”和“+G3-Q2”。

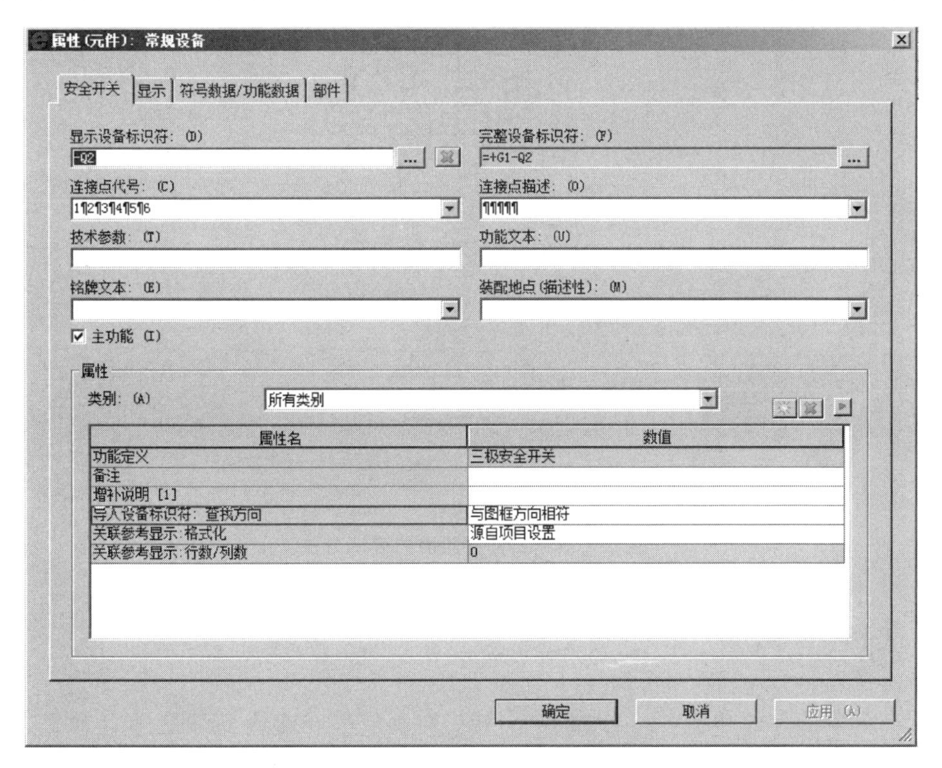

图 1-42　“属性(元件)：常规设备”对话框

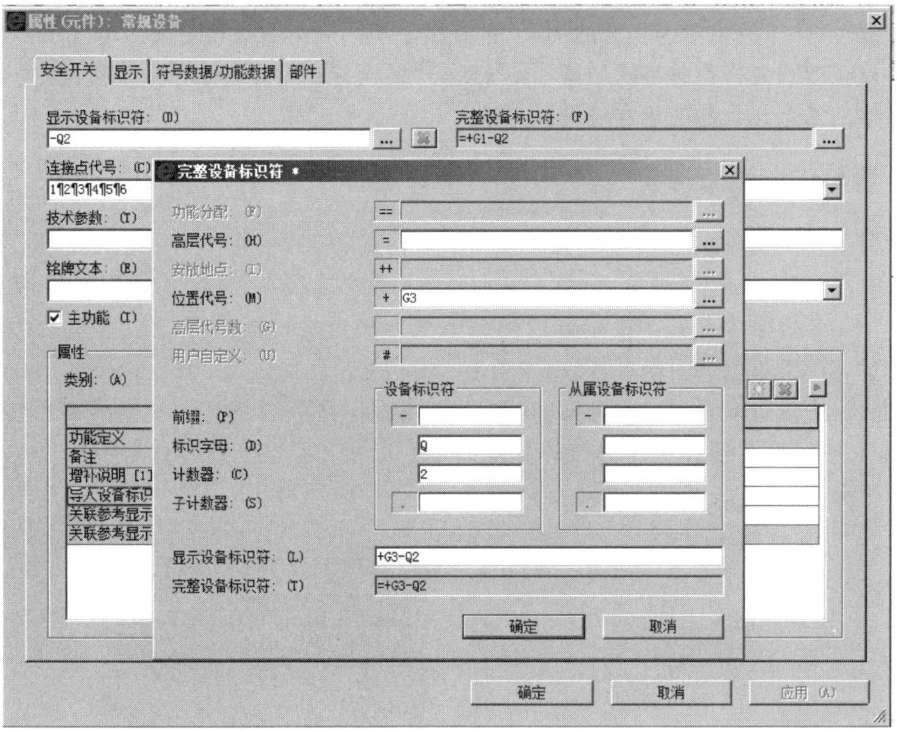

图 1-43　修改完整设备标识符

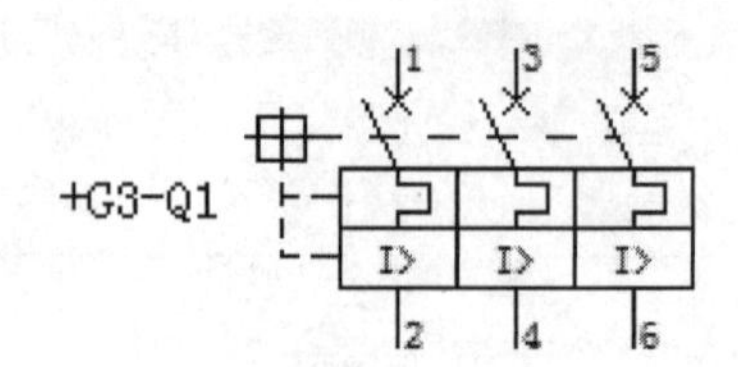

图 1-44　完整标识符

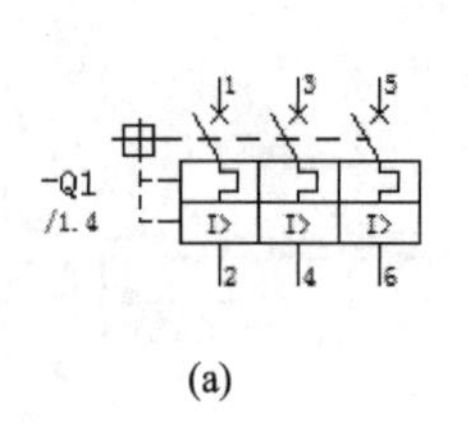

(a)

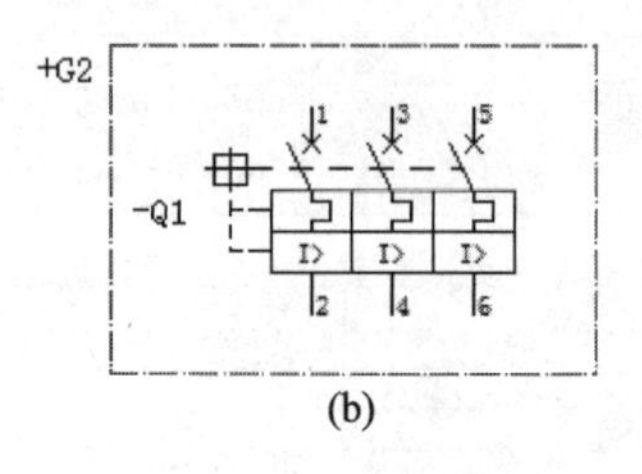

(b)

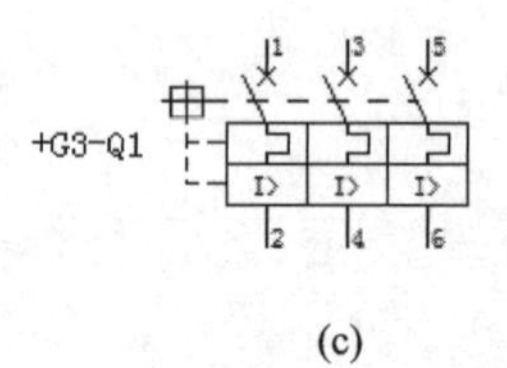

(c)

图 1-45　三种位置面的表示方法

1.4　进阶知识

基于本章节的设计和学习，初步了解了 IEC 对部件的一些基本描述，而了解和掌握 IEC 的“结构标识符”，是按照 GB 进行电气设计的基础。

除对基本的知识进行介绍外，我们还会对其他的“结构标识符”进行简单的介绍。了解和掌握这些符号，便于读懂更为复杂的图纸，也有助于规划和组织规模更大的电气项目。特别是有一些针对企业或者行业的特殊要求，深刻理解“结构标识符”并灵活使用和设定“结构标识符”，对图纸的规范化和标准化有极大的帮助。

1.4.1　器件引脚编号标识“:”

在定义某一个部件的某一个连接点时，在结构标识时，会用“:”对连接点进行描述，在图 1-46 中，“－H1”的上下两端，分别有 X1 和 X2 两个连接点，在结构标识符中，用“－H1:X1”和“－H1:X2”对“H1”这个指示灯的两个电气连接点进行描述，“:X1”和“:X2”的文字需要与采用的实际部件上的引脚点一致，如图 1-46 所示。

在图 1-47 中可以看到，“－20S8:3”和“－20S8:4”是“－20S8”上按钮的两个连接点，这两个连接点不但约定器件上的电气连接点，同时也约定了连接到该点导线端头的约定，如图 1-47 所示。

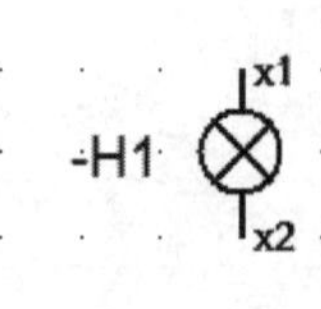

图 1-46　引脚描述

图 1-47　指示灯引脚

1.4.2　功能面高层代号“＝”的应用

在刚才的例题中，我们在“页”导航器中看到如图 1－48 所示的内容。

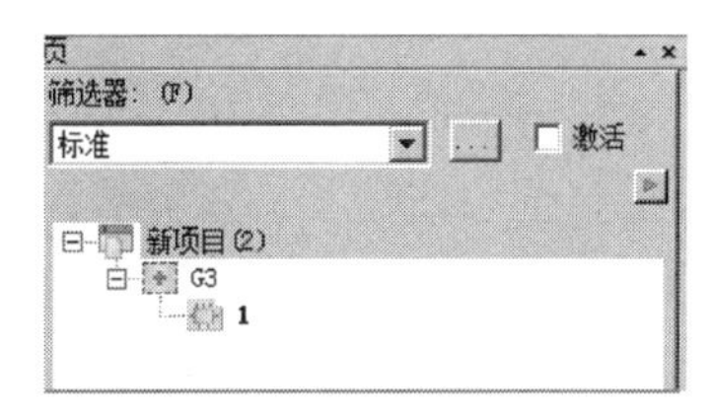

图 1－48　高层代号

这非常像 Windows 的资源管理器，它对整个项目文件进行一个树状的管理，那么在“＋G3”的“位置代号”的更高层，EPLAN 使用的 IEC 模板的缺省状态下，还有更高一级的符号“＝”，称为“高层代号”。

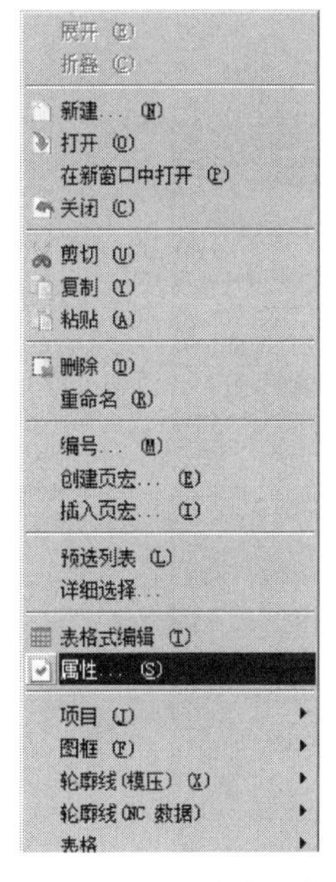

图 1－49　页属性快捷菜单

以下练习是我们将刚才绘制的图纸“＋G1”纳入到名称为“＝CIP”的高层代号中：

① 右击第一页图纸，在快捷菜单中选择“属性”菜单项，如图 1－49 所示。

② 在“页属性”对话框中，单击“完整页名”右侧的“…”按钮，如图 1－50 所示。

③ 单击“完整页名”空格后边的“…”按钮，弹出“完整页名”对话框，如图 1－51 所示。

④ 在“高层代号”文本框中填写“CIP”并单击“确定”按钮。在页属性的“完整页名”文本框中显示“＝CIP＋G3/1”文本，如图 1－52 所示。至此便完成了对本页图纸功能面的定义。

“页”导航器内的图纸结构也随之变化，如图 1－53 所示。

页数为 1 的图纸上层是“＋G3”位置代号，上层增加“＝”方框，代表名称为“CIP”的高层功能。

那么，第一页的完整描述是“＝CIP＋G3/1”，图纸中绘制的隶属于“＋G3”的“－H1”完整描述是“＝CIP＋G3－H1”，对于其第一个连接点“X1”用完整描述是“＝CIP＋G3－H1:X1”。

一般来讲，由于一个柜体内部的部件其“高层代号＝”和“位置代号＋”相同，所以经常省略掉“＝”和“＋”，在柜体内部经常见到“－XX”或者“－XX:XX”的标识方式。

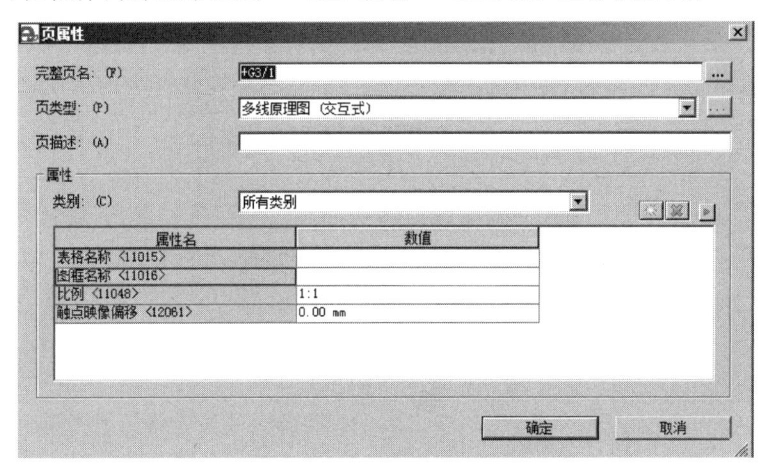

图 1－50　“页属性”对话框

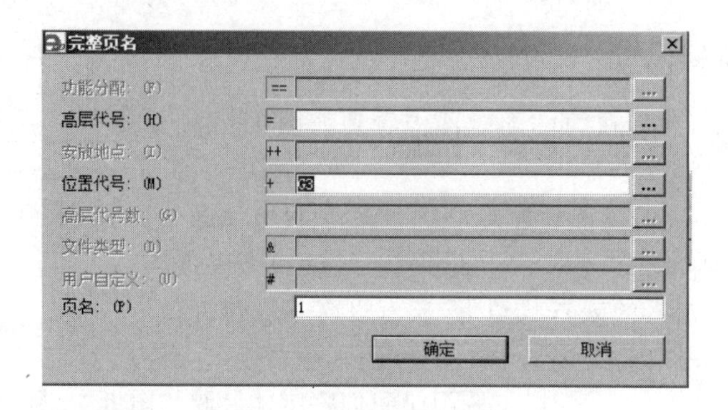

图 1-51 “完整页名”对话框

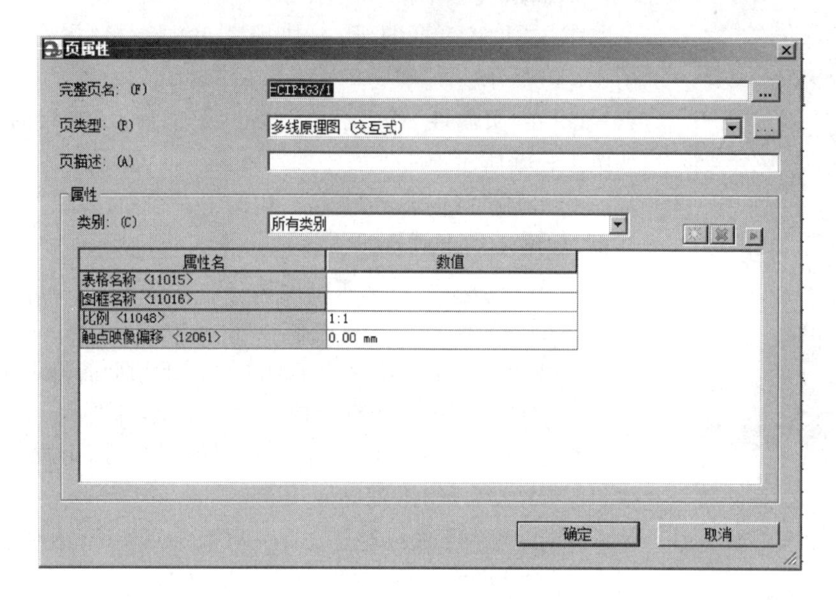

图 1-52 有高层代号的页属性

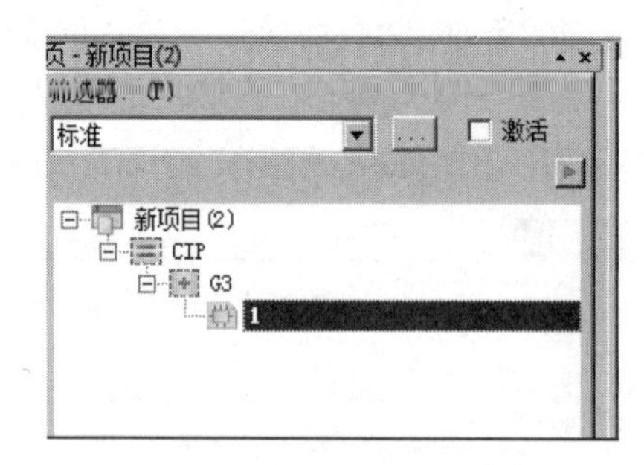

图 1-53 页导航器显示高层代号

第 2 章　认识图纸

本章指导读者绘制一套最简单的项目图纸，在绘制图纸的过程中讲解会遇到的各种选项配置和含义以及正确的用法。

2.1　学习目标

本章学习目标如下：

1. 学习绘制最简单图形的基本知识。
2. 了解绘图中的一些基本知识和概念。

2.2　实例教学

2.2.1　项目模板

EPLAN 软件可以有 3 种文件格式的模板文件，分别是后缀名为 ept 的项目模板文件、后缀名为 zw9 的基本项目文件和后缀名为 epb 的项目模板文件。项目模板如图 2-1 所示。

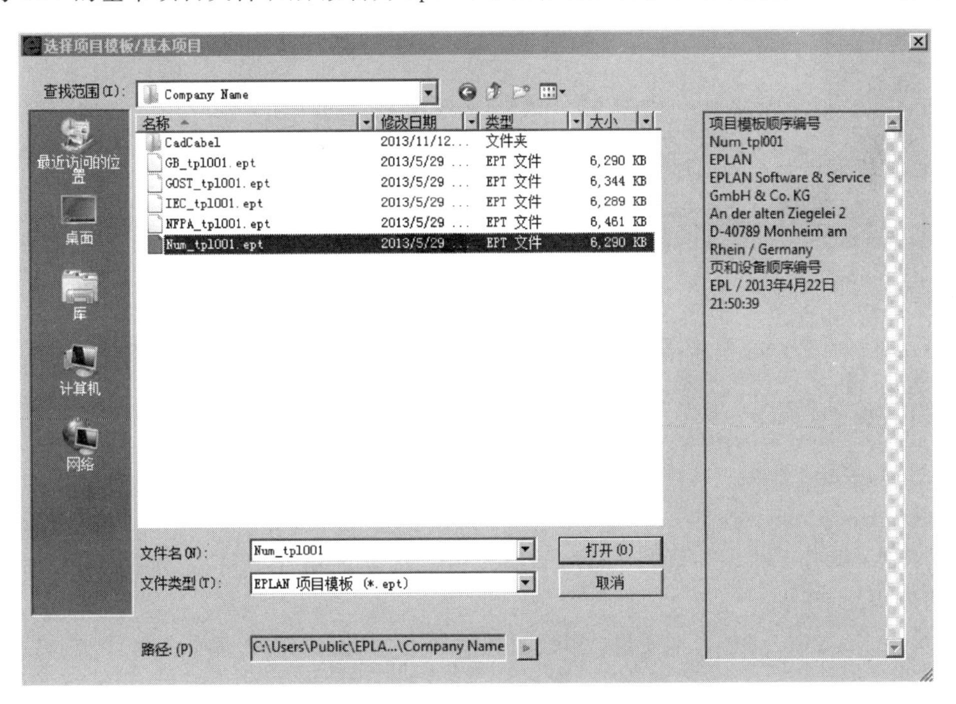

图 2-1　项目模板

在项目模板中有：

- GB_tpl001.ept 项目模板：预设值 GB 标识结构(中国国家标准)。
- GOST_tpl001.ept 项目模板：适用于根据 GOST 标准创建项目(俄罗斯电气标准)。
- IEC_tpl001.ept 项目模板：预设值 IEC 标识结构(国际电工委员会)。
- NFPA_tpl001.ept 项目模板：预设值 NFPA 标识结构(美国国家消防协会标准)。
- Num_tpl001.ept 项目模板：预设值顺序编号。

EPLAN 支持通过项目模板建立新项目，新的项目继承了相关标准的标识结构。如果希望在模板中保存更多的信息用于新项目的使用，也可以通过基本项目建立新的项目。通过基本项目建立的新项目包含主数据内容，例如符号库、表格、图框等，如图 2-2 所示。

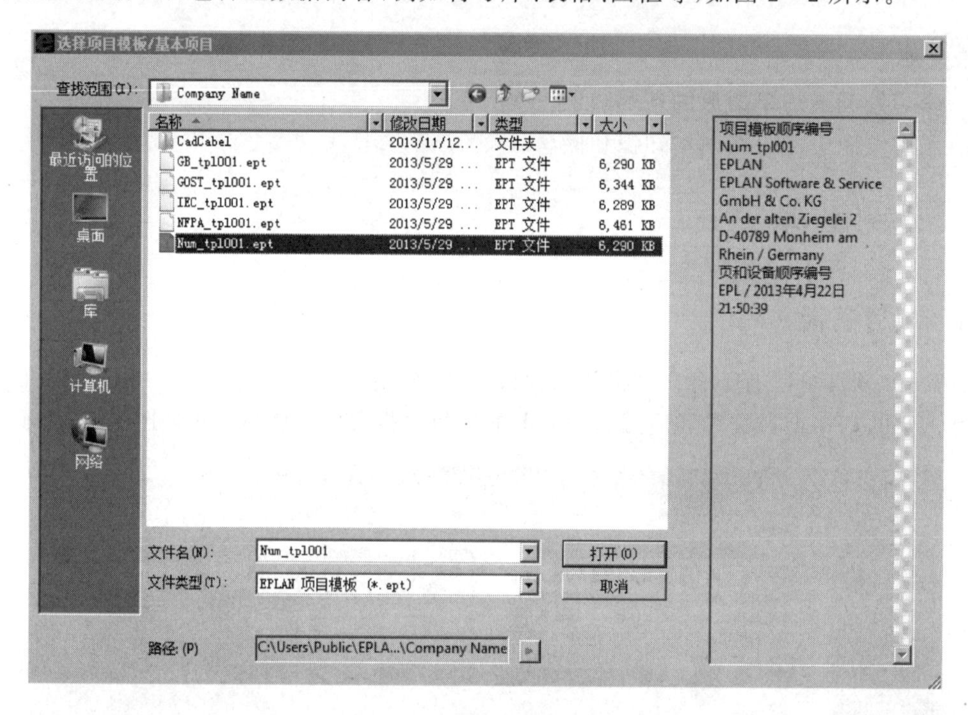

图 2-2 基本项目

- GB_bas001.zw9 基本项目：适用于根据 GB 标准创建项目，包含主数据，例如符号库、表格、图框。
- GOST_bas001.zw9 基本项目：适用于根据 GOST 标准创建项目，包含主数据，例如符号库、表格、图框。
- IEC_bas001.zw9 基本项目：预设值 IEC 标识结构，包含主数据，例如符号库、表格、图框。
- NFPA_bas.zw9 基本项目：适用于根据 NFPA 标准创建项目，包含主数据，例如符号库、表格、图框。
- Num_bas001.zw9 基本项目：预设值顺序编号，包含主数据，例如符号库、表格、图框。

2.2.2 项目模板和基本项目

项目模板是可从中创建新项目的模板。EPLAN 支持后缀名为(*.ept)的 EPLAN 项目模板和后缀名为(*.epb)的 EPLAN 项目模板。

两者的区别是项目模板/＊.ept 文件可从＊.ept 文件中创建新项目并将 EPLAN 项目保存为＊.ept 文件，而项目模板/＊.epb 文件只可从＊.epb 文件中创建新项目。

项目模板包含内容如下：

- 所有项目设置。项目设置是在“选项”→“设置”→“项目”→“项目名称”下的设置。为此，还包含页结构和设备结构的配置。
- 所有项目数据：项目数据，如未放置的和放置在页上的设备。
- 所有页。将位于项目模板中的所有页导入。

基本项目包含内容如下：

- 所有项目设置：同项目模板。
- 所有项目数据：同项目模板。
- 所有页：同项目模板。
- 主数据：存储在项目中的主数据，如表格和符号。
- 存储的外部文档和图片文件。
- 参考数据。

说明：

- 可以使用项目模板和基本项目创建新项目。
- EPLAN 项目中的图片（如公司 LOGO）是不会保存在项目模板中的，如果有标准化的表格符号和图片，建议使用 EPLAN 基本项目。

2.2.3　文件保存位置

新建项目默认的保存路径是 $(MD_PROJECTS)，如图 2-3 所示。这是一个相对引用的路径，该路径位于软件安装时设置的主数据路径下“项目”的子文件夹中。可以在“保存位置”文本框键入保存路径，也可单击“…”按钮进行用于新建项目的设置。

说明：

- EPLAN 使用“$”标识一个相对引用的路径。括号中的 MD 指软件安装时的数据主目录，如图 2-4 所示。
- 图 2-4 中的前 7 项是安装时指定的，无法在安装后修改。
- 建议在安装软件时，设置好前 7 项路径的位置。
- 其他路径既可以用默认值，也可以在“选项”→“设置”→“用户”→“管理”→“目录”菜单项中进行设置。

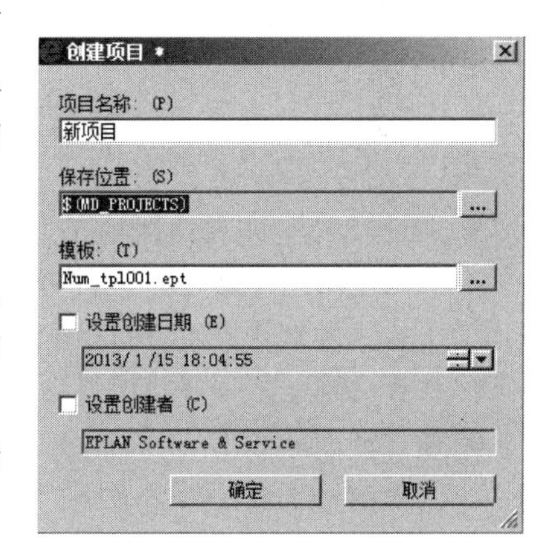

图 2-3　新建项目设置

如果软件是默认安装，则 $(MD_PROJECTS)实际的路径如图 2-5 所示。

图 2-4　EPLAN 中的相对路径

新建项目默认的保存路径是 $(MD_PROJECTS)。这是一个相对引用的路径，该路径位于软件安装时设置的主数据路径下“项目”的子文件夹中。

有以下两种方式可以设定项目保存的文件位置。

- 通过修改系统默认路径的设置，保存文件到预定的文件路径。这种方法因为是修改了软件的默认设置，所以新建项目、打开项目都会到此路径寻找项目内容。
- 通过修改本项目的实际路径，此修改只对当前项目生效。

2.2.4　设置项目路径

可以通过选择“选项”→“设置”菜单项，弹出“设置”对话框，双击“用户”→“管理”菜单项，单击“目录”菜单项建立项目，如图 2-6 所示。在“项目”文本框中，单击“…”按钮进行本计算机系统的用户目录信息设置。

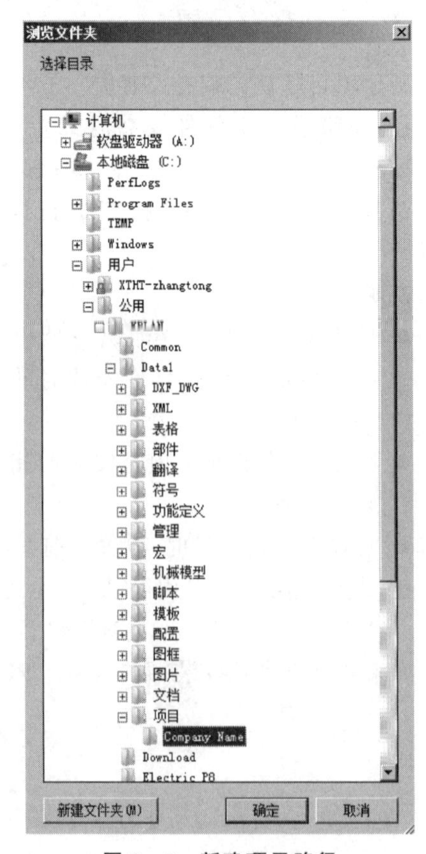

图 2-5　新建项目路径

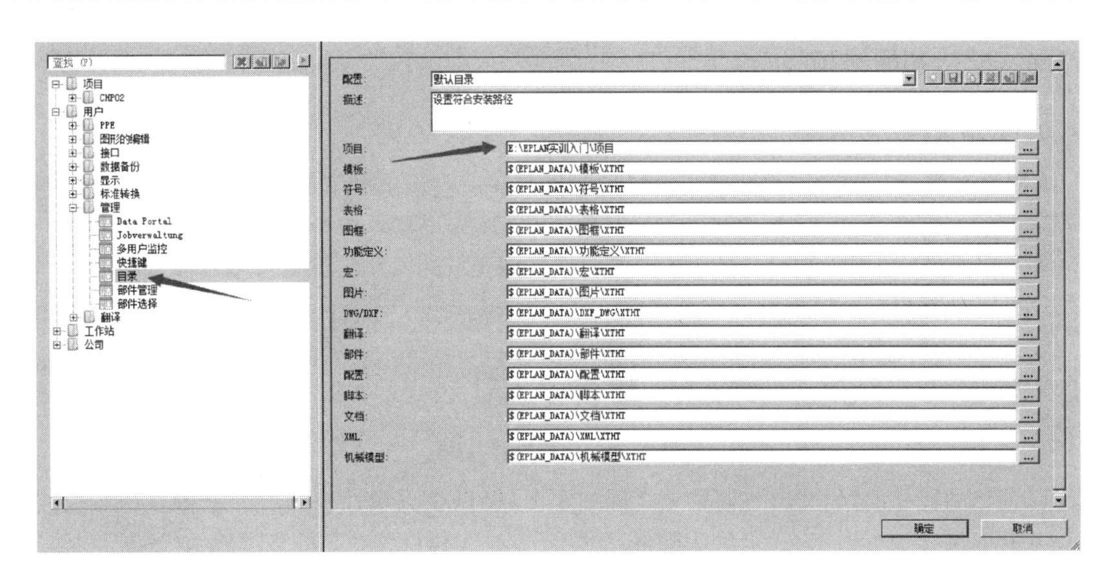

图 2-6　目录设置

2.2.5　页面中的列和行

EPLAN 为用户提供了标准的图纸页面，也提供了按用户要求定制图纸的方法。在此以 EPLAN 制作的标准页面 FN1_001.fn1 为例做简单介绍。

列和行的定义

FN1_001.fn1 的页面是按 A3 的幅面进行定制的，图纸框 X 方向 420 mm，Y 方向 297 mm，本图纸一共在 X 方向划分为 10 列，每列的宽度为 42 mm。在中断点链接和映射的位置指向都是以这些列划分的区域进行的，如图 2-7 所示，图框上方的数字就是对不同的列区域进行标注。

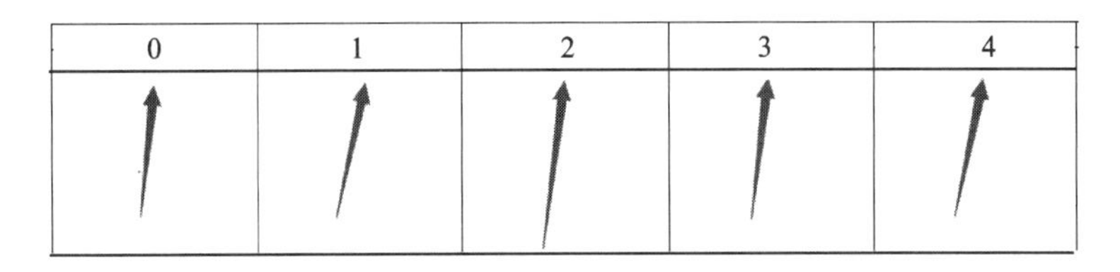

图 2-7　页布局

图纸的列宽是可以设置的，可以根据用户或者企业标准对列宽进行等长或不同长度的定制。

EPLAN 同样提供“行”的划分，同样可以定义不同的行高度，并支持行位置的引用以及行列位置的同时引用，如图 2-8 所示。

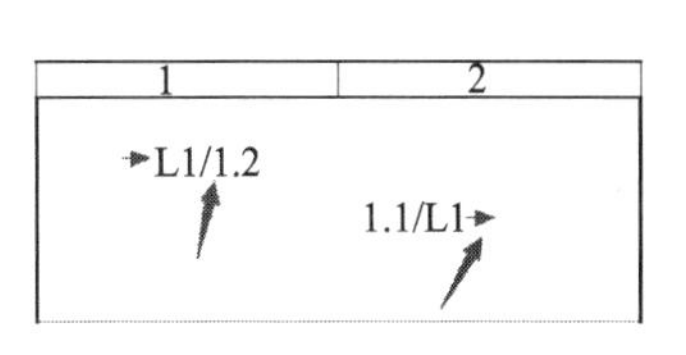

图 2-8　行和列的引用

2.2.6 栅格和栅格捕捉

1. 栅格规格

EPLAN 提供几种不同的栅格用于定位符号或部件。在菜单中提供 5 种最常用的栅格尺寸定义，分别是“A 栅格”、“B 栅格”、“C 栅格”、“D 栅格”和“E 栅格”，其实际尺寸为 1 mm、2 mm、4 mm、8 mm 和 16 mm，符号库中的元件大多是按照 4 mm 设置符号管脚间距的，所以“C 栅格”是最常用的。栅格设置按钮如图 2-9 所示。

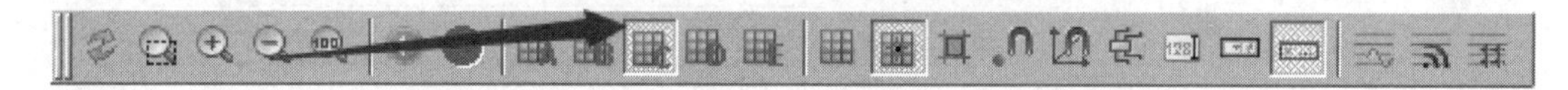

图 2-9 栅格设置按钮

已使用的栅格的尺寸(即各栅格点之间的距离)可以在页属性中查看并修改，以上 5 种栅格尺寸外的尺寸也可以定义，非默认栅格尺寸不会在“A 栅格”～“E 栅格”显示。

2. 栅格的显示捕捉和对齐

通过单击“栅格”按钮可以切换图纸的栅格显示，如图 2-10 的左侧按钮所示。

单击“捕捉”按钮，插入符号或者连接时就会正好放置在单元格上，提高设计的效率。关闭“栅格”捕捉后，很难把两个部件对齐，图 2-10 的中间左侧按钮所示。

如果出现了符号或者部件没有对齐的情况，也可以选择这些对象后单击“对齐”按钮，如图 2-10 的右侧按钮所示，将选中的对象对齐到最近的栅格节点。

说明：在复习图形时常会出现栅格对不齐的情况。

图 2-10 栅格的显示捕捉和对齐

2.2.7 图框的设定

EPLAN 每页的图框都不是在当页绘制的，而是通过调用主数据中的图框文件并叠加显示到图纸文件中，这也是为什么在绘图页双击图框的元素不会有任何反应的原因。

可以在页属性的对话框中对图框文件进行选择，图框中的文本修改会在后续课程中讲解。

说明：

- 在“页属性”对话框中修改的图框信息只对本页有效。
- 自动生成的页(如表格更新)会根据预设的配置图框覆盖当前的图框，即通过修改配置文件更换图框。
- 项目文件图框的选择在“选项”→“设置”→“项目”→“管理”→“页”中“默认”文本框的图框文件中进行。用于配置全部项目的图框。修改后再次新建页，将使用新的图框文件。

2.2.8 页名称和页描述

页名称：EPLAN 页名称默认值是数字和字母，也支持文本和中文名称，一般应用选择数

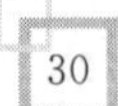

字表示页的名称，如图 2－11 所示的数字“1”。

页描述：描述本页图纸的文字信息，一般该描述信息还会出现在图框栏，如图 2－11 的“页描述”所示。

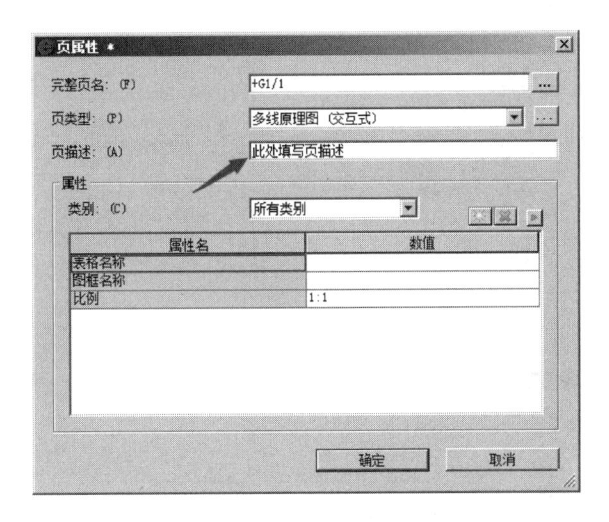

图 2－11　页名称和页描述

2.2.9　路径功能文本和普通文本

EPLAN 在图纸中有 2 种文字描述图纸中回路和部件的信息。

普通文本：单击 路径功能文本... (F)　Ctrl+T 文本按钮，可以插入文字信息到图纸页面。

路径功能文本：“路径功能文本”是对功能面描述的一个补充，它会对文本区上方的符号或者部件的功能信息做定义，以便在报表中对相关部件的功能进行描述和汇总。

普通文本和路径功能文本可以通过勾选“路径功能文本”复选框相互转化。

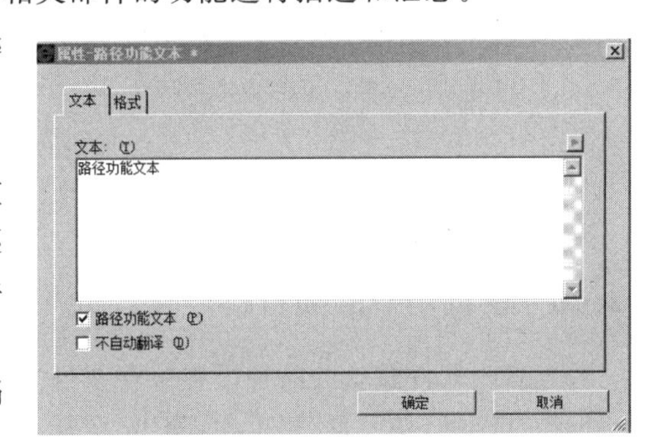

图 2－12　路径功能文本

说明：

- “路径功能文本”是电气设计中非常重要的一个元素，除标明回路功能外，还对相关部件和符号的信息做补充，并在报表和其他的区域做汇总和显示，如图 2－12 所示。“功能文本”属性编号＜20120＞被赋予路径文本的值。
- EPLAN 是一套基于数据库设计的软件，不同的属性有不同的名称，但是由于翻译或者理解的原因，记忆和使用这些属性容易出错。可以通过选择“选项”→“设置”→“用户”→“显示”→“用户界面”菜单项，勾选“显示标识性的编号”和“在名称后”，如图 2－13 所示。

再次任意单击部件进入“属性”对话框，在“显示”标签下可以见到不同属性值后边显示标识性编号的数值，如“技术参数＜20027＞”等，如图 2－14 所示。

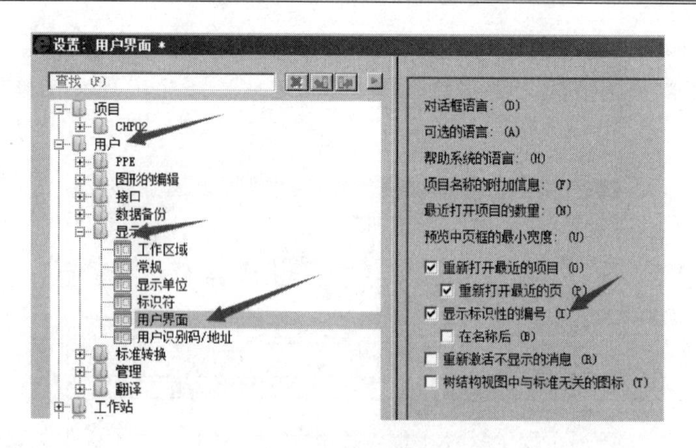

图 2-13　显示标识性编号

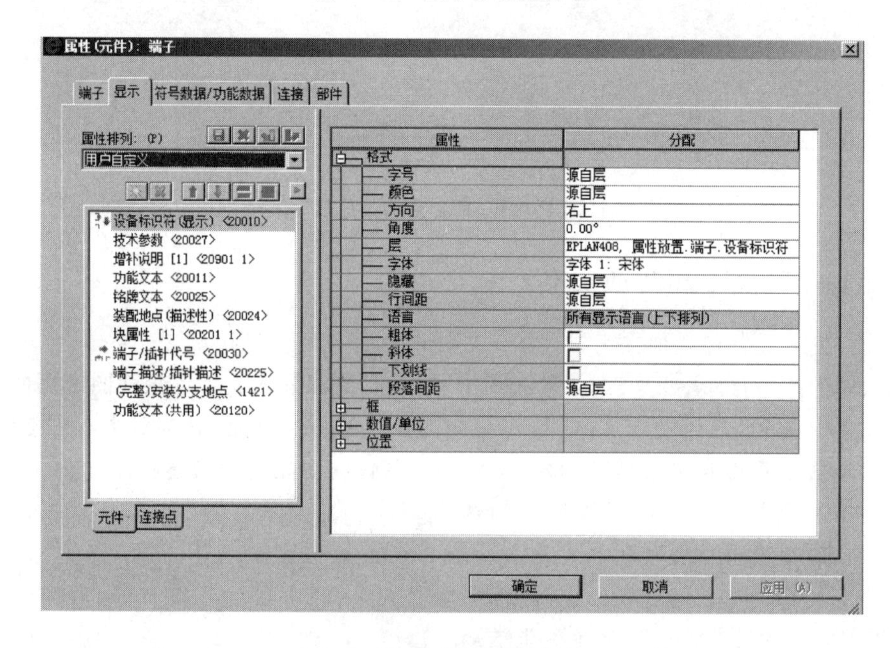

图 2-14　属性的数值编号

2.2.10　设置用户的项目路径

通过修改软件默认的路径设置保存项目文件。

选择“选项”→“设置”菜单项，弹出“设置”对话框，选择“用户”→“管理”菜单项，再选择“目录”菜单项，如前面图 2-6 所示。在“项目”文本框中，单击“…”按钮进行本计算机系统的用户目录信息设置。

单击“项目”文本框后的“…”按钮，选择路径为“G:\EPLAN 实训入门\项目”，或者填写“G:\EPLAN 实训入门\项目”到“项目”文本框中，单击“确定”按钮，完成项目文件路径的设定。

选择“项目”→“新建”菜单项，弹出“创建项目”对话框，如图 2-15 所示。

单击“保存位置”后的“…”按钮，弹出“浏览文件夹”对话框，如图 2-16 所示，该对话框显示项目的路径已经指定到新设定的路径位置。选择“项目”下的 CHP03，单击“确定”按钮，完成项目保存位置设定。

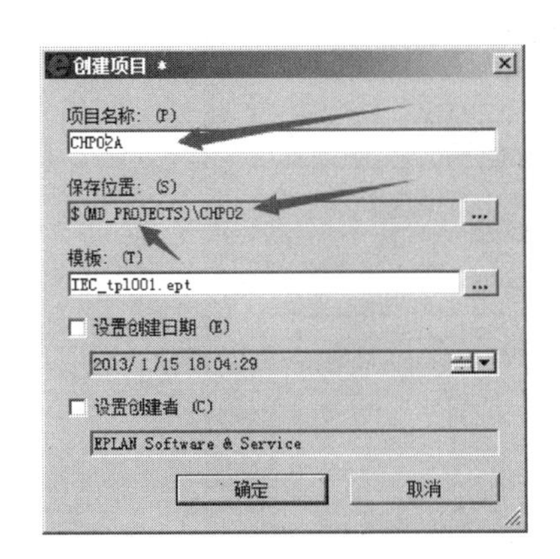

图 2-15　“创建项目”对话框

图 2-16　“浏览文件夹”对话框

2.2.11　按照 IEC 模板新建项目

填写 CHP03 到“项目名称”文本框中，选择 IEC 模板或者填写“$(EPLAN_DATA)\模板\Company Name\IEC_tpl001.ept”到“模板”文本框中，如图 2-17 所示。

单击“确定”按钮，在弹出的“项目属性”对话框内单击“确定”按钮，完成新项目 CH03 的创建。

说明：

- 新建项目过程中，在“创建项目”对话框可以选择创建项目使用的模板。
- “在项目属性”对话框中，可以对项目的各种属性进行设置，除项目结构外，其他大部分数值在项目完成后也是能够进行编辑的。

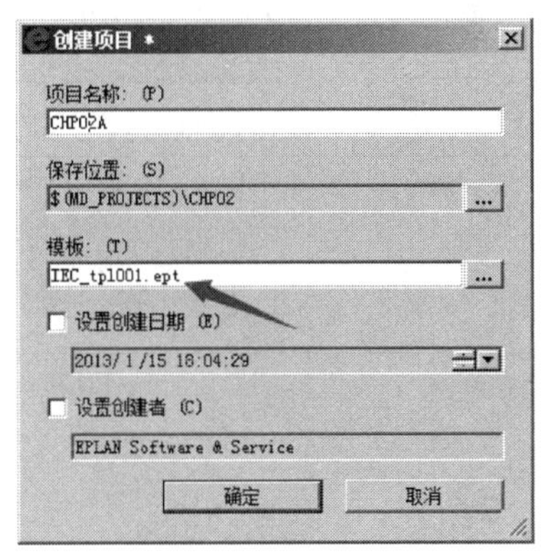

图 2-17　“创建项目”对话框

2.2.12　新建页(列引用)

选择“页”菜单栏的“新建”菜单项，弹出“新建页”对话框，在“页描述”文本框中填写“列引用”。单击“图框名称”文本框，出现下拉箭头，单击下拉箭头，单击“查找”进入“选择图框”对话框，选择 FN1_001.fn1 图框文件后返回“新建页”对话框，如图 2-18 所示。单击“确定”按钮，完成“1 列引用”页创建。

用同样的操作方法创建第二页“2 行引用”页和第三页“3 行列引用”，图框文件分别选择 FN1_003.fn1 和 GB_A3_001.fn1。

双击“页”导航器 1 页，进入 1 页编辑状态，选择“插入”→“连接符号”→“中断点”菜单项，在图纸“0 列”位置插入一个中断点符号。在弹出“中断点属性”对话框的“显示设备标识符”文本框中填写“L1”文本，如图 2-19 所示。

单击“确定”按钮，完成“中断点”的插入。

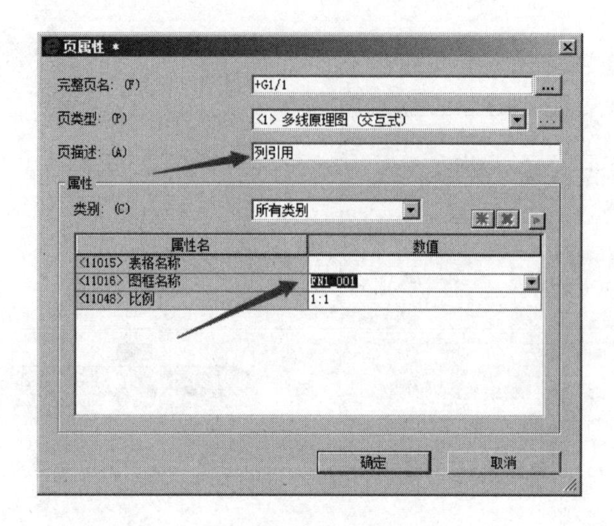

图 2-18 新建页对话框

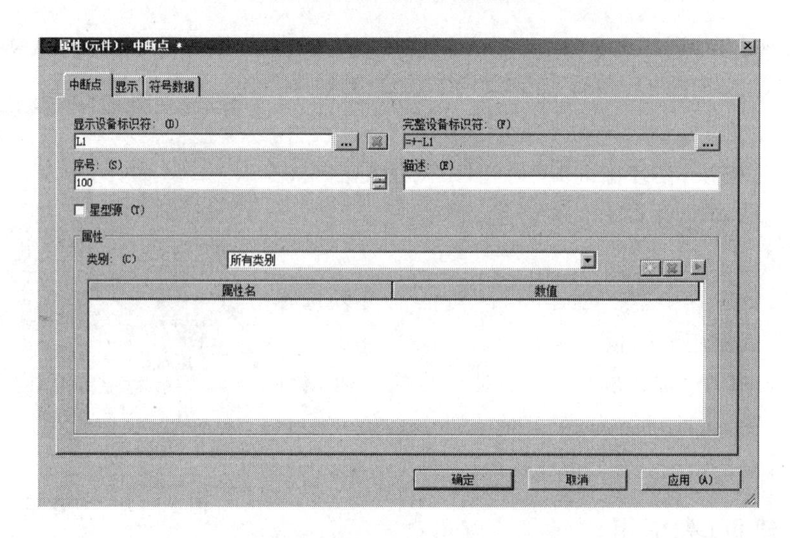

图 2-19 “属性(元件):中断点”对话框

用同样的操作方法在“1 列位置”插入相同名称中断点“L1”。

选择“项目数据”→“连接”→“更新”菜单项,得到如图 2-20 所示中断点连接。可以看到在蓝色“L1”中断点右侧有绿色“/1.1”文字,标注了目标引用的图纸和图纸的位置。

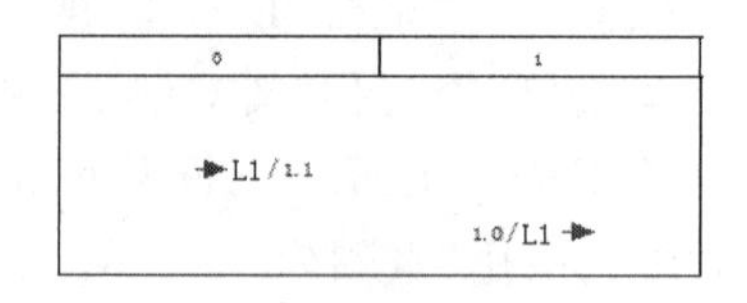

图 2-20 列引用

2.2.13 新建页(行引用)

用同样的操作方法,在“2”页插入 2 个“L1”中断点,2 个中断点要求分别位于第 200 行和第 201 行的位置。更新连接后如图 2-21 所示。

2.2.14　新建页(行和列同时引用)

用同样的操作方法,在“3”页插入 2 个“L1”中断点,2 个中断点要求分别位于第 200 行和第 201 行的位置。更新连接后如图 2－22 所示。在蓝色“L1”中断点右侧出现绿色“/3.2:B”给出目标引用的行和列的位置。

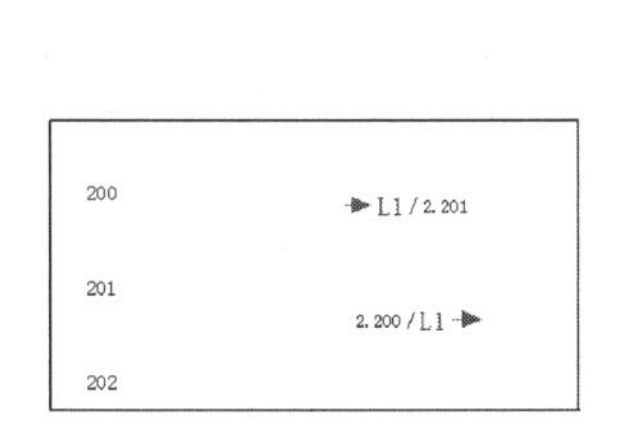

图 2－21　行引用

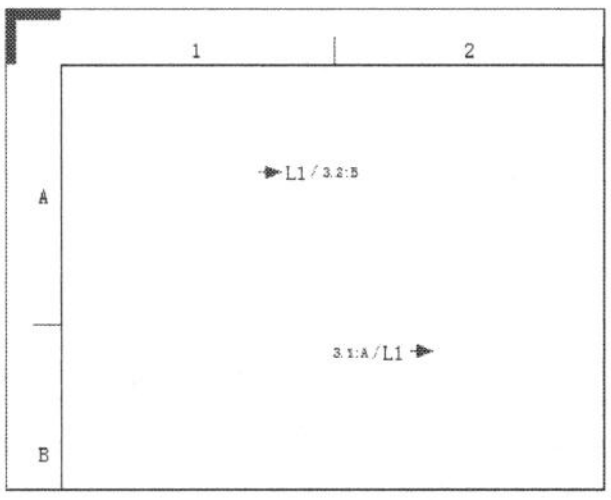

图 2－22　行和列引用

说明:

行、列以及行和列的位置引用,取决于对图框文件的选择。选择正确的图框文件,EPLAN 会自动完成位置的引用,不需要用户关注引用。

2.2.15　部件放置

新建第 4 页,页描述为“部件放置”,图框文件使用 FN1_001.fn1。

选择“插入”→“符号”菜单项,弹出“符号选择”对话框,如图 2－23 所示。单击“确定”按钮,完成端子符号的插入。

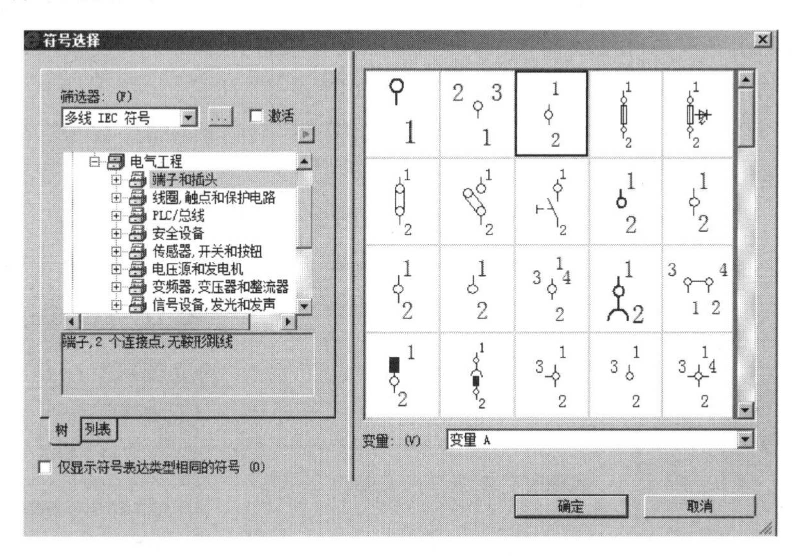

图 2－23　“符号选择”对话框

此时鼠标箭头附着待放置的端子符号,可以在图形界面中移动,选择好位置后单击左键放置端子,弹出“属性(元件):端子”对话框,如图 2－24 所示。

单击“确定”按钮,完成端子放置。

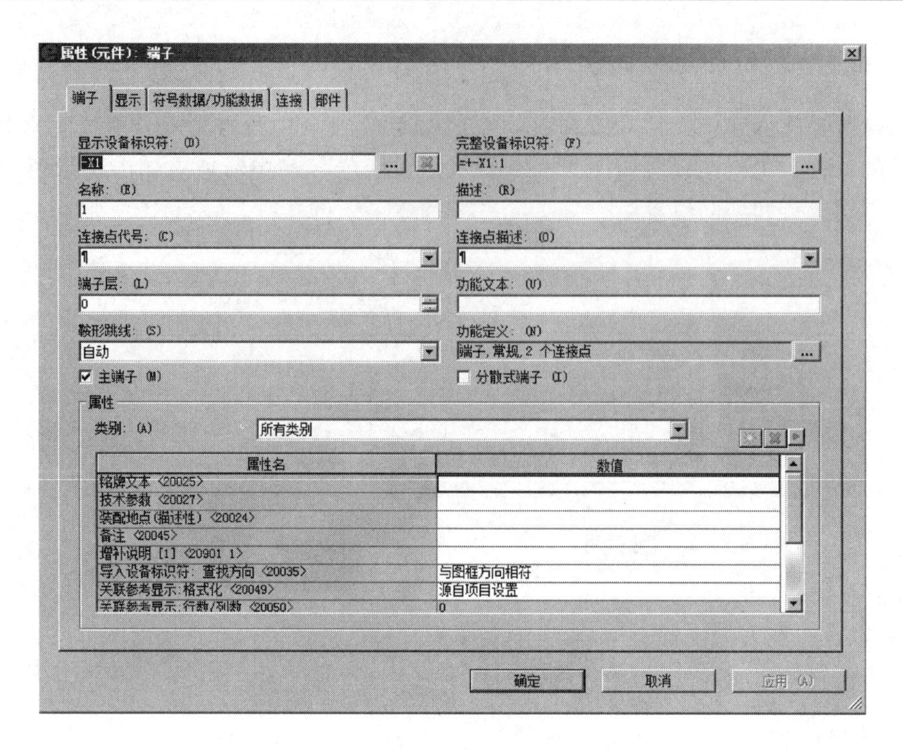

图 2-24 “属性(元件)：端子”对话框

2.2.16 多重放置

EPLAN 重复放置功能在需要大量放置相同类型符号或者部件时可发挥极大的作用。

按 Esc 键退出之前的部件放置，鼠标回到标准箭头状态。

右击待复制的端子，选择“多重复制”菜单项，如图 2-25 所示。

距原端子 4 个栅格的位置单击，在弹出“多重复制”对话框中的“数量”文本框中，填写“19”，如图 2-26 所示。

单击“确定”按钮，弹出“插入模式”对话框，如图 2-27 所示，选择“编号”，编号格式选择“标识字母＋计数器”，单击“确定”按钮，完成多重复制工作。

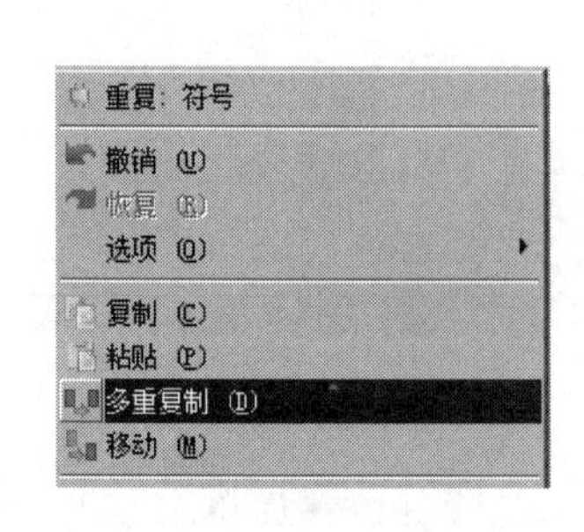

图 2-25 多重复制右键菜单

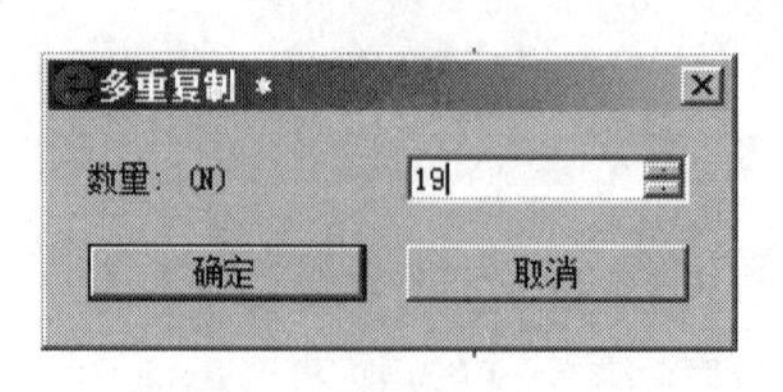

图 2-26 “多重复制”对话框

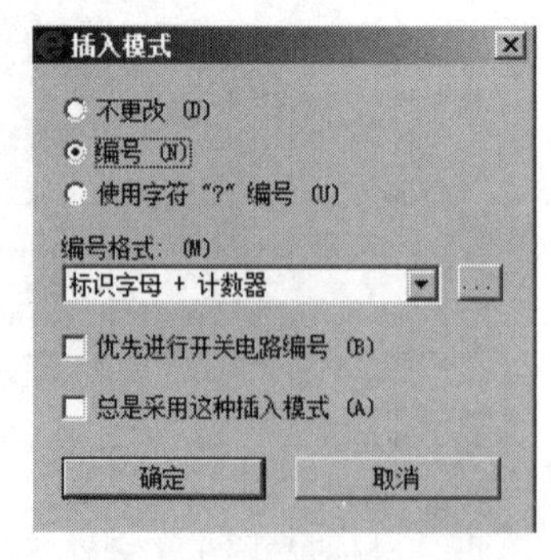

图 2-27 “插入模式”对话框

2.2.17　路径功能文本和功能文本的显示

在“－X1:1”端子下方插入路径功能文本“路径 1”，在端子“－X1:6”端子下方插入路径功能文本“路径 2”，如图 2－28 所示。

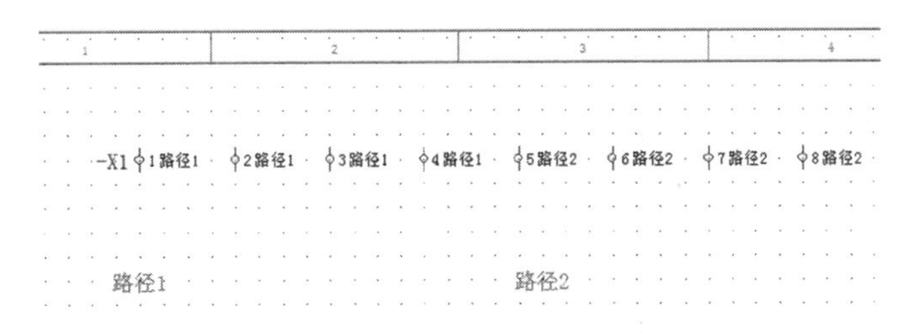

图 2－28　多重端子复制

EPLAN 每个部件都有一个“功能文本”的属性，通过对符号显示内容的设定，让“功能文本”在图纸上显示处理。

双击端子“－X1:1”，弹出“属性(元件)：端子”对话框，单击“显示”标签，单击“属性排列”下方“新建”按钮，如图 2－29 所示。

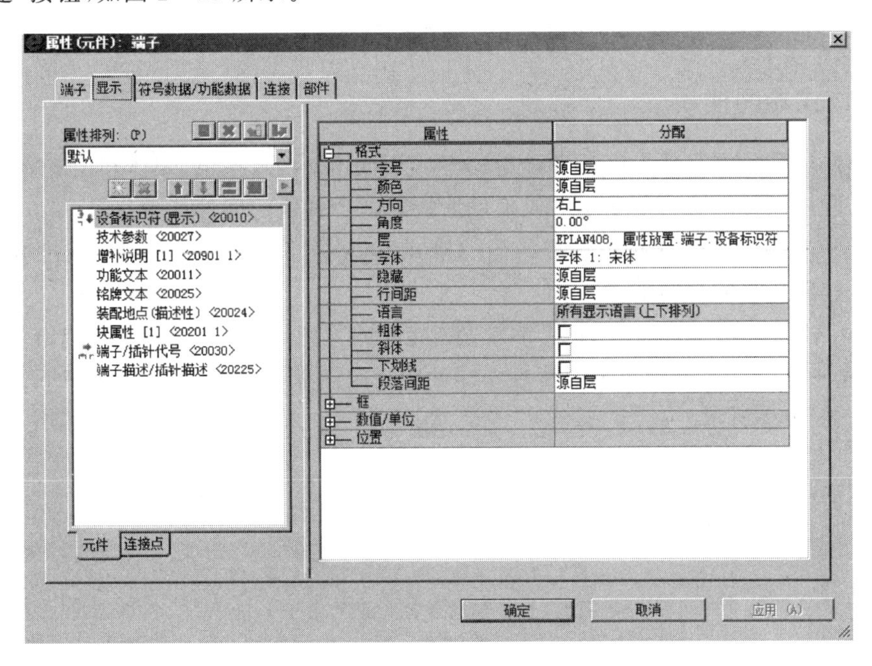

图 2－29　“属性(元件)：端子”对话框

在弹出的如图 2－30 所示的“属性选择”对话框中，选择“功能文本(共用)＜20120＞”选项，单击“确定”按钮，把“功能文本(共用)”加入到图纸显示的内容中。单击“确定”按钮回到图形编辑界面。此时可以看到在端子“－X1:1”右侧出现了“路径 1”的文字，这些文字就是通过路径文本对部件进行约定并显示到图纸中的。

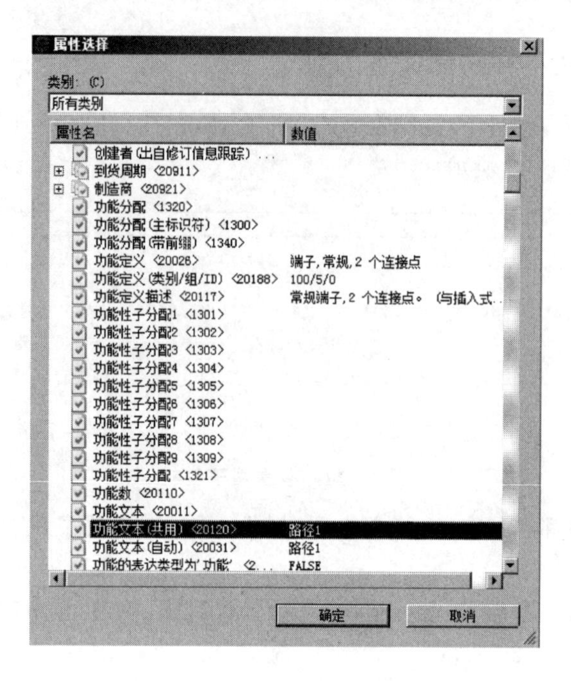

图 2－30 “属性选择”对话框

2.2.18 格式刷的使用

每个部件的显示内容都是设计者设定的，包括显示的内容、颜色、字体和位置等。EPLAN 的格式刷功能可以帮助把一种显示的风格设置快速赋予其他的部件或者符号。

单击端子“－X1:1”选择我们期望的显示格式，单击复制格式按钮后，就把我们预期的显示格式复制到系统格式刷中。

选择“－X1:2”到“－X1:10”端子，单击指定格式按钮，图纸所有端子右侧出现了本端子“路径功能文本”的信息，路径文本对符号和部件的指定限制在当前路径文本和下一条路径文本之间，如图 2－31 所示。

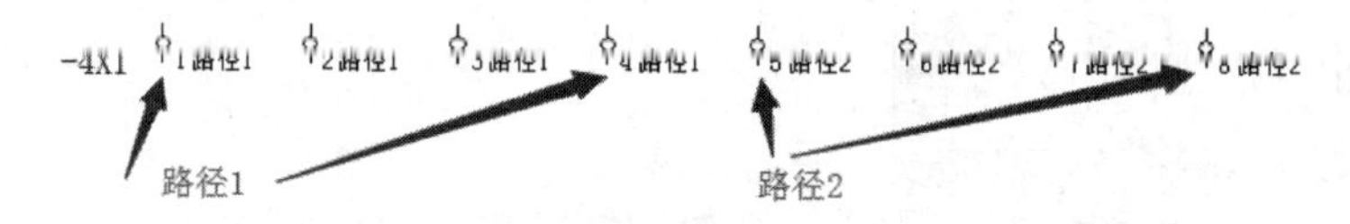

图 2－31 包含路径信息的端子

第3章　简单电机回路设计

电机回路是自动化行业经常遇到的回路，以简单电机回路为例做图纸设计的例程，会帮助读者以最少的学习内容尽快形成设计的产能。

3.1　学习目标

本章学习目标如下：

1. 通过3.2节学习绘制动力回路需要掌握的“符号”、“黑盒”和“消息管理”等非常重要的知识。

2. 通过3.3节实例绘制电机启动回路。

3.2　准备知识

3.2.1　符　号

1. 符号的作用

在绝大多数的电气设计中，设计者没有用实际部件的照片或者详细的图形表示部件信息，因为在电气图纸的设置当中，设计的目标是用尽量简洁的图形和信息表达自己的设计意愿。于是符号成为了代表设计电气器件的元素。

不同的电气标准对符号的形状和代表器件的类型都有比较详细的描述，有了这些标准要求，工程师在进行图纸设计时，便会使用统一的符号表达自己的设计内容。

EPLAN是专业的电气设计软件，为用户提供了标准的GB、IEC、GOST、NFPA等符号库，每种符号库又分多线符号库和单线符号库。经常使用的是用于多线原理图的多线符号库。

可通过选择“选项”→“设置”→“项目”→“项目名称”→“管理”→“符号库”菜单项对项目使用的基本符号库来进行设置，如图3-1所示。单击“取消”按钮，退出“符号库”的设置。

2. 符号库中符号的内容

以IEC多线符号库为例了解一下符号库的内容。

选择“插入”→“符号”菜单项，弹出“符号选择”对话框，此时可以选择在“项目”→“管理”中指定的符号库。

选择IEC_symbol→“电气工程”→“端子和插头”，单击右侧“符号清单”左上第一个符号，左下侧说明区出现了选中符号的描述说明，如“端子，带1个连接点，无鞍形跳线连接点”，如图3-2所示。

3. 符号变量

变量的选项是指插入部件符号时符号的位置和方向。基本上每个符号都有从“A”开始到

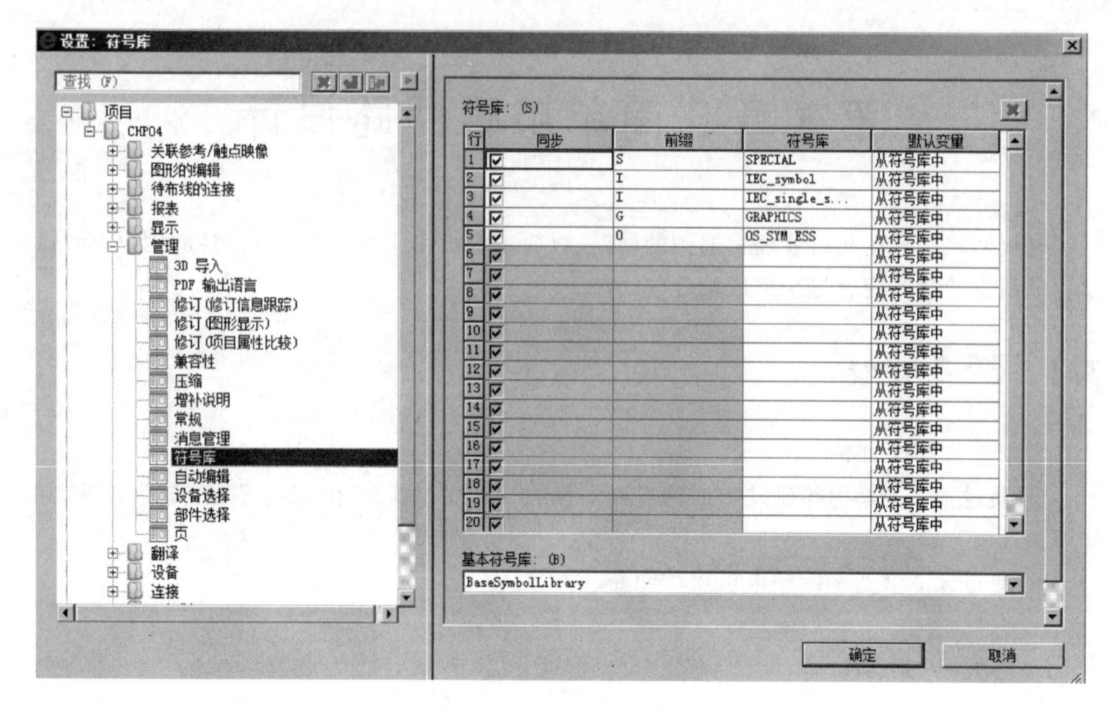

图 3-1　符号库的选择

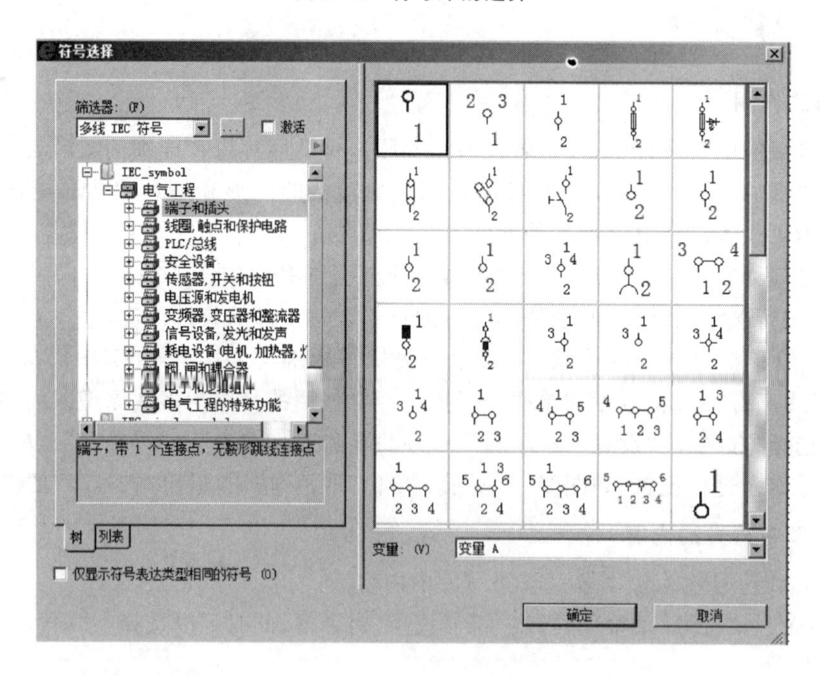

图 3-2　“符号选择”对话框

“H”的 8 个变量，支持正向 4 个正交方向以及前后翻转后的 4 个正交方向。例如希望插入刚才选中的端子，但是端子引脚的方向朝向右侧，那么选择变量“B”后再插入符号，就会出现引脚朝右的符号，如图 3-3 所示。单击“取消”按钮，退出插入符号的设计。

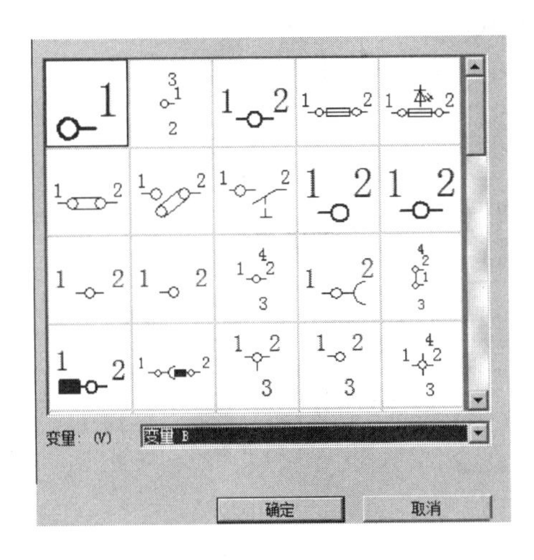

图 3－3　符号的变量

4. 符号的引脚要与部件一致

既然符号的作用是在图纸的层面代表了实际的部件，那么在电气接线的层面，一定要保证图纸上绘制的符号与实际部件的信息一致，特别是部件连接导线的端子或引脚。

如图 3－4 所示，需要在图纸中设计一个平头按钮，绿色，实际部件按钮两端接线端子的代号是“13”和“14”。

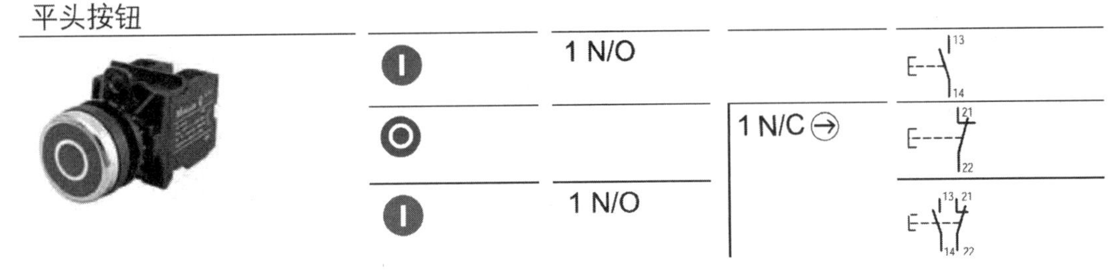

图 3－4　按钮技术参数

如第 3 章所述，新建项目“CHP03”，建立页名为“1”的一页多线原理图。

选择“插入”→“符号”菜单项，弹出“符号选择”对话框，选择 IEC_symbol→“电气工程”→“传感器开关和按钮”菜单项，单击右侧第 17 个符号，其描述为“按钮，常开触点，按压操作”，如图 3－5 所示。

单击“确定”按钮，在图纸要放置按钮符号位置单击，弹出“属性(元件)：常规设备”对话框，如图 3－6 所示，在“连接点代号”处显示“13 ¶ 14”。

单击“连接点代号”的下拉箭头，出现常用备选连接点组合，如图 3－7 所示。此处选择“13 ¶ 14”，单击“确定”按钮，完成对话框的设置。

图纸中出现“常开按钮”符号，其中上连接点编号为“13”，下连接点编号为“14”，如图 3－8 所示。

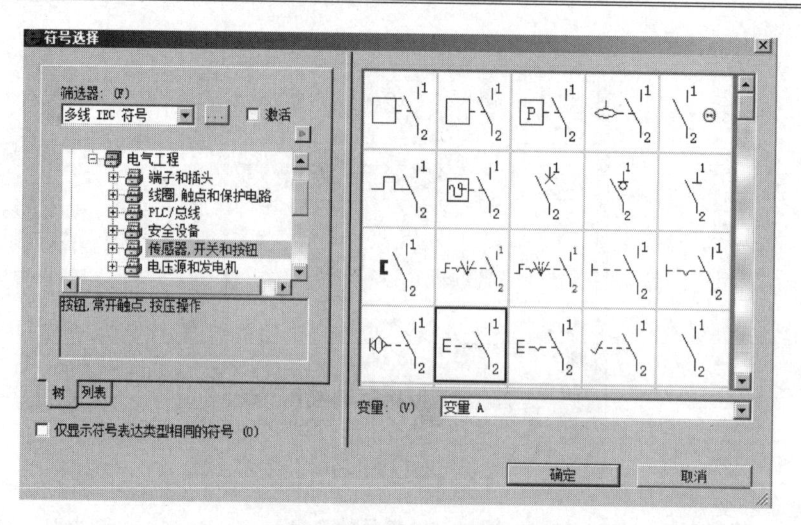

图 3-5　插入按钮符号

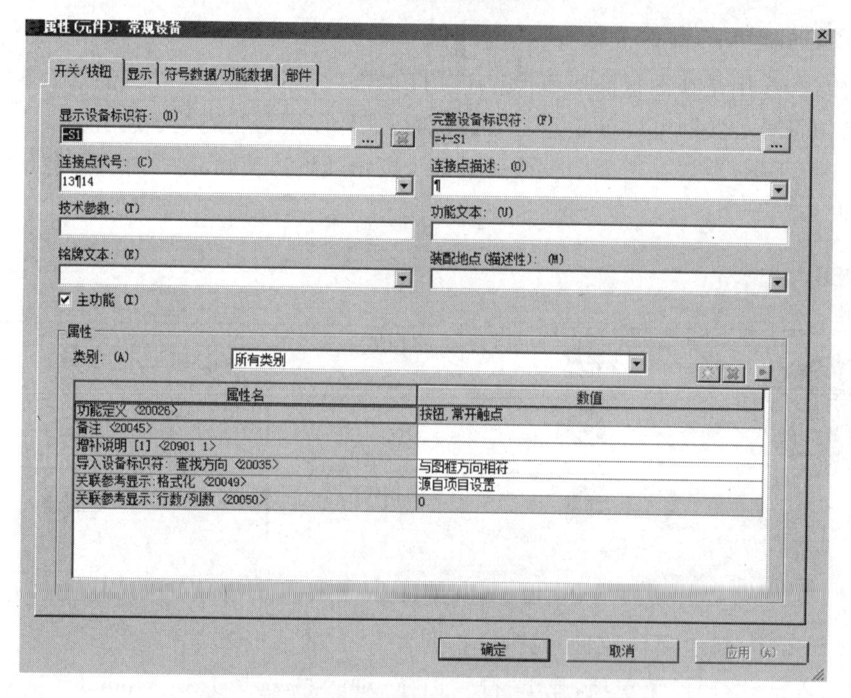

图 3-6　“属性(元件)：常规设备”对话框

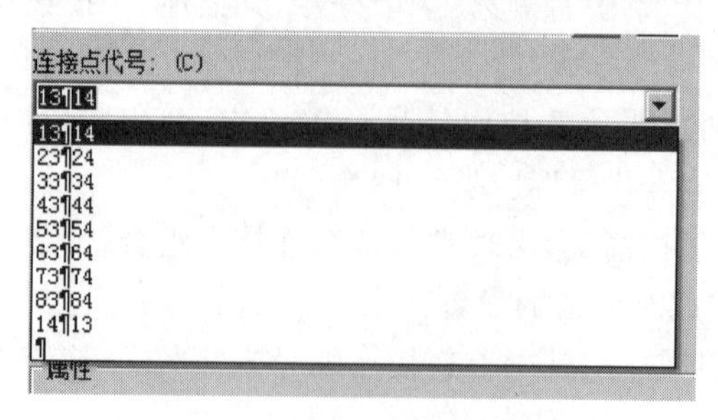

图 3-7　按钮连接点代号选择

5. 调整连接点进出方向

当遇到希望从按钮上端的“14”通过按钮接到下方“13”的情况时，有两种方法可以实现这种要求。

(1) 更换连接点方向

双击“－1S1”符号，弹出“属性(元件)：常规设备”对话框，在“连接点代号”文本框中填写“14¶13”，单击“确定”按钮，完成连接点调整，如图 3－9 所示。

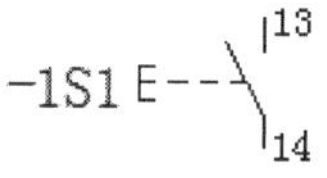

-1S1 E--\ 13 14

图 3－8　按钮连接点

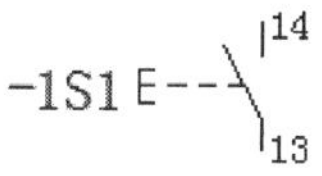

-1S1 E--\ 14 13

图 3－9　按钮连接点调整

(2) 更换符号变量

双击“－S1”符号，弹出“属性(元件)：常规设备”对话框，选择“符号数据/功能数据”对话框，在“变量”文本框中选择“变量 C”，如图 3－10 所示。

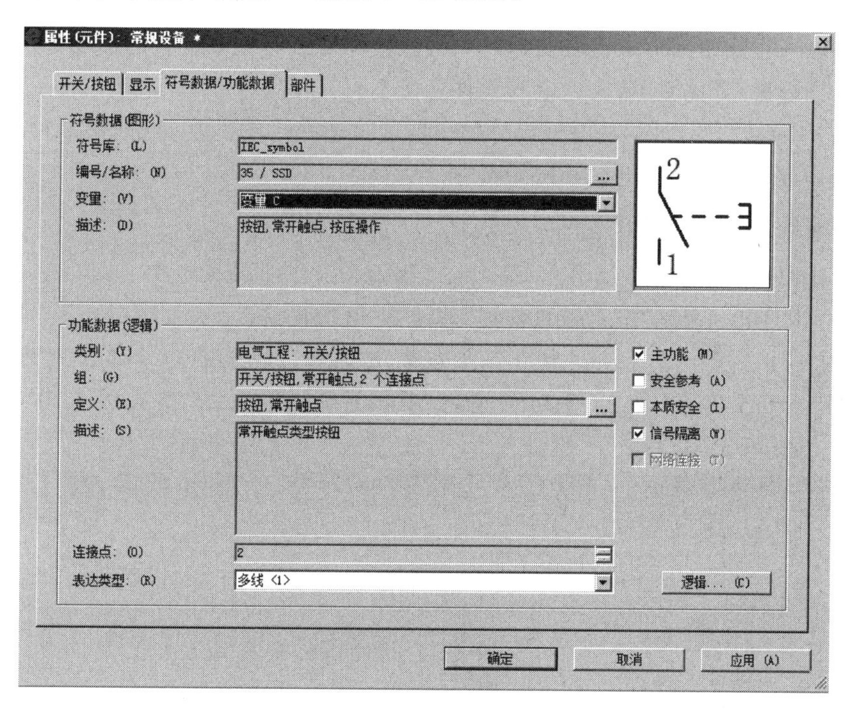

图 3－10　符号变量

单击“确定”按钮，完成符号变量调整，如图 3－11 所示。对比图 3－8 和图 3－9，图 3－11 的连接点按要求调整完成，此时按钮的符号移到右侧。

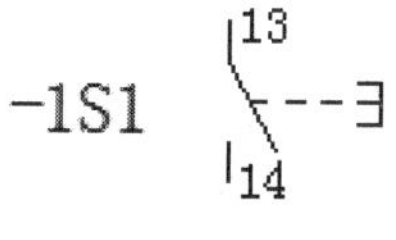

-1S1 13 14 --Ǝ

图 3－11　更换符号变量

注意：

如何填写“¶”字符呢？EPLAN 中顺序排列的连接点用“¶”隔离开，如按钮的两个连接点“13¶14”，或者塑壳断路器上“1¶2¶3¶4¶5¶6”，在录入时用Ctrl＋Enter 组合键完成。

3.2.2 黑盒子

在 3.2.1 小节中提到过，符号以及对应的连接点一定要与实际的器件一致，才能指导电柜正确地生产。EPLAN 提供符号库中的符号，能够代表大部分的电气器件，但是当遇到与符号表达不完全一致的器件时，有两种方法可以解决这个问题。

① 建立自己的符号库，增加自己符号库的符号。（不推荐使用，建立符号库比较繁琐，由构建符号库错误引发的系统崩溃很难恢复。）

② 使用 EPLAN 提供的黑盒子工具。作为符号库符号的补充，EPLAN 引入黑盒子概念。黑盒子加上设备连接点，基本上可以代替全部符号所代表不了的部件。

注意：

- “符号”加“黑盒子”可以代表任何电气元件。
- 通过线段、图形和文字描述的部件在电气设计方面是没有意义的。
- 出现在“黑盒子”上的一些线段、图形、文字或者图片的信息（包括图形宏），只是对“黑盒子”所代表产品的一些补充描述。
- 绘制外形很像的图形来代表实际的电气元件在 EPLAN 中表达是错误的，通过外形很像的图形配合“黑盒子”表达电气元件意义不大。
- EPLAN 提供“部件库”从电气设计的角度去描述每一个部件，也提供多种形式的报表和图表展示所使用的电气元件的信息。

1. 用符号表示 PS307 电源

尝试在图纸中插入一个西门子 6ES7307－1BA01－0AA0 开关电源。

打开项目 CHP04，新建“2”页，“页描述”修改为“开关电源”。

选择“插入”→“符号”菜单项，弹出“符号选择”对话框，选择 IEC_symbol→“电气工程”→“变频器，变压器和整流器”，右侧第 22 个符号，其描述为“两相桥式整流桥，二次侧两个连接点”，如图 3－12 所示。

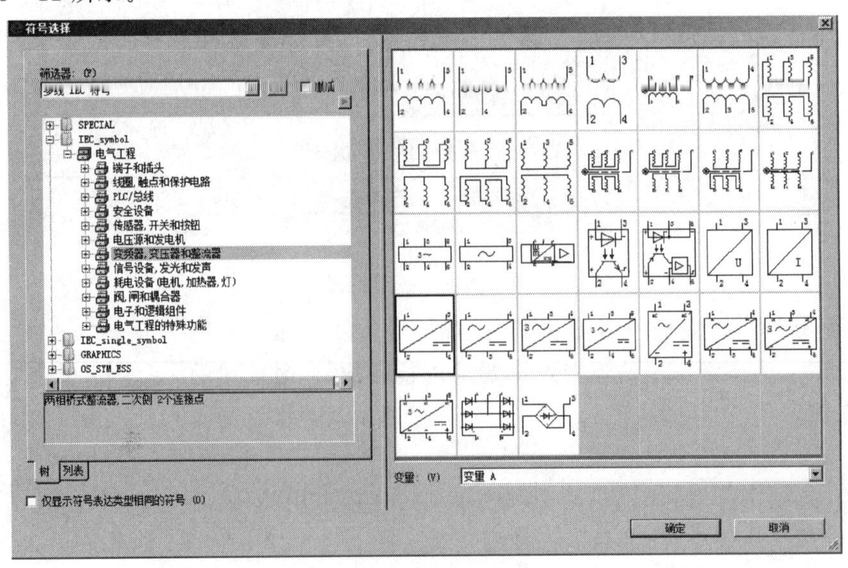

图 3－12 插入电源符号

单击“确定”按钮，完成“开关电源”符号的插入，结果如图 3－13 所示。

查找西门子 6ES7307－1BA01－0AA0 模块手册，其接线如图 3－14 所示。

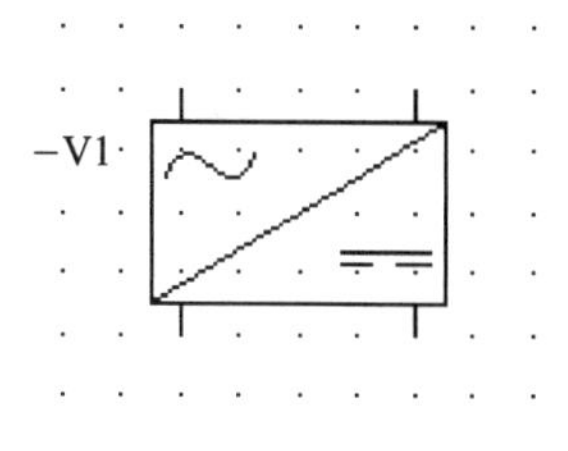

图 3－13　开关电源

根据说明书的连接点描述，修改项目 CHP04 中第 2 页“－V1”的连接点为“L1”、“N”、“L＋”和“M”。

双击符号“－V1”，弹出“属性(元件)：常规设备”对话框，如图 3－15 所示。

注意：连接点代号的顺序是符号“图形预览”中显示的“1、2、3、4”，按此顺序填写电气元件的实际连接点“L1”、“L＋”、“N”和“M”，并用“¶”符号隔离。

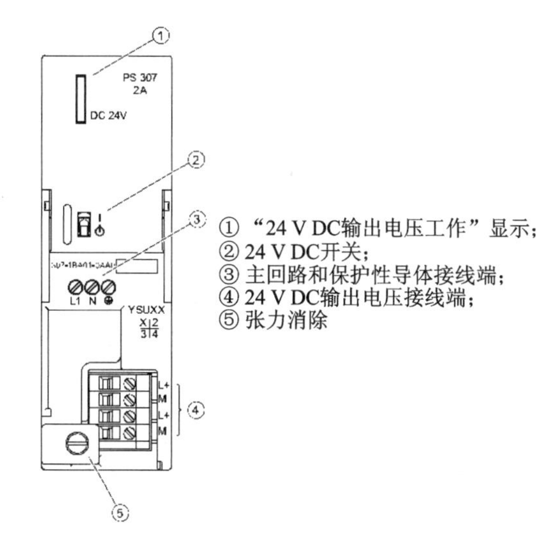

图 3－14　PS307 2A 说明书接线图

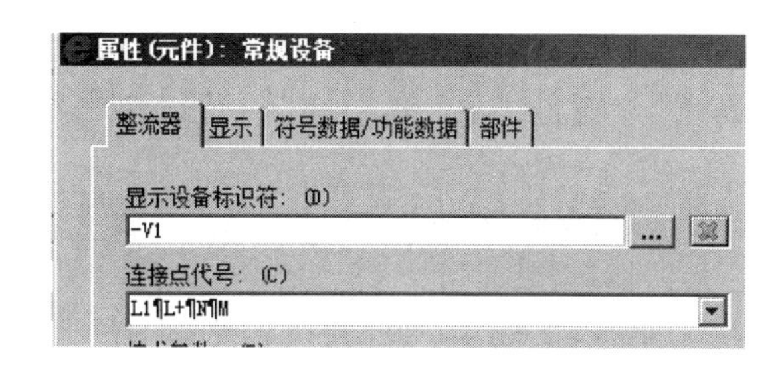

图 3－15　“属性(元件)：常规设备”对话框

单击“确定”按钮，完成“－V1”连接点代号的定义，如图 3－16 所示。

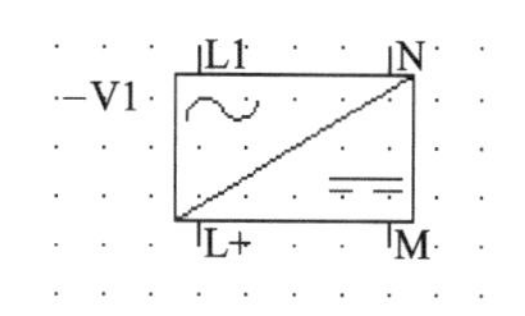

图 3－16　开关电源符号连接点定义

注意：

- 对比图 3－14 和图 3－16，符号基本上代表了实际 PS307 的功能。

- 从电气设计的严谨和准确性来讲，符号中漏掉了接地“PE”、直流输出的第二路“L＋”和“M”。电柜生产中如果严格按照设计图纸接线，那么在接地“PE”上一定会漏掉，在第二套“L＋”和“M”上也一定会有分歧。
- 以下几种方法补充连接点是错误的：
  - 在符号内插入图形，如小的圆圈和线段；
  - 在符号内插入端子符号；
  - 在符号内插入设备连接点。

2. 用黑盒子表示 PS307 电源

打开项目 CHP03 的“2”页。

选择“插入”→“盒子/连接点/安装板”→“黑盒”菜单项，鼠标箭头外挂“黑盒”符号，单击图纸选择放置“黑盒”第一点，拖动虚线的矩形单击“黑盒”第二点。弹出“属性（元件）：黑盒”对话框，修改“显示设备标识符”文本框为“－2V1”，如图 3－17 所示。

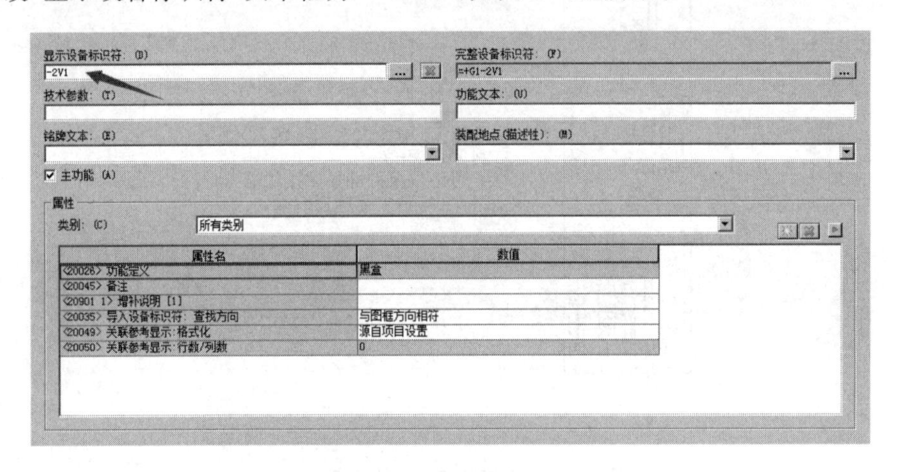

图 3－17　黑盒属性对话框

单击“确定”按钮，完成“黑盒”的放置，如图 3－18 所示。

“黑盒”上的连接点是用“设备连接点”和“设备连接点（两侧）”来表示的。

选择“插入”→“盒子/连接点/安装板”→“设备连接点”菜单项，鼠标外挂“设备连接点”符号，移动鼠标到“－2V1”内，单击，弹出“属性（元件）：常规设备”对话框，填写“L1”到“连接点代号”文本框中，单击“确定”按钮，完成 L1“设备连接点”绘制，如图 3－19 所示。

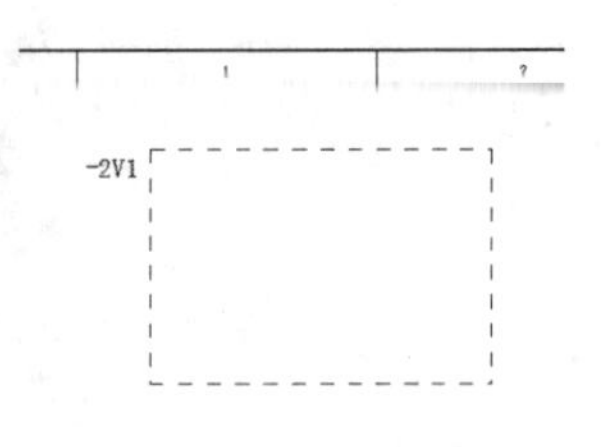

图 3－18　放置黑盒

单击“确定”按钮，完成“L1”设备连接点的插入，如图 3－20 所示。

按“L1”设备连接点的插入方法，增加“N”、“PE”、“L＋”、“M”、“L＋”和“M”。完成后如图 3－21 所示。

注意：

- 插入“黑盒”还可以通过使用工具栏上的“黑盒”按钮和快捷键 Shift＋F11 来实现。

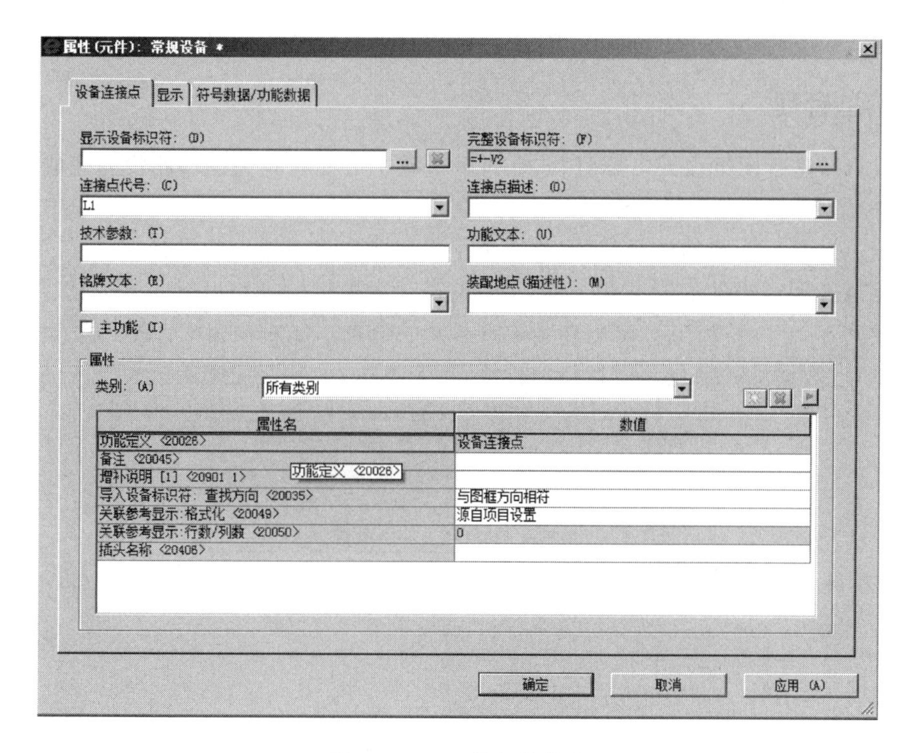

图 3-19　L1 设备连接点

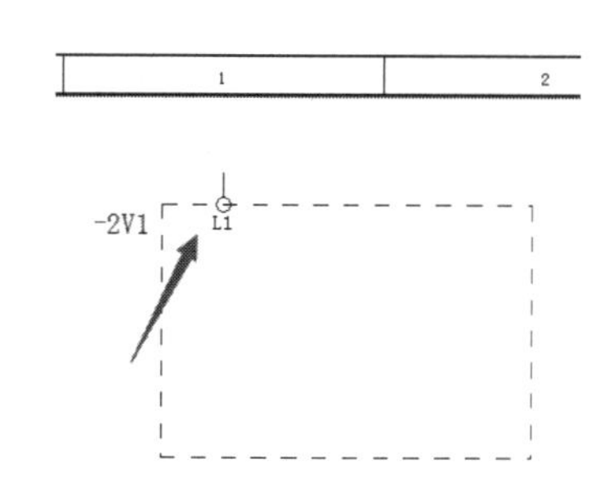

图 3-20　完成 L1 设备连接点

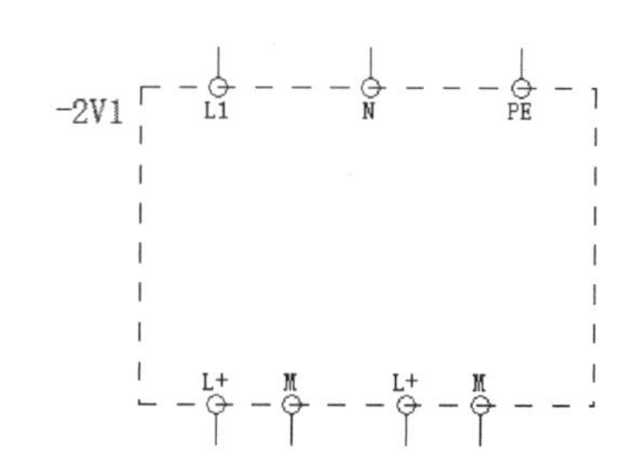

图 3-21　完成连接点的－V2

- “黑盒”用的连接点可以使用工具栏上“设备连接点”(见图 3-22)和设备连接点(两侧)(见图 3-23)来表示。也可用 Shift＋F3 键来表示“设备连接点”。
- 放置“设备连接点”到黑盒边框上也是正确的，该“设备连接点”属于“黑盒”上的连接点。
- 在插入“设备连接点”时，默认方向是接线点方向朝上，在放置“设备连接点”时，鼠标移动附带设备连接点符号时，按住 Ctrl 键同时移动鼠标，可以调整放置“设备连接点”方向。也可以默认放置“设备连接点”，双击“设备连接点”符号，在“符号数据/功能数据”对话框中修改“变量”，即可调整“设备连接点”的方向。

图 3-22　设备连接点工具栏

图 3-23　设备连接点(两侧)工具栏

对比图 3-16 和图 3-21 可以发现,用“黑盒”能更准确地表达 PS307 的电气含义。

3.2.3 消息管理

用 EPLAN 进行图纸设计需要过程,在设计过程中可能有相关的回路没有完成设计,因此 EPLAN 的一个核心特点描述如下:

- EPLAN 是一个容错的系统,允许图纸中出现或者保持错误的设计。
- EPLAN 提供错误的检查和查询功能,给设计者提供检查错误时间的工具。

在完成图 3-21 的设计后,可以利用 EPLAN 的消息功能对项目 CHP02 进行检查。

选择“项目数据”→“消息”→“执行项目检查”菜单项,如图 3-24 所示。

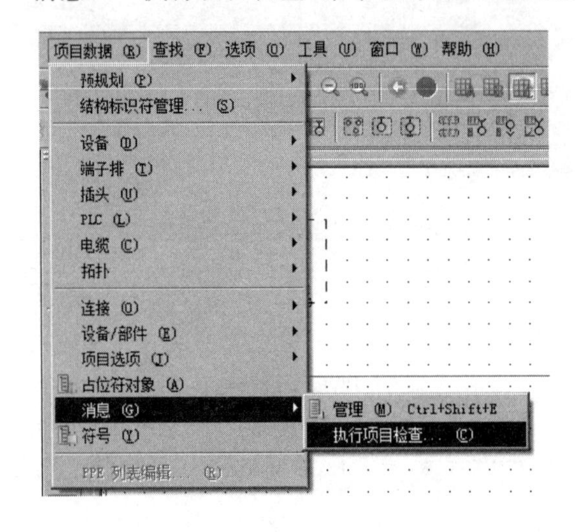

图 3-24 项目检查菜单项

随后弹出“执行项目检查”对话框,采用默认设置,如图 3-25 所示,单击“确定”按钮,进行项目检查。

注意:

- EPLAN 提供默认的设置对项目进行检查。
- 可以通过单击“设置”后的“…”按钮对检查规则进行配置。

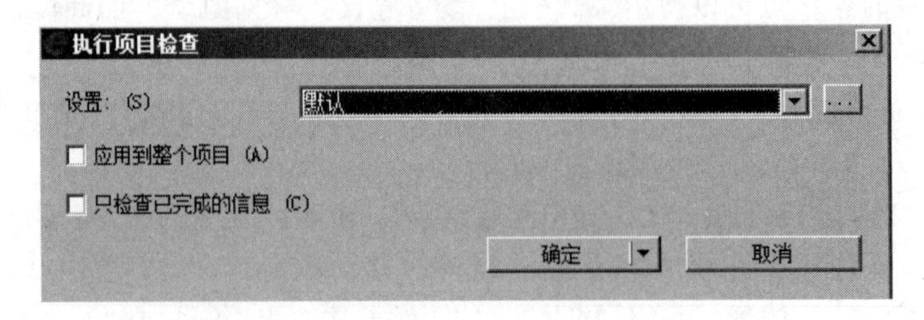

图 3-25 “执行项目检查”对话框

检查结束后回到图纸界面,系统无提示信息。

选择“项目数据”→“消息”→“管理”菜单项,如图 3-26 所示。

在“页”导航器窗口弹出“消息管理 CHP04”导航器,如图 3-27 所示。

每个错误检查消息都通过一个唯一的编号识别。此外,消息编号指定可能出现消息的等

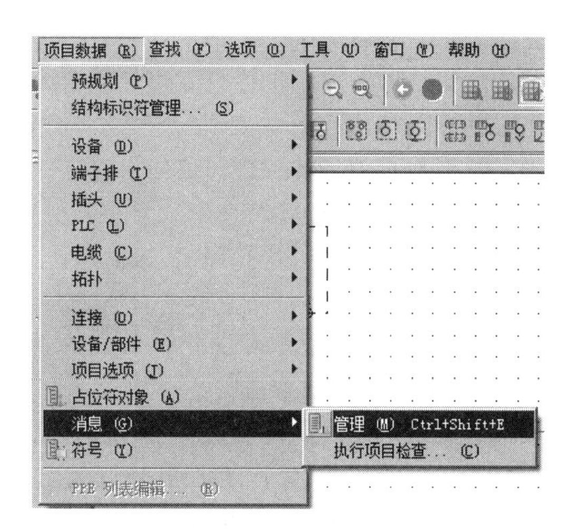

图 3-26　消息管理

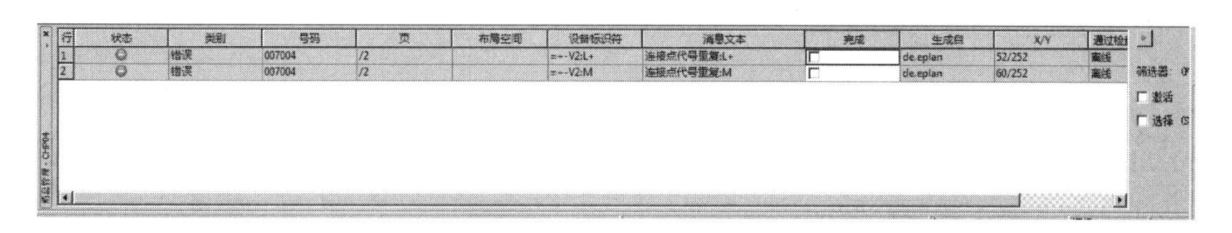

图 3-27　消息管理导航器

级和范围。消息编号由一个六位数的字符串构成：前三个数字表示消息所属的等级，例如端子、插头、PLC 等；后三个数字明确标识一个等级内中出现的消息。消息编号及类别如表 3-1 所列。

表 3-1　消息编号及类别

类别编号	消息类别	类别编号	消息类别
1	端子	16	黑盒
2	插头	17	设备标识符
3	电缆	18	EPLAN 5 数据导入
4	PLC / 总线	19	EPLAN 21 数据导入
5	连接	20	项目比较
7	设备	21	占位符对象
8	外语	22	其他
10	关联参考	23	PPE
11	中断点	24	流体
12	2D 安装板布局	25	项目设置
13	导入	26	3D 安装布局
14	导出	999	外部
15	报表		

消息类别

错误检查消息按照问题的严重性区分为三个等级。每个等级分配有一个特定图标。图标和消息等级存在如图 3-28 所示的关系。

消息提示类别能自行确定错误检查消息的等级。这些设置以项目指定的方式保存在一个配置里，因此在项目转送时确保了对消息进行分类。

在项目检查中发现了 2 个错误，都是号码为“007004”的错误。双击错误行任意点，鼠标会跳到图纸对应出错的位置。

单击错误行文字，按 F1 键，系统会自动读取相关错误号码的帮助信息，提供发生错误设计的原因(EPLAN 称为“方案”)和对应的解决方法。

在本例中错误号码是“007004”，是有关“设备”的第 4 种错误。错误的原因是在“－V2”部件上出现了相同名称“L＋”和“M”，把第二组“L＋”和“M”修改为“L＋1”和“M1”，如图 3-29 所示，重新进行项目检查，消息管理中不再提示错误代码。

错误
警告
提示

图 3-28　消息提示类别

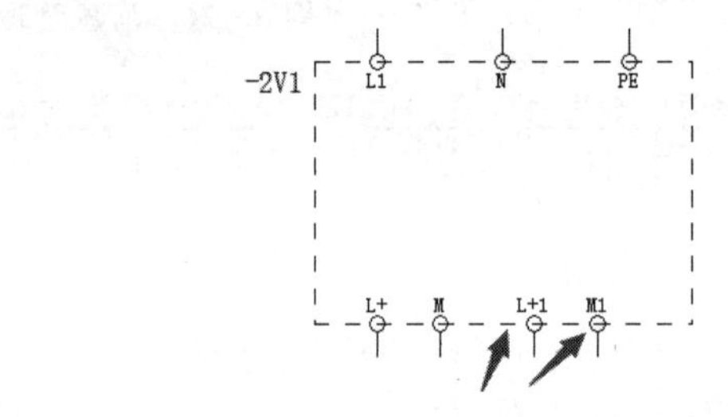

图 3-29　调整连接点名称的开关电源

3.3　实例教学

3.3.1　绘图内容要求

新建项目 CH04A，绘制电机动力回路。

3.3.2　绘图过程

1. 复制项目

复制项目 CHP02 为 CHP03A，删除所有页。

新建页名为“＝MCC＋G1/10”的多线原理图，“页描述”为“电机回路 1”，如图 3-30 所示。

2. 绘制电机

选择“插入”→“符号”菜单项，弹出“符号选择”对话框，选择 IEC_symbol→“电气工程”→“耗电设备(电机，加热器，灯)”→“带有 PE 的电机 4 个连接点”，选择“三相异步电机，单转速”，如图 3-31 所示。

单击“确定”按钮，鼠标带着三相电机符号，单击绘制电机的区域，弹出三相电机属性对话框，如图 3-32 所示。

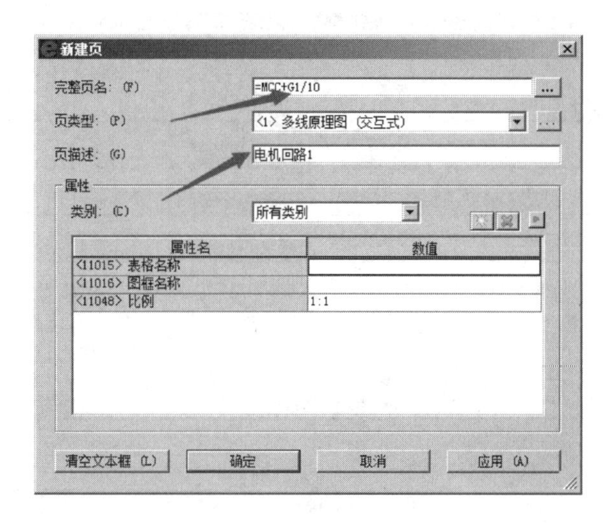

图 3-30　新建电机回路页

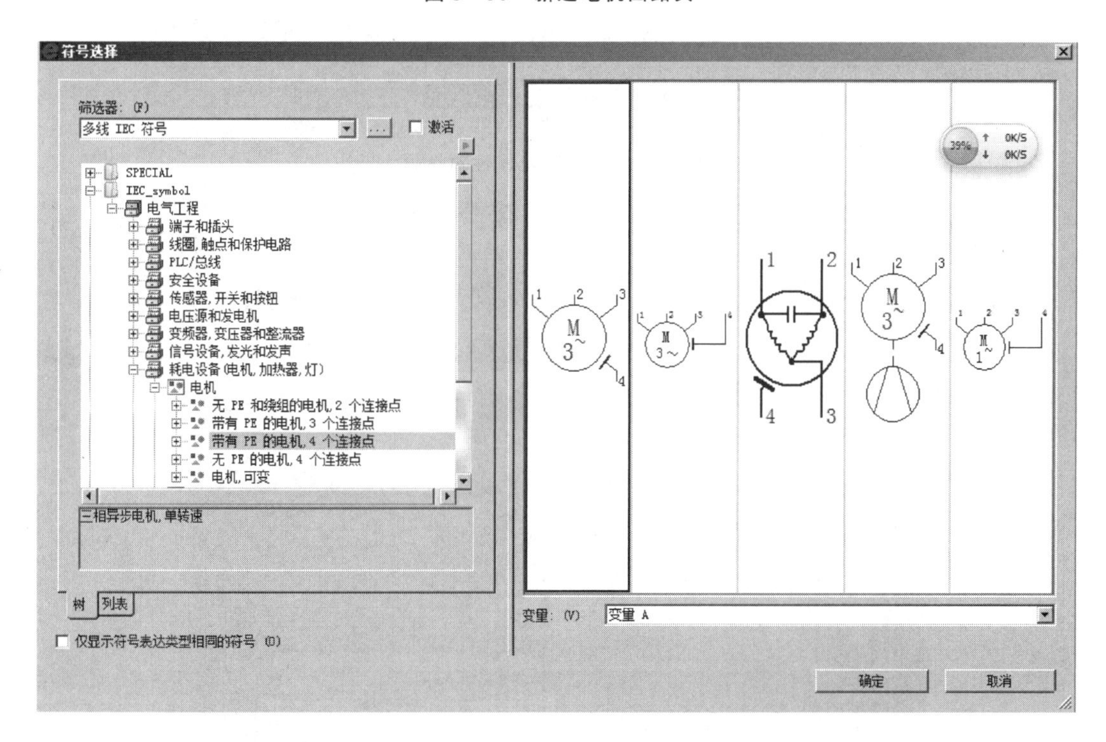

图 3-31　三相电机符号

单击“确定”按钮，完成电机的放置。按 Esc 键退出符号的放置，如图 3-33 所示。

3. 绘制电机结构盒(定义电机位置)

单击工具栏中“结构盒”工具按钮，鼠标跟随结构符号，单击确定“结构盒”第一点，移动鼠标使点划线构成的矩形围住电机“-M1”的符号，单击第二点，弹出“属性(元件)：结构盒”对话框，如图 3-34 所示，在“+”文本框内填写“W01”，定义电机现场位置并不在“=MCC+G1”内。

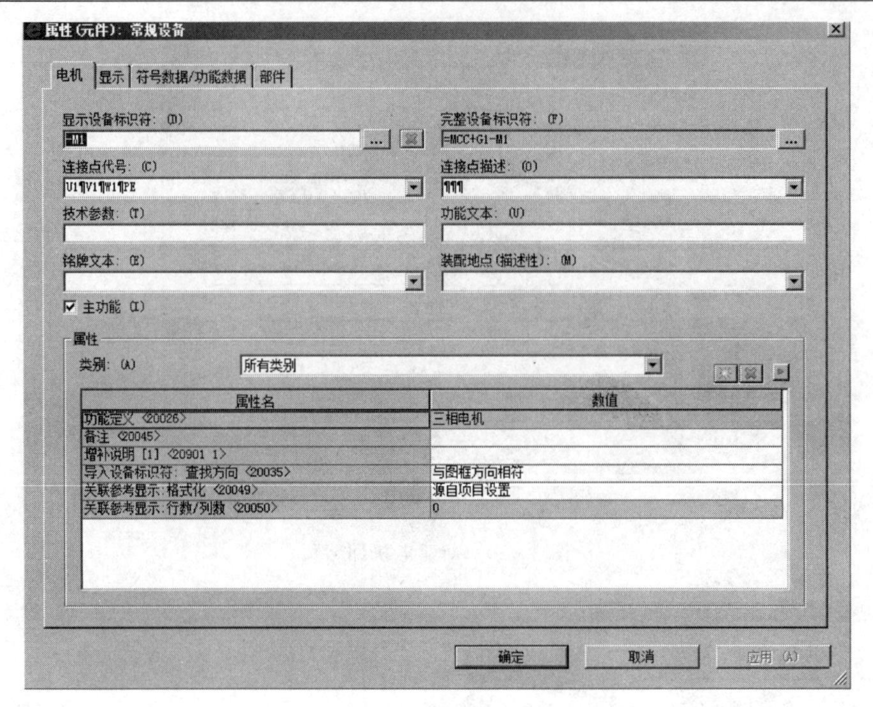

图 3-32 三相电机属性对话框

单击“确定”按钮，完成电机“结构盒”的定义。按 Esc 键退出“结构盒”的放置，如图 3-35 所示。

4. 绘制回路功能文本

选择“插入”→“路径功能文本”菜单项，弹出“属性-路径功能文本”对话框，在“文本”文本框内填写“主电机”，确认“路径功能文本”复选框选中，如图 3-36 所示。

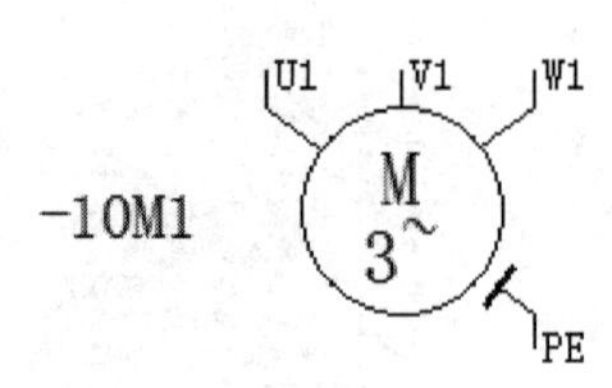

图 3-33 电机符号

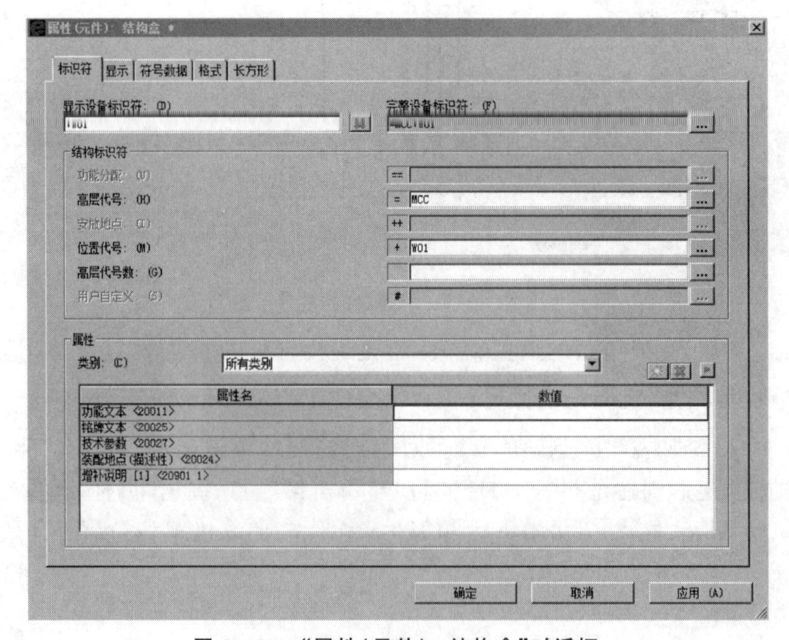

图 3-34 “属性(元件)：结构盒”对话框

单击“确定”按钮，完成“路径功能文本”的设定。鼠标跟随“主电机”文字可以移动，定位鼠标到电机符号下方，确认鼠标插入点在需要描述符号的左侧，如图 3－37 所示。按 Esc 键退出“路径功能文本”的放置。

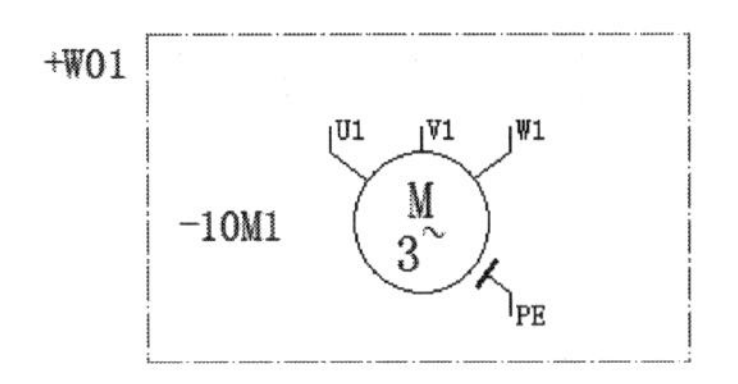

图 3－35　包含结构信息的电机

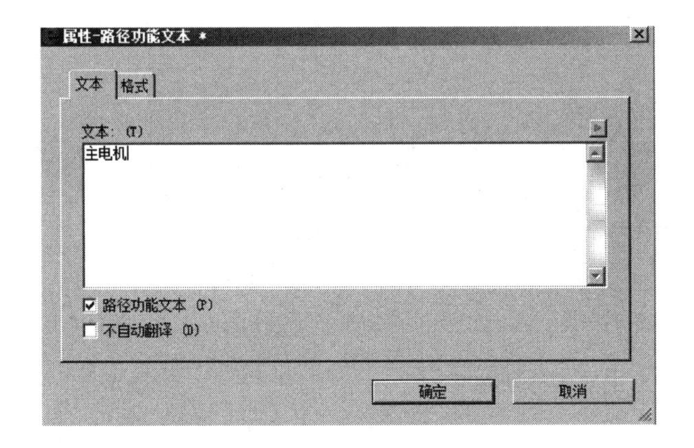

图 3－36　主电机路径功能文本

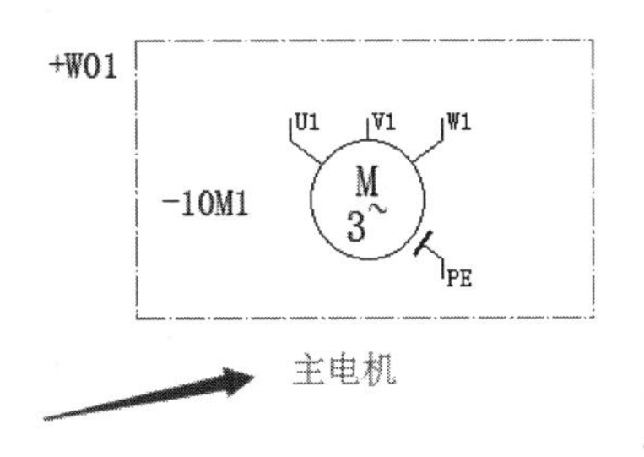

图 3－37　放置主电机路径功能文本

5. 绘制接触器

注意：

- 接触器绘制方法与传统绘制方法不同，“－KM1”接触器是由以下几个组件构成的：
  - 线圈“－KM1”；
  - 主触点“－KM1”的“1 ¶ 2”；
  - 主触点“－KM1”的“3 ¶ 4”；
  - 主触点“－KM1”的“5 ¶ 6”；
  - 辅助触点“－KM1”的“13 ¶ 14”。
- 绘制主触点时，不是绘制一个只有 3 个触点 6 个连接点的接触器，而是绘制三个具有相同名称“设备标识符”的不同组件，其区别是每个组件的“连接点代号”是不同的。

选择“插入”→“符号”菜单项，弹出“符号选择”对话框，选择 IEC_symbol→“电气工程”→“线圈，触点和保护电路”→“常开触点”→“常开触点，2 个连接点”，选择“常开触点，主触点”，如图 3－38 所示。

注意：

- 可通过拖放的方式快速放置符号。
- 放置方法是选择好待放置的符号，在起始位置按住鼠标左键不松开，移动鼠标到另一个位置，在这两个位置中间凡有电气连接点的位置都会放置该符号。

单击“确定”按钮，鼠标跟随“主触点”符号，在电机左上方按住鼠标左键，保持鼠标左键，向右拖动鼠标，移动到电机的右上方松开左键，完成 3 只主触点的放置，如图 3－39 所示。

完成放置后接触器位置出现“－？ K1”的设备标识符，并且每组连接点都是“1 2”。

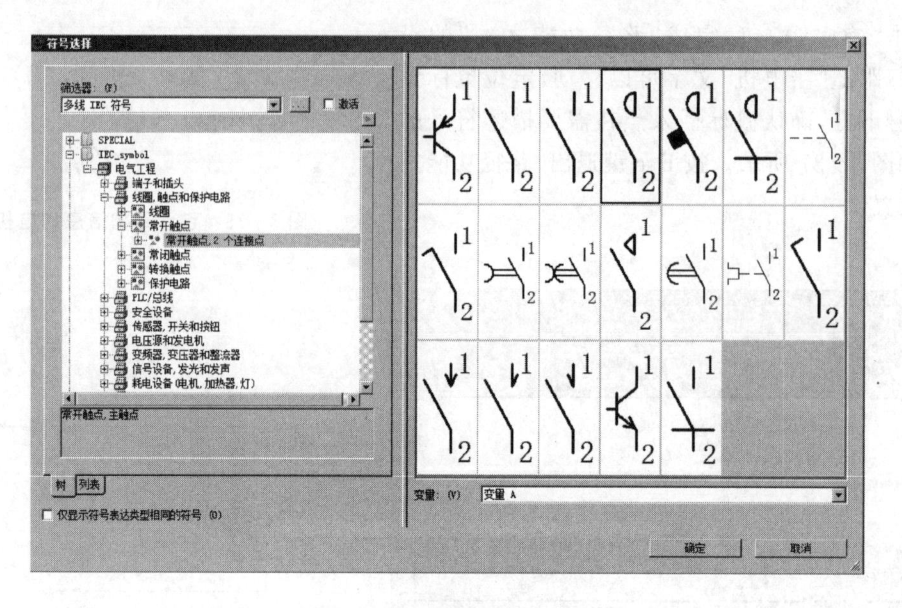

图 3-38 主触点符号选择

注意：

- 接触器的主触点是辅助功能，因为还不确认插入的主触点的主功能(一般是接触器线圈)是哪一个，所以 EPLAN 给出"?"提示，要求设计者定义正确的"设备标识符"。
- 水平放置的符号，如果没有定义"设备标识符"就会继承水平方向前一个"设备标识符"，本例第二组和第三组主触点，目前的命名都是"-10? K1"，如图 3-40 所示。

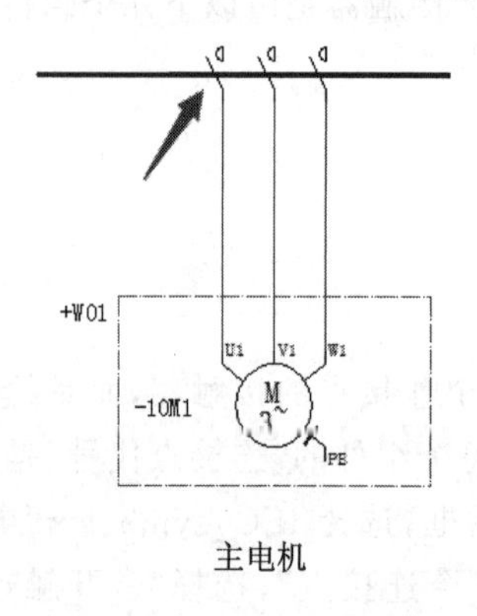

图 3-39 放置接触器触点

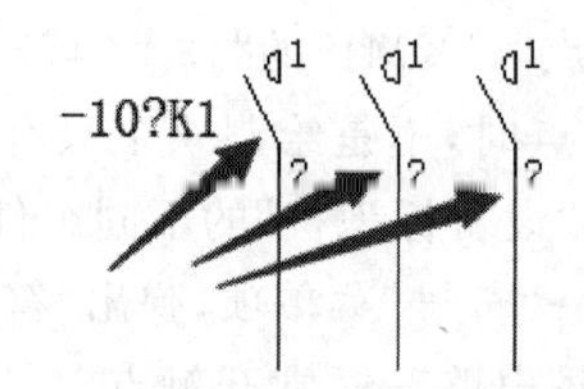

图 3-40 主触点设备标识符修改

双击"-10? K1"，进入"属性(元件)：常规设备"对话框，修改"显示设备标识符"文本框中的文本内容为"-10KM1"。

双击第二组触点，修改连接点代号为"3¶4"，修改第三组触点为"5¶6"，如图 3-41 所示。

6. 绘制电机保护单元

选择"插入"→"符号"菜单项，弹出"符号选择"对话框，选择 IEC_symbol→"电气工程"→"安全设备"→"电机保护开关"→"电机保护开关，6 个连接点"→QL3，选择"断路器/电机过载保护开关，带开关机构，无虚线"，如图 3-42 所示。

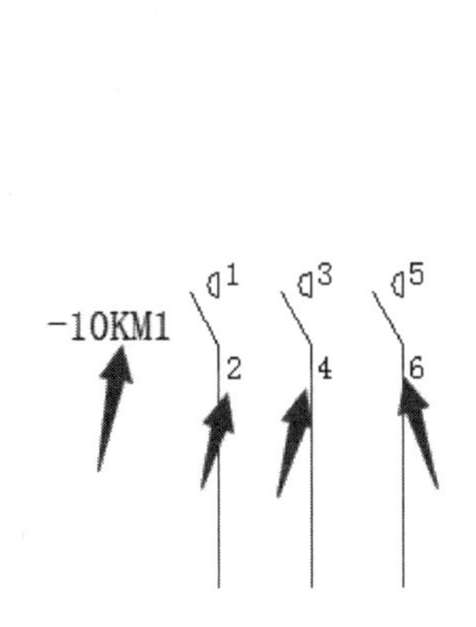

图 3-41　修改主触点连接点代号

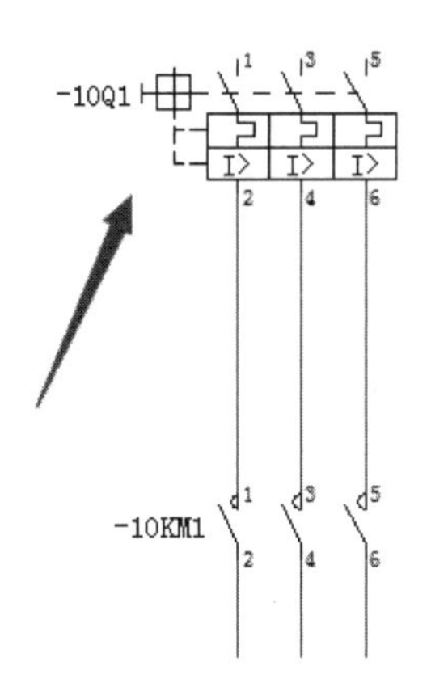

图 3-42　电机保护开关

7. 绘制端子

选择"插入"→"符号"菜单项，弹出"符号选择"对话框，选择 IEC_symbol→"电气工程"→"端子和插头"→"端子"→"端子，2 个连接点"→X2_NB，选择"端子，2 个连接点，无鞍形跳线"，如图 3-43 所示。

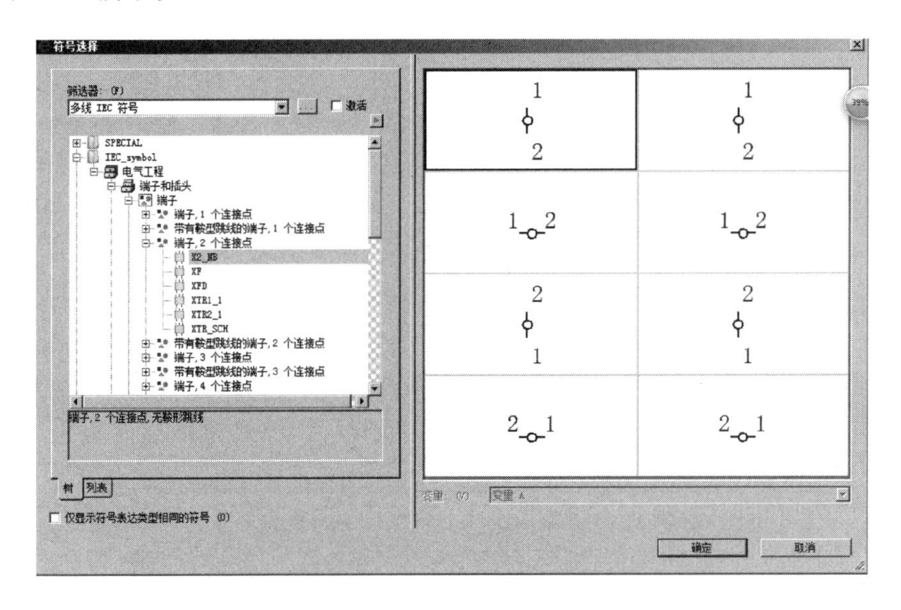

图 3-43　端子符号选择

单击"确定"按钮，在"－10KM1"和"＋W01－10M1"间拖动鼠标，完成端子符号布置，如图 3-44 所示。

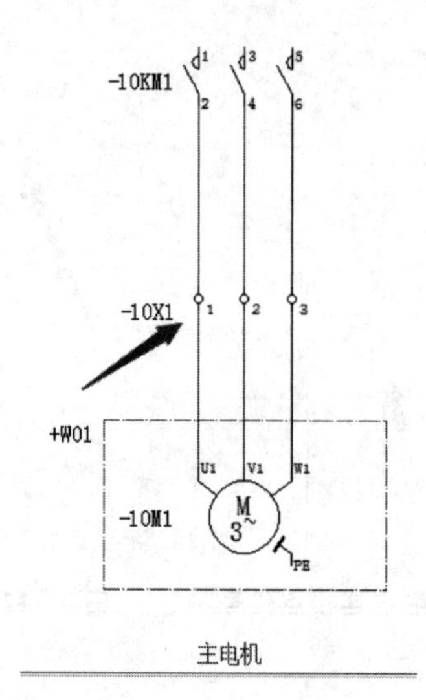

图 3-44　放置主电机端子

第 4 章　动力回路设计

4.1　准备知识

本章学习“设备结构”、“主功能”、“项目复制”和“连接”的知识。

通过绘图实例绘制“5 线制”供电回路。

4.1.1　设备结构和主功能

1. 设备结构

在 EPLAN 中，对设备结构的了解有非常重要的意义，了解了设备结构，就了解了如何使用“符号”和“黑盒”去表达部件。有关“设备结构”的描述如下：

注意：

- “设备”是一个电气工程或者液压动力的逻辑单位。
- 一个“设备标识符”表示一个“设备”。如“－1KM1”接触器代表一个“设备”。
- 一个“设备”可以由几个不同的组件构成。如接触器的“主触点”、“线圈”和“辅助触点”。
- 一个设备内每个“组件”都用相同的“设备标识符”表示。如接触器的“主触点”的标识符是“－1KM1”，“线圈”的标识符是“－1KM1”，“辅助触点”的标识符也是“－1KM1”。
- 一个设备内多个“组件”依靠相同的“设备标识符”进行逻辑关联。

“－1KM1”接触器“线圈”通电后，到底会控制哪些触点呢？就是控制具备相同完整“设备标识符”的那些“主触点”和“辅助触点”。

2. 主功能

在使用众多代表“设备”的组件时会遇到一些问题，如要做部件的采购清单，那么以接触器为例，部件清单中经常会出现“－1KM1”接触器线圈、“－1KM1”接触器主触点、“－1KM1”接触器辅助触点，非常容易引起混淆。商务人员期望的是采购一个某品牌某个订货号的接触器。

为此，EPLAN 建立了一个“主功能”的概念。在多个具备相同“设备标识符”的组件中选出一个代表，让其代表本设备，而其他“组件”不具备代表的身份。这个代表身份就是“主功能”属性，其他不具备“主功能”身份的“组件”称为“辅助功能”。

注意：

在放置“符号”或“黑盒”时，同时为“组件”分配了默认的功能。例如：

- 放置“接触器线圈”时，默认放置的是“主功能”，如图 4－1 所示，主功能复选框被选中。
- 放置“主触点”和“辅助触点”时，默认放置的是“辅助功能”，如图 4－2 所示，主功能复选框未选中。

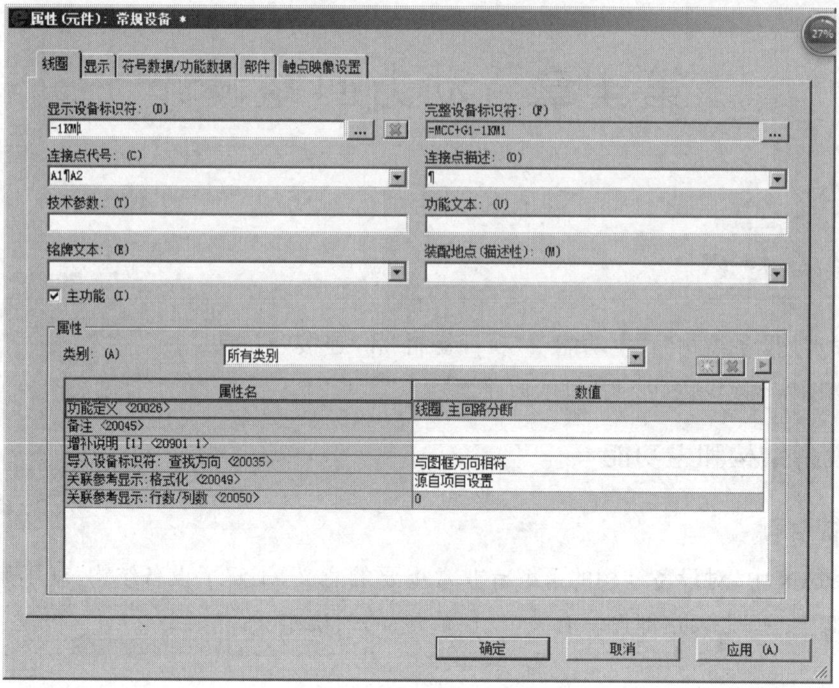

属性(元件)：常规设备 *

线圈 | 显示 | 符号数据/功能数据 | 部件 | 触点映像设置

显示设备标识符：(D) -1KM1
完整设备标识符：(F) =MCC+G1-1KM1
连接点代号：(C) A1¶A2
连接点描述：(O) ¶
技术参数：(T)
功能文本：(U)
铭牌文本：(E)
装配地点(描述性)：(M)
☑ 主功能 (I)

属性

类别：(A) 所有类别

属性名	数值
功能定义 <20026>	线圈,主回路分断
备注 <20045>	
增补说明 [1] <20901 1>	
导入设备标识符：查找方向 <20035>	与图框方向相符
关联参考显示：格式化 <20049>	源自项目设置
关联参考显示：行数/列数 <20050>	0

确定　取消　应用 (A)

图 4－1　接触器线圈主功能

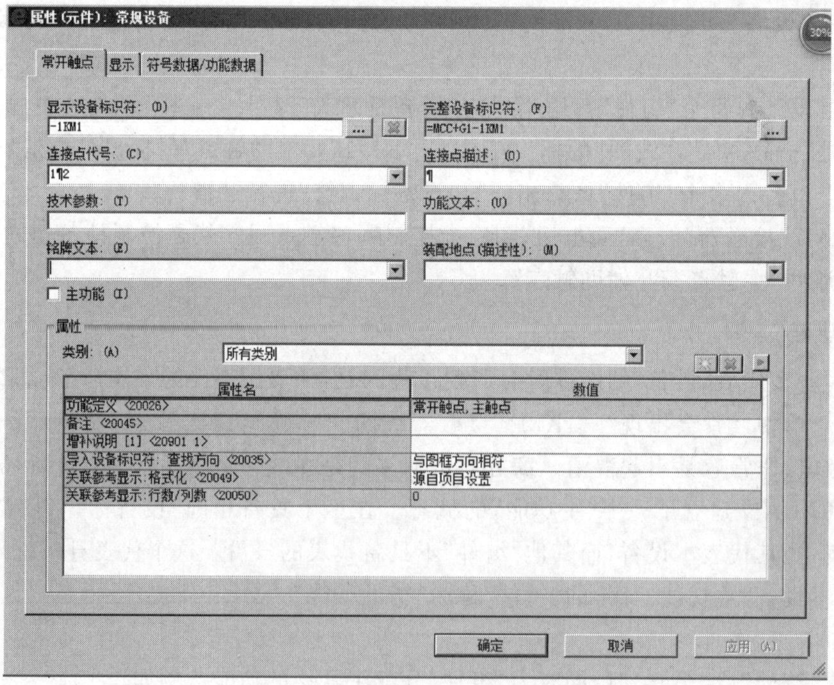

属性(元件)：常规设备

常开触点 | 显示 | 符号数据/功能数据

显示设备标识符：(D) -1KM1
完整设备标识符：(F) =MCC+G1-1KM1
连接点代号：(C) 1¶2
连接点描述：(O) ¶
技术参数：(T)
功能文本：(U)
铭牌文本：(E)
装配地点(描述性)：(M)
☐ 主功能 (I)

属性

类别：(A) 所有类别

属性名	数值
功能定义 <20026>	常开触点,主触点
备注 <20045>	
增补说明 [1] <20901 1>	
导入设备标识符：查找方向 <20035>	与图框方向相符
关联参考显示：格式化 <20049>	源自项目设置
关联参考显示：行数/列数 <20050>	0

确定　取消　应用 (A)

图 4－2　非主功能组件

4.1.2　项目的复制

在进行电气图纸设计时，如果新的项目和以前某个项目非常接近，则可以以原项目为模板进行复制，然后在复制的项目上修改进行新项目的设计。

打开项目 CHP03A。

单击选中项目 CHP03A。

选择“项目”→“复制”菜单项，如图 4－3 所示。

弹出“复制项目”对话框，保持“全部包括报表”选项，源项目文本框无法更改。

单击“目标项目”右侧的“…”按钮，选择目标文件路径并设置“目标项目”的“文件名”为 CHP04\CHP04.elk，如图 4－4 所示。

单击“确定”按钮，完成新项目的复制，如图 4－5 所示。

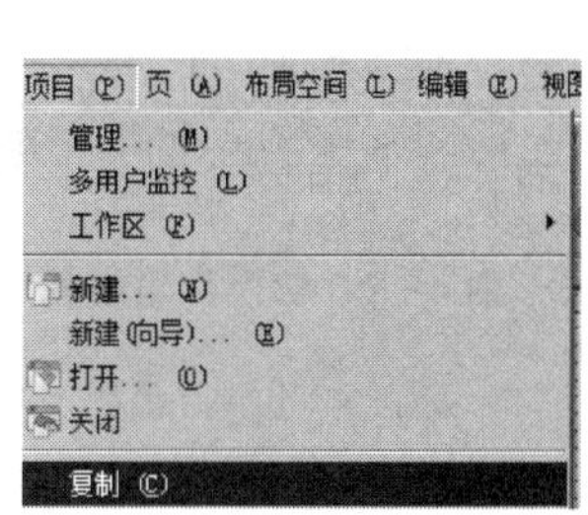
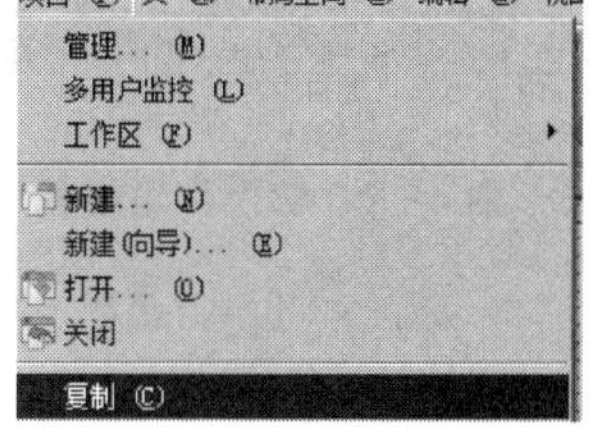

图 4－3　复制项目

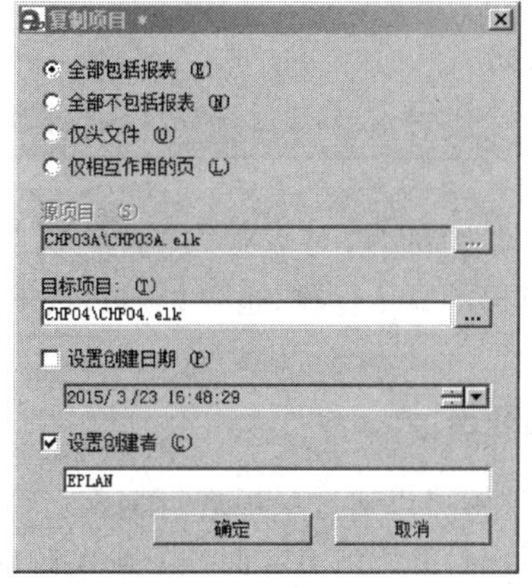

图 4－4　复制目标项目

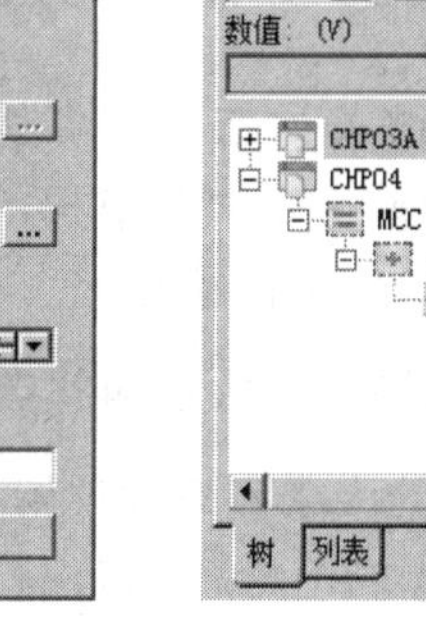

图 4－5　新项目

复制的项目除文件位置和名称外，其他和“源项目”完全一样。

4.1.3　工作区域和导航器

1. 页导航器

EPLAN 提供很多菜单、按钮和工作区域。

EPLAN 还提出“导航器”的概念，便于设计者对整个项目的某一类内容统一编辑。例如，项目的图纸页隶属于不同的高层代号和结构代号，在页导航器中可以简明扼要地展现页的结构。图 4－6 所示就是项目中的页导航器。

导航器的内容可以通过激活“筛选器”并配置“筛选规则”对编辑对象进行筛选，为高效的编辑做准备。

页导航器提供两种方式展示内容：一种是“树”的结构，便于从“结构标识”的方向展示“页”的内容，如图 4－6 所示；另一种是“列表”的结构，如图 4－7 所示。在列表方式下，可以根据不同页属性快速选择被编辑的一个或者多个页对象。

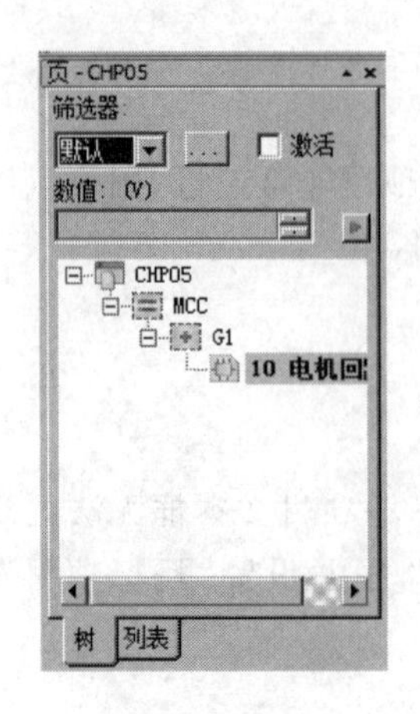

图 4-6 页导航器

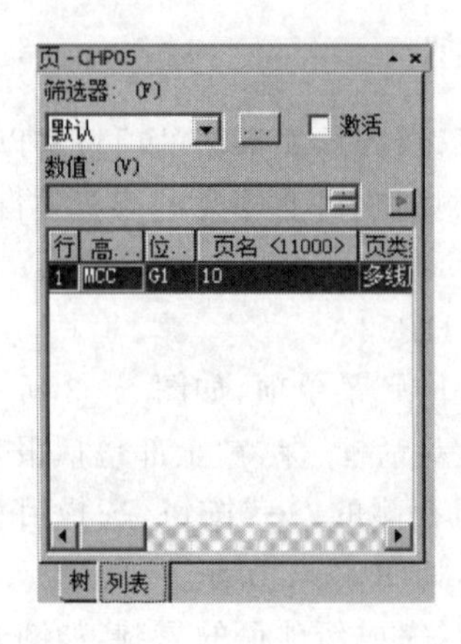

图 4-7 列表方式页导航器

2. 页导航器的打开和关闭

在编辑图纸时，如果不需要查看页的内容，则可以通过单击页导航器右上侧"×"按钮来关闭页导航器。

当需要通过页导航器查看图纸时，可以通过选择"页"→"导航器"菜单项，完成页导航器的显示操作，也可以通过按 F12 快捷键来完成，如图 4-8 所示。

图 4-8 切换页导航器

3. 页导航器移动大小和状态记忆

页导航器的大小和摆放位置可以通过鼠标进行调整。EPLAN 将对这些调整的参数进行记忆，并在关闭 EPLAN 后再次打开 EPLAN 时恢复到关闭前的位置和状态。

4. 其他导航器

EPLAN 工作的特点是根据设计不同阶段提供不同的导航器，如编辑项目基本完成需要便捷连接时，可以通过连接导航器对所有打开项目的连接进行筛选和编辑。

同样，可以在"电缆"导航器中集中编辑电缆，在"PLC"导航器中集中编辑 PLC 的地址和输入输出点。图 4-9 展示了同时打开"页"导航器、"电缆"导航器和"PLC"导航器的工作界面。

5. 工作区域配置

菜单和导航器构成了设计时的工作界面，也就是 EPLAN 讲的"工作区域"，关闭 EPLAN 后再次打开会恢复关闭前"工作区域"的状态，有时会出现一些问题。

问题："工作区域"界面搞乱了，希望回到最初始的状态。

方法：使用"工作区域"功能。

在工作区域混乱、期望恢复到默认状态时，选择"视图"→"工作区域"菜单项，弹出"工作区域"对话框，如图 4-10 所示。

单击"确定"按钮后，"工作区域"将回到初始状态。

6. 调整工作区域

根据设计的不同过程，可以调整工作区域的大小和位置，并保存这些配置以便在其他项目

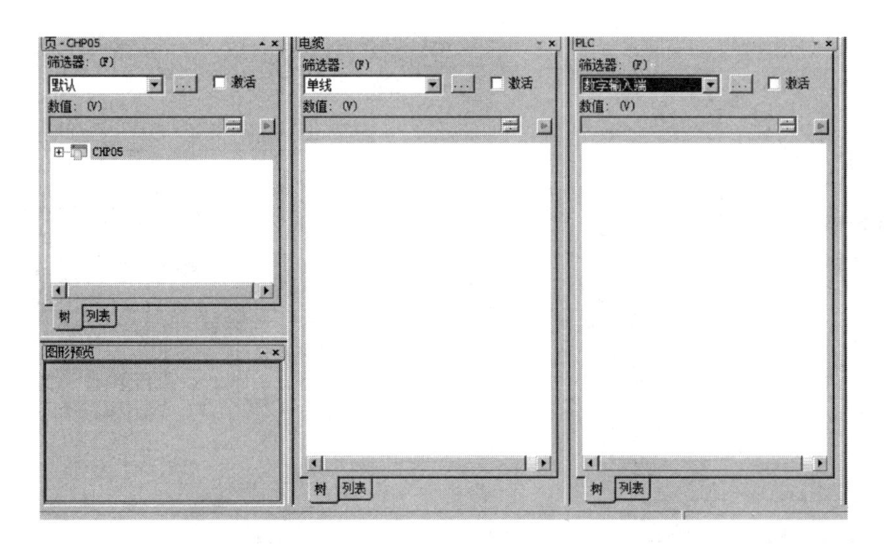

图 4－9　同时打开的 3 个导航器

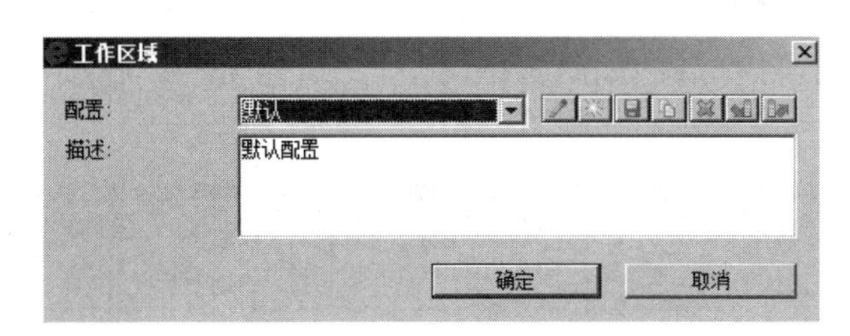

图 4－10　“工作区域”对话框

设计到相同阶段时使用相同的工作区域。

例如目前处于 PLC 的编辑阶段，希望工作区域打开“页导航器”和“PLC 导航器”，同时期望“PLC 导航器”在图纸区“工作簿”右侧。

选择“项目选项”→PLC→“导航器”，左键拖动“PLC”导航器到工作簿右侧，如图 4－11 所示。

如果只临时使用当前“工作区域”，关闭 EPLAN 再打开后，工作区域还会保持当前状态，但是如果恢复“默认”工作区域或者选择其他“工作区域”，则当前“工作区域”布局将消失。

7．保存工作区域

在 EPLAN 中，工作区域是可以保存的，以便于不同设计阶段使用不同的“工作区域”。当期望保存如图 4－11 所示工作区域时，可选择“视图”→“工作区域”菜单项，弹出“工作区域”对话框，如图 4－10 所示。

单击“新建”按钮（![icon]），弹出“新配置”对话框，在“名称”文本框中填写“PLC 工作区域”，在“描述”文本框中填写描述信息，便于选择“工作区域”时做提示，如图 4－12 所示。

单击“确定”按钮，完成“PLC 工作区域”的保存。

8．切换和使用不同的工作区域

在初始绘图时，选择恢复到默认的“工作区域”状态，选择“视图”→“工作区域”菜单项，弹出“工作区域”对话框，如图 4－10 所示。

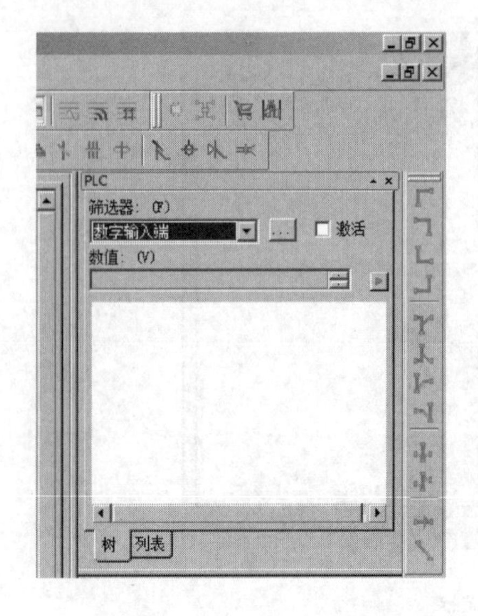

图 4-11　调整后 PLC 导航器

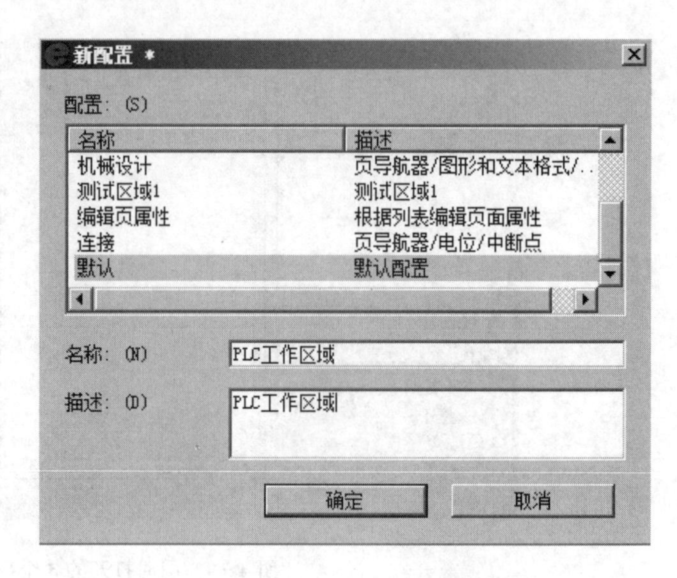

图 4-12　PLC 工作区域配置

在“配置”文本框右侧单击按钮，选择“默认”选项，单击“确定”按钮，系统切换到初始配置状态，如图 4-13 所示。

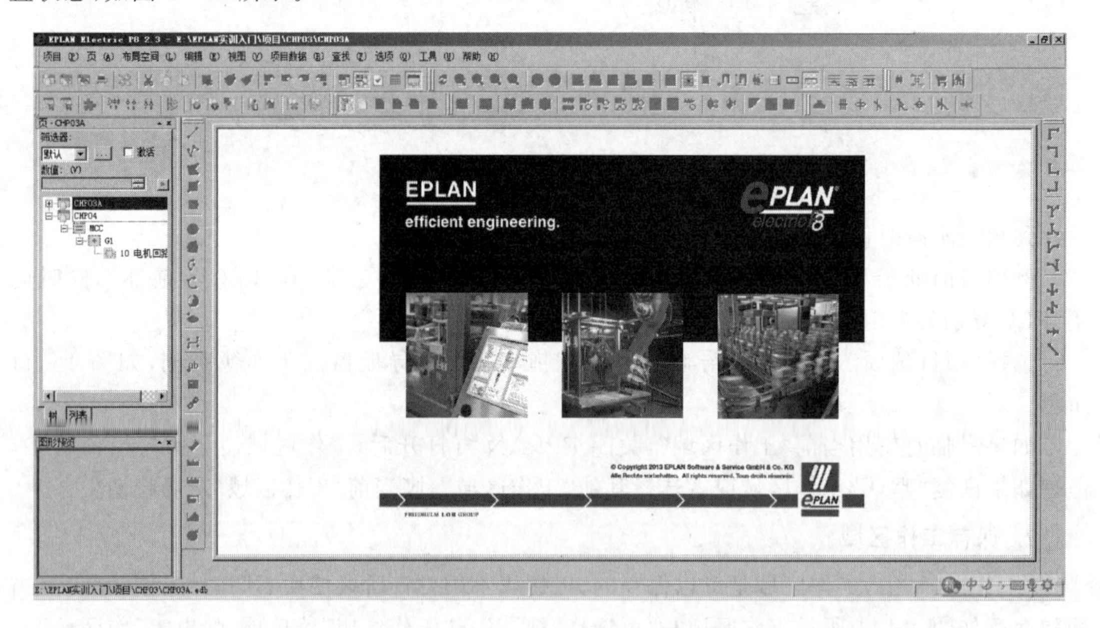

图 4-13　默认工作区域

在“配置”文本框右侧单击按钮，选择“PLC 工作区域”，单击“确定”按钮，系统切换到“PLC 编辑工作区域”，如图 4-11 所示。

9. 保存工作区域配置文件

在系统切换到“PLC 编辑工作区域”时，选择“视图”→“工作区域”菜单项，弹出“工作区域”对话框，如图 4-14 所示。

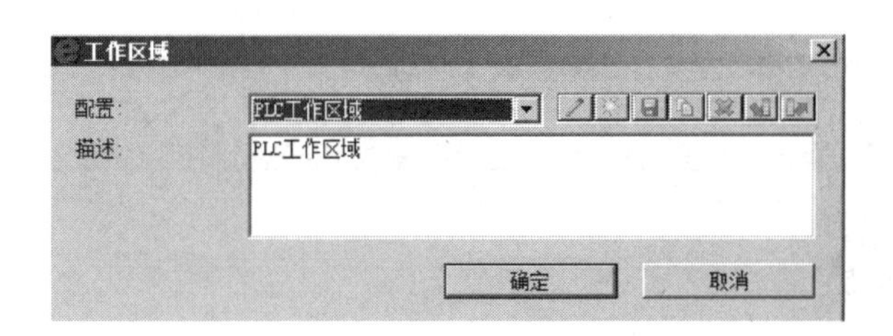

图 4-14　选择 PLC 工作区域

单击“导出”按钮( )，弹出“选择导出文件”对话框，如图 4-15 所示。

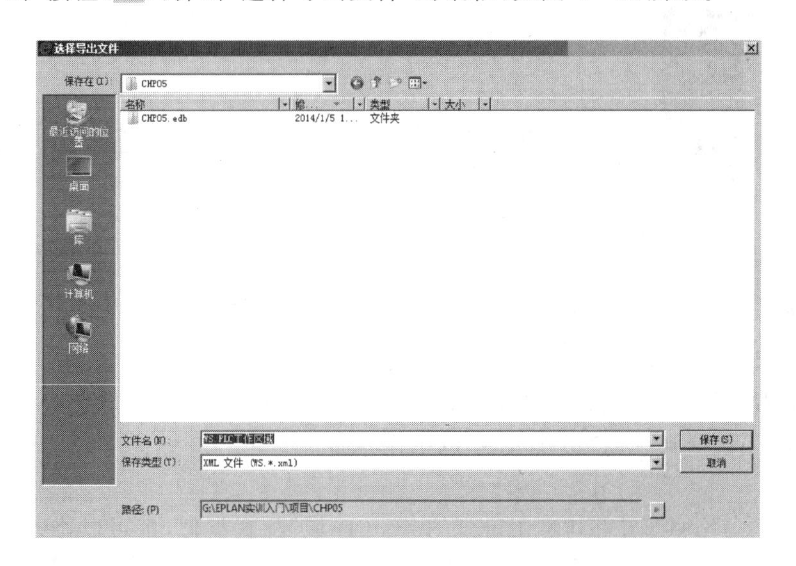

图 4-15　选择工作区域导出文件

在“文件名”文本框中自动填写了“WS. PLC 工作区域”的文字，保存类型默认为 xml 文件。

单击“确定”按钮，完成工作区域配置文件的保存。单击“确定”按钮，完成保存并返回“工作区域”对话框。单击“确定”按钮，进入到“所选工作区域”的工作界面。

10. 删除工作区域配置文件

选择“视图”→“工作区域”菜单项，弹出“工作区域”对话框，如图 4-14 所示。

单击“删除”按钮( )，系统弹出“删除配置”对话框，如图 4-16 所示。

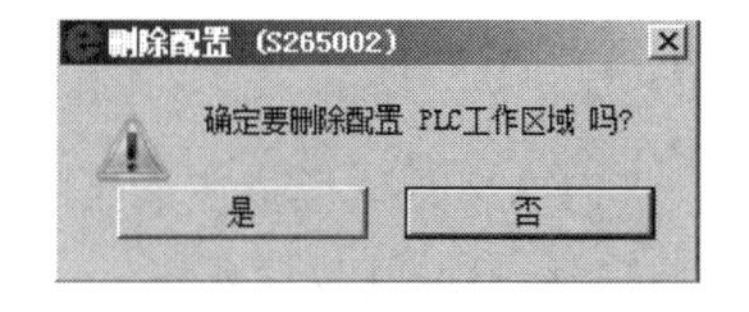

图 4-16　“删除配置”对话框

单击“是”按钮，确认删除。系统回到“工作区域”对话框。

在“配置”文本框右侧单击 按钮，查找工作区域配置，已经没有了“PLC 工作区域”配置内容。

11. 导入工作区域配置文件

在“工作区域”对话框，单击“导入”按钮( )，系统弹出“选择导入文件”对话框，如图 4-17 所示。

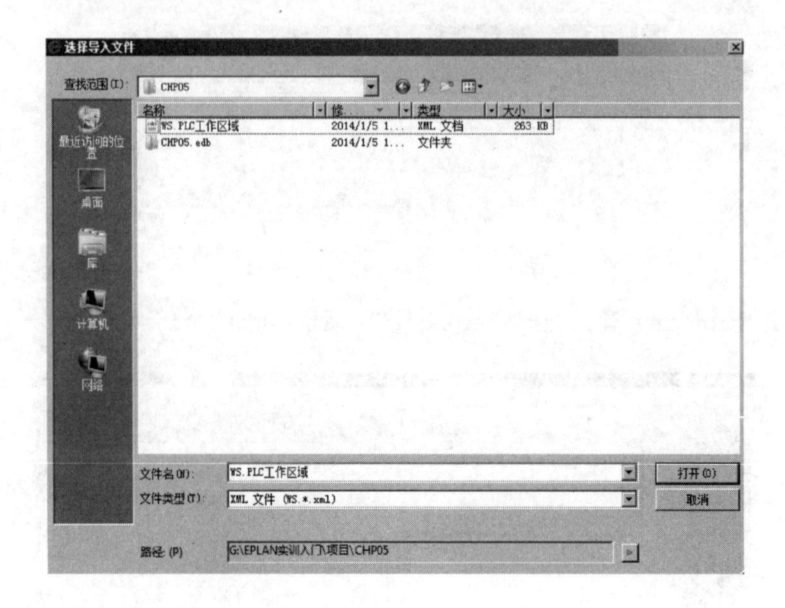

图 4-17 “选择导入文件”对话框

选择之前保存的配置文件“WS. PLC 工作区域”，单击打开，回到“工作区域”对话框，在“配置”文本框右侧单击▼按钮，查找工作区域配置，又出现了“PLC 工作区域”配置内容。单击“确定”按钮，系统回到“PLC 工作区域”的工作界面。

注意：

- EPLAN 中各种配置都与本书讲到的“工作区域”配置类似，都可以修改、保存、导出配置文件以及由配置文件导入到配置。
- 在“工作区域”配置方面讲述得比较细致，其他配置的操作与此类似，后续讲述中将不再赘述配置文件的操作。
- 配置文件对于企业的标准化设计是非常重要的，标准化文档的要求实际上和配置文件一样对每个设计的细节都做针对性的描述。换个角度理解，可以认为企业标准化设计文档是一套配置文件的集合。

4.1.4 连　接

EPLAN 是这样描述连接的：“在 EPLAN 中，如果两个连接点直接水平或垂直相对，便可自动绘制、自动连接线。”

“符号”和“黑盒”的连接点具备连接点属性，当射线方向有相对的连接点时，就构成了“连接”。

注意：

- EPLAN 的电气连接是靠“连接”来实现的。
- 用图形的方法绘制两个“连接点”之间的线段在电气概念方面是错误的。

1. 连接的符号

除了“符号”和“黑盒”的“连接点”外，EPLAN 提供 4 类连接符号，帮助设计者完成预期的连接设计。这些符号分为直角节点、T 形节点、十字节点和中断类节点，如图 4-18 所示。

设计图纸时，需要用部件的连接点和连接符号完成电气连接设计的功能。

2. 连接符号的目标

双击放置在图纸上的“T”向下节点，会出现“T 节点向下”对话框，勾选“确定目标”选项，会出现 4 种不同的并线方式，虽然电气连接上都是保持 3 点接通，但是不同的目标方式决定了实际接线的方式，如图 4－19 所示。

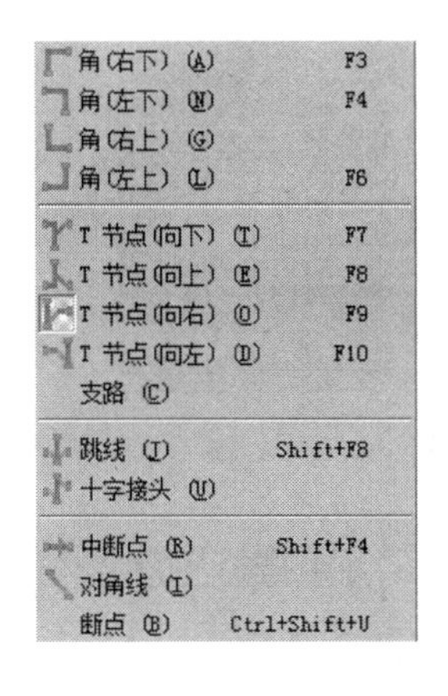

图 4－18　EPLAN 的连接符号

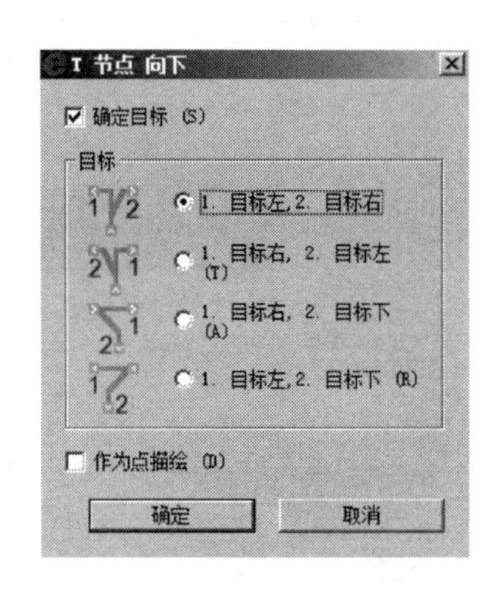

图 4－19　T 节点属性

注意：节点目标的选择给电气设计者一个更能准确描述导线并接的设计工具。

如果只是从原理上理解 3 点连通，并不关注如何去并线连接，可以选择“作为点描述”，图形会出现如图 4－20 所示的连接符号。

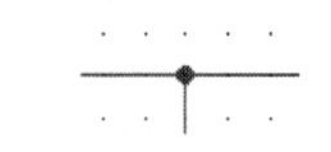

图 4－20　作为点描述的 T 节点

4.2　实例教学

4.2.1　绘图内容要求

1. 为项目 CH04 绘制电源和电源指示回路。
2. 为项目 CH04 绘制控制回路。

4.2.2　绘图过程

1. 电源和电源指示回路

打开项目 CH04。

在“页”导航器中双击项目 CH04，双击 MCC 高层代号，双击“＋G1”结构代号，双击“10 ”打开第 10 页图纸。

2. 绘制供电回路

在电机左侧插入塑壳断路器符号。

选择“插入”→“符号”菜单项，弹出“符号选择”对话框，选择 IEC_symbol→“电气工程”→“安全设备”→“安全开关”→“安全开关，6 连接点”，“电力断路器，三级（L－，I－保护特性）”，如图 4－21 所示。

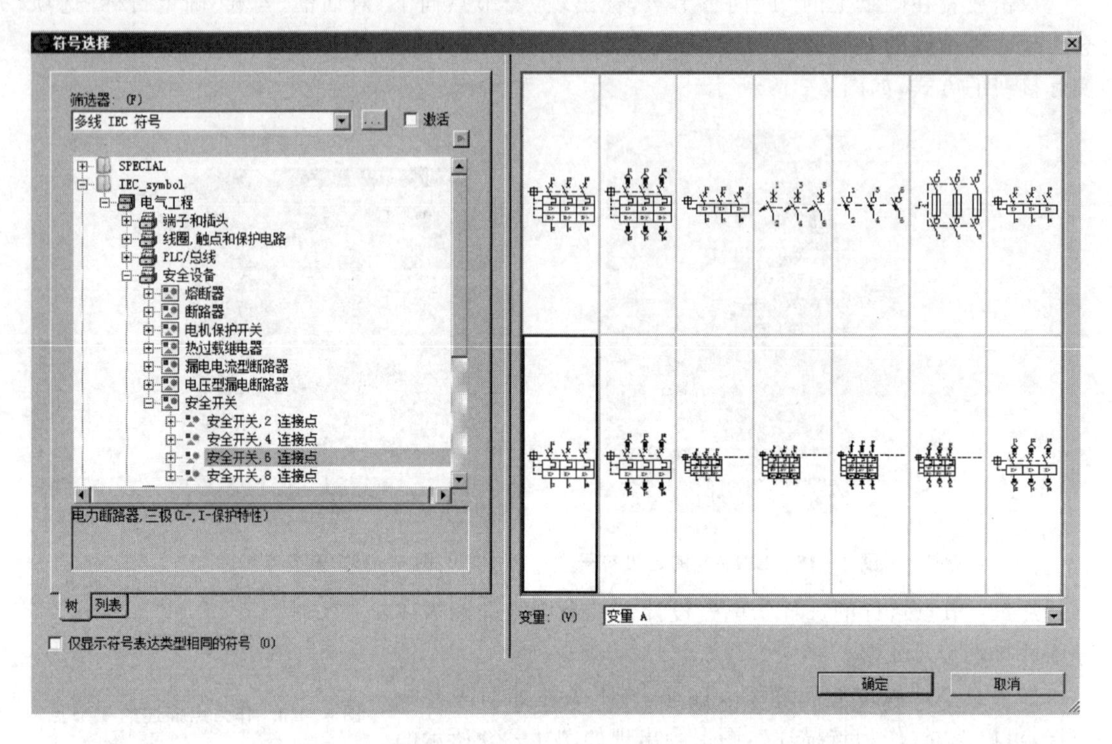

图 4－21　塑壳断路器符号

单击“确定”按钮，断路器符号跟随鼠标箭头移动，选择放置塑壳断路器符号位置后单击，弹出“属性（元件）：常规设备”对话框。

注意：

- 此处主功能默认是被选中的。塑壳断路器一般是由一个组件构成的，较少出现多个组件。
- 就算是出现多个组件，一般也把主断路器部分定义为“主功能”，其他如“辅助触点”或“欠压动作单元”等组件定义为“辅助功能”。
- “连接点代号”默认是“1¶2¶3¶4¶5¶6”，此“连接点代号”为断路器正向放置，上方进线，下方出线。

单击“确定”按钮，完成“塑壳断路器”符号放置，如图 4－22 所示。

在很多情况下，总供电在图纸左下方，如果要求对实际接线原则为“上进下出”，而塑壳断路器的连接点是“1 进 2 出，3 进 4 出，5 进 6 出”，那么为了正确设计指导接线，应进行部分图纸绘制，如图 4－23 所示。

注意：

- EPLAN 符号代表部件，其外形对电气参数没有影响。
- 符号连接点的代号却十分关键。如要求一个不懂电气的工人，他把“－X2”端子 1 的这个点和“－Q1”上的 1 点正确连接即可。

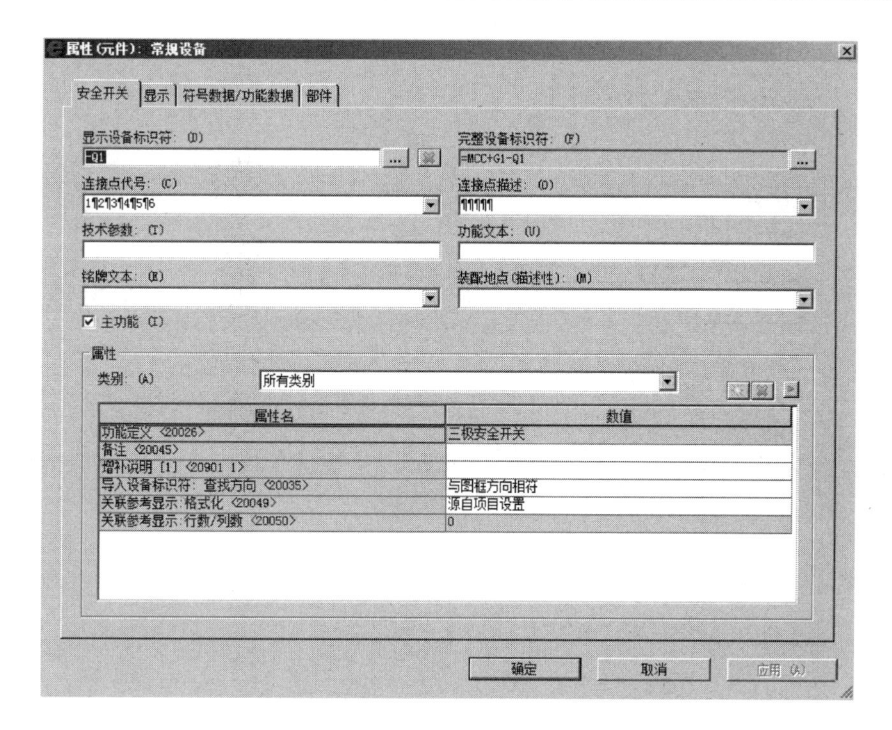

图 4－22　塑壳断路器符号放置

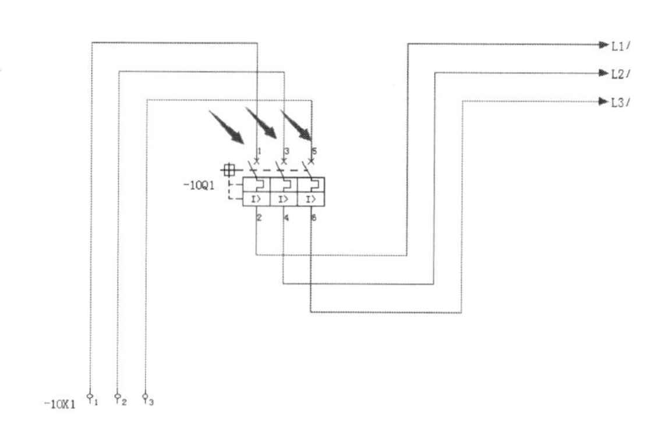

图 4－23　塑壳断路器接线方法

● 由此，可以通过调整符号上不同连接点的“连接点代号”降低绘图的难度。

双击“－Q1”，弹出“属性(元件)：常规设备”对话框。

修改连接点代号文本框内容为“2¶1¶4¶3¶6¶5”，如图 4－24 所示。

单击“确定”按钮，完成塑壳断路器连接点代号修改，如图 4－25 和图 4－26 所示。

对比图 4－25 和图 4－26 不难看出，两个符号都代表相同的部件，只是后者提供了下方进线的表达方法。虽然实际接线时还是要接到塑壳断路器的上方，毕竟利用变更连接点描述让图纸的区域简单明了而且正确。调整后的进线图纸如图 4－27 所示。

对比图 4－23 塑壳断路器接线方法中“－Q1”的接线方式，可以得到相同的正确接线结果。

注意：复习导航器的应用。利用“连接导航器”检查“－Q1”的连接。

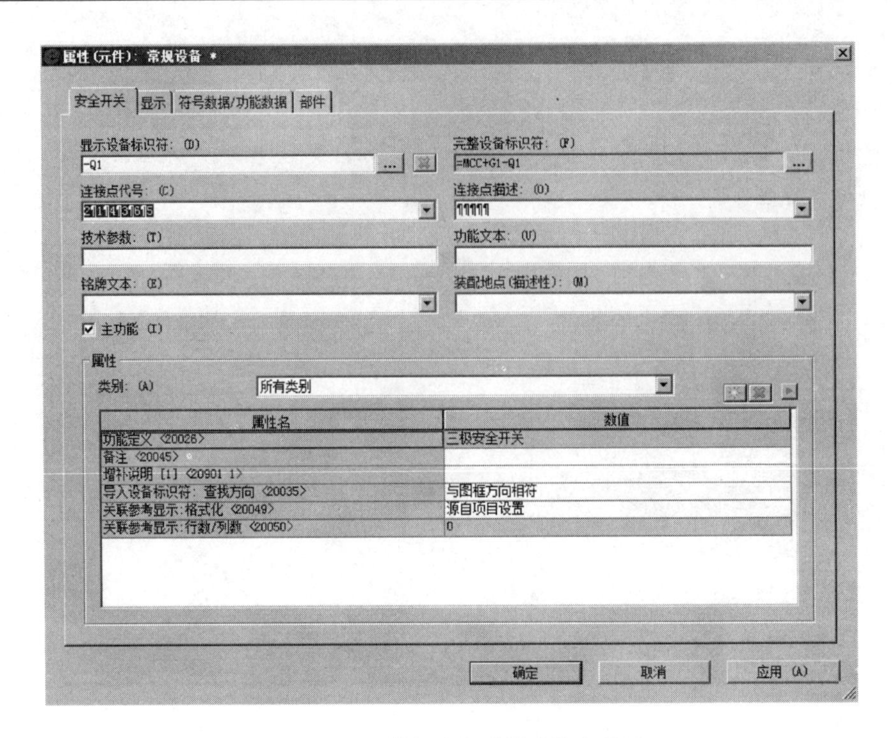

图 4-24　调整塑壳断路器连接点代号

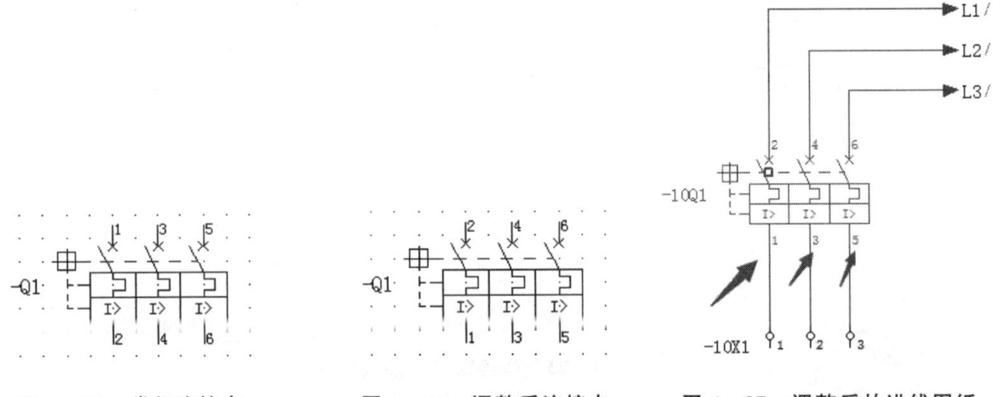

图 4-25　常规连接点　　图 4-26　调整后连接点　　图 4-27　调整后的进线图纸

选择"项目数据"→"连接"→"导航器"菜单项，弹出"连接"导航器，如图 4-28 所示。

从"连接"导航器上检查"＝MCC＋G1－Q1"的"1"、"3"、"5"连接点分别连接了点"＝MCC＋G1－X2：1"、"＝MCC＋G1－X2：2"和"＝MCC＋G1－X2：3"，与我们期望表达的连接是一致的。

在"－X2"后增加 2 个端子，用于 N 和 PE 的连接。

选择"－X2：3"，按 Ctrl＋C 键进行复制，按 Ctrl＋V 键进行粘贴。此时端子符号跟随鼠标可以移动，选择放置位于"－X2：3"后 2 个栅格的位置，单击确定放置，弹出"插入模式"对话框，选择"编号"复选框，如图 4-29 所示。

单击"确定"按钮，完成"－X2：4"端子放置，用同样的方法放置"－X2：5"。

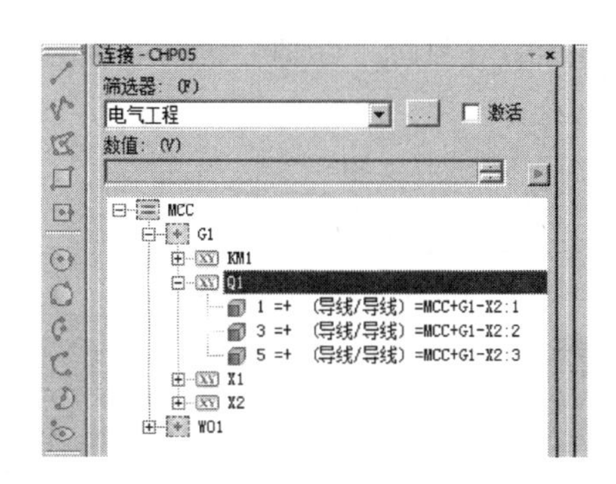

图 4-28　用“连接”导航器检查连接

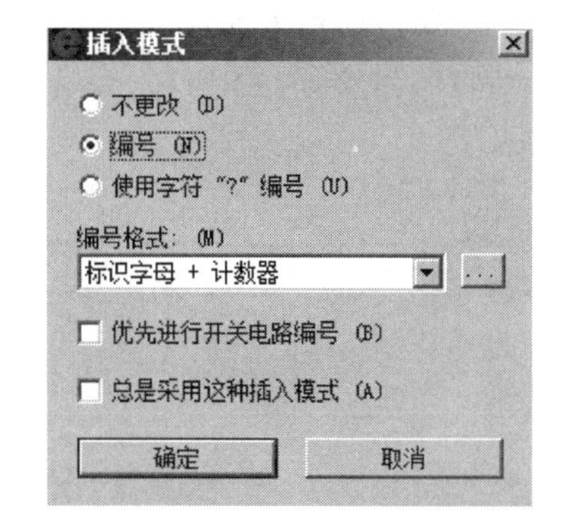

图 4-29　端子插入模式

在图纸右侧插入 3 个“中断点”，分别是“L1”、“L2”、“L3”连接“－Q1”的“＝MCC＋G1－Q1：2”、“＝MCC＋G1－Q1：4”、“＝MCC＋G1－Q1：6”。

插入“母线连接点”分别连接“＝MCC＋G1－X2：4”“＝MCC＋G1－X2：5”，如图 4-30 所示。

注意：在电柜生产中，可以用“母线连接点”表达地排、零排以及用铜排进行电力分配的母线和电源分配块产品。

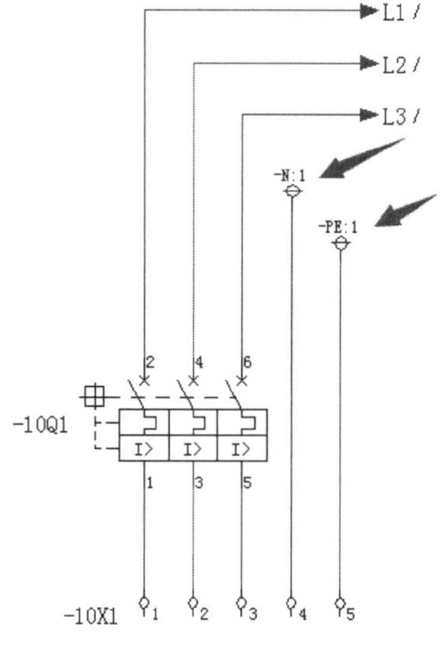

图 4-30　进线回路

用“T 节点”连接“－KM1”和“－Q1”和右侧中断点。

选择“插入”→“连接符号”→“T 节点(向下)”菜单项，符号附着在光标上，逐个单击需要连接的点，完成连接的设计，如图 4-31 所示。

注意：

- EPLAN 提供快速放置符号的方法。在放置“T 节点”时，在第一个位置按住鼠标左键，拖拽到第 3 个点的位置，可以快速放置连接符号，如图 4-32 所示。

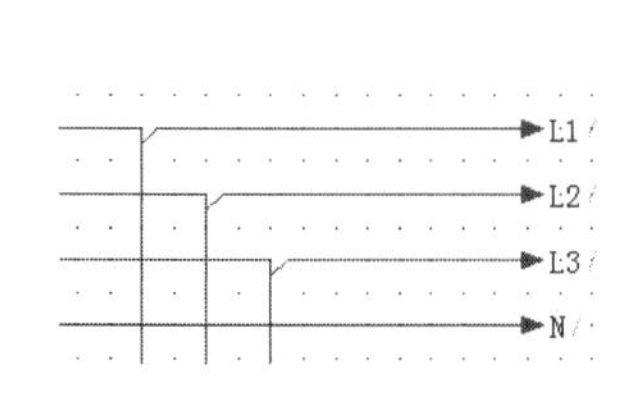

图 4-31　插入 T 节点

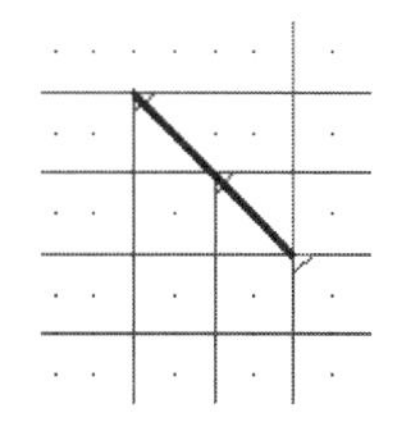

图 4-32　快速放置 T 节点

- 其他连接符号、端子等也可采用类似的方法放置。

(1) 调整“T 节点”目标

如图 4-31 所示，电流从左侧流过来，在“－KM1”上口进行并接，然后把电流送到右侧的“中断点”为后续设备供电。

此时，如果要求不能在“－KM1”上口进行并接，去“－KM1”的电流和中断点的电流都是从左侧流过来的，可以做如下处理。

双击“T 节点”，如图 4－19 所示，勾选“1 目标右 2 目标下”，即左侧为并联点。完成后如图 4－33 所示。

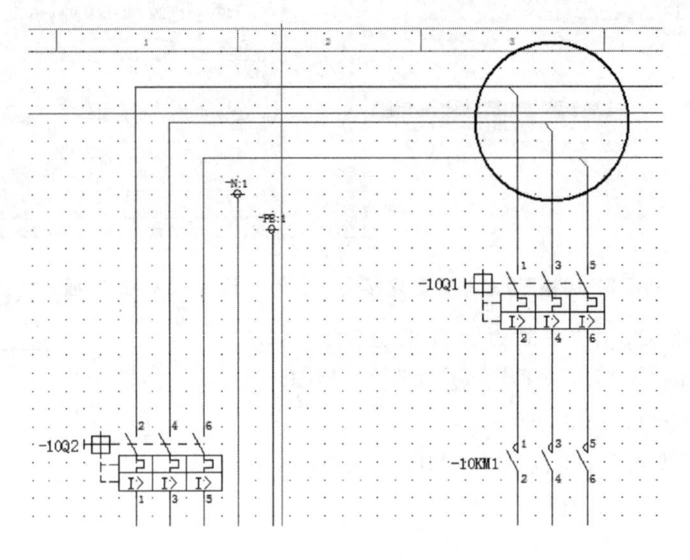

图 4－33　调整 T 节点后图纸

(2) 插入路径功能文本

按 Ctrl＋T 键弹出“属性-路径功能文本”对话框。填写“供电”到“文本”的文本框，如图 4－34 所示。

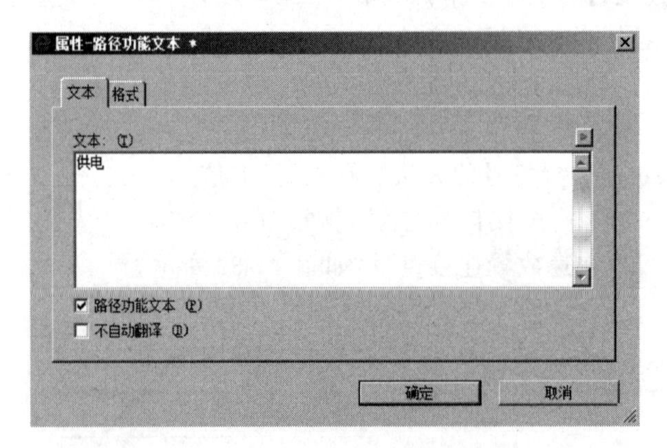

图 4－34　供电路径功能文本

单击“确定”按钮，完成供电路径文本的设置，如图 4－35 所示。

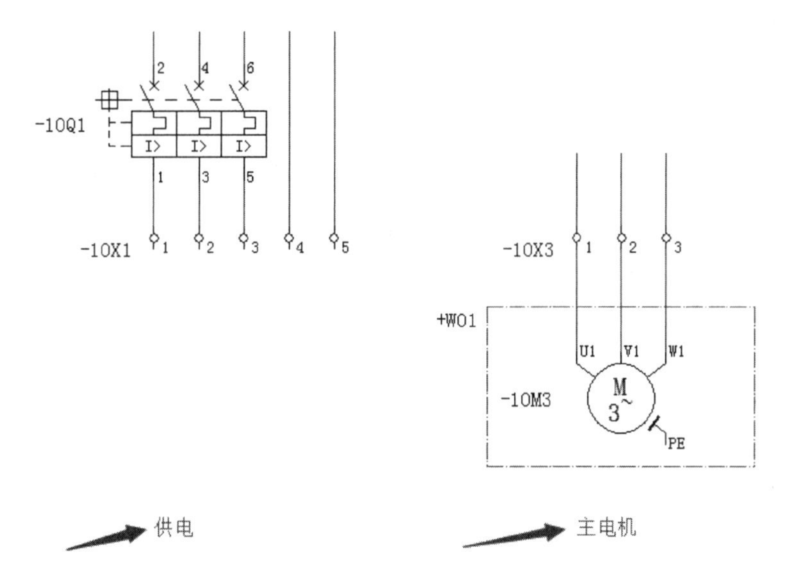

图 4－35　包含供电回路图纸

4.3　提高知识

4.3.1　电位跟踪

完成部分图纸设计后，除了可以用“消息管理”的功能检查图纸设计的问题，EPLAN 还提供一些工具帮助设计者追踪“电位”、“信号”和“网络”的连接，通过这些工具，对电气图纸可以进行一些简单的仿真。

单击工具栏上的“电位跟踪”( )按钮，“电位跟踪”符号附着在光标上。单击“－X2:2”上方的连接，整个项目图纸中和这个鼠标点极点有等电位连接呈现“高亮”状态，如图 4－36 所示。“高亮”的区域有通过塑壳断路器、电机保护单元、接触器、端子直接到电机的“－M1:V1”点。

4.3.2　电位定义点

在图纸中插入“电位连接点”( )可以为图纸中等电位的连接进行命名，以方便部件查询和报表的汇总。

单击工具栏上的“电位连接点”按钮，“电位连接点”符号附着在光标上，在“－X2”端子下方放置电位定义点，并为“电位定义点”设置结构标识“＋CUSTOMER”，表示是由客户提供的电位。

双击第一个“电位定义点”，弹出“属性(元件)：电位连接点”对话框，如图 4－37 所示，填写“连接点名称”为 L1，属性电位类型选择 L，完成第一个电位连接点的定义。

其他分别定义名称为 L2、L3、N、PE，属性电位类型分别为 L、N、PE。

完成电位定义点后如图 4－38 所示。

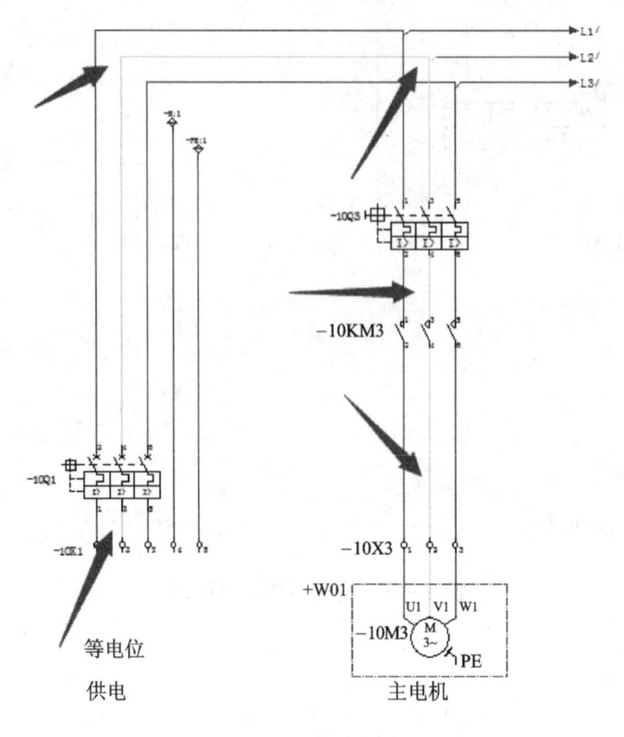

图 4-36 等电位跟踪

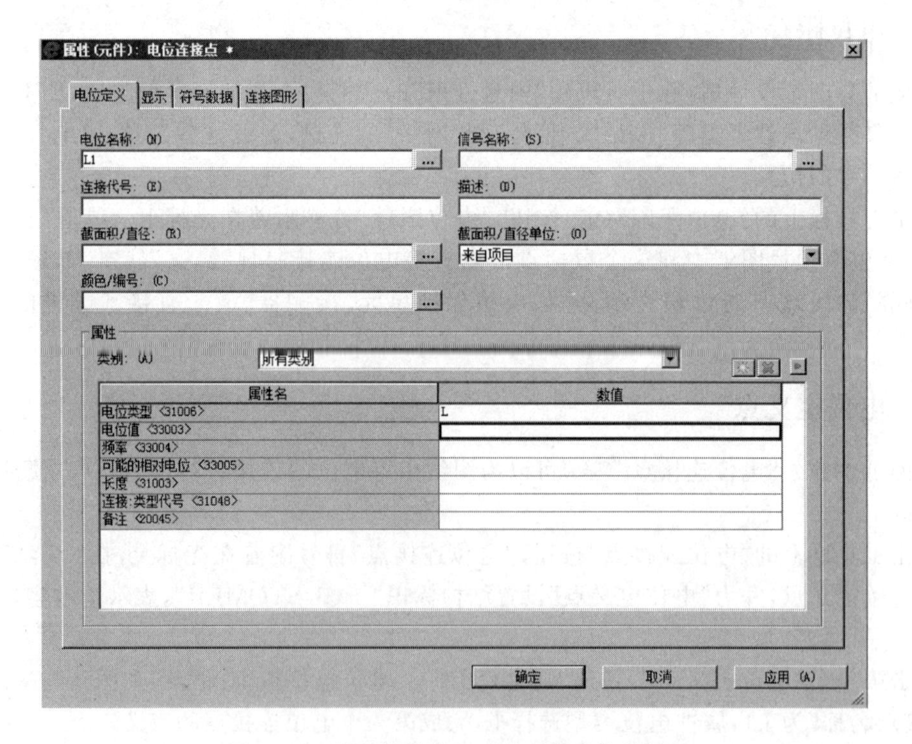

图 4-37 “属性(元件)：电位连接点”对话框

注意：

- 传统图纸使用的线号的作用更多的是在无图纸检修时进行电位的测量，作者认为 EPLAN 电位定义在此层面代表了传统图纸线号的功能，EPLAN 的“连接定义点”更偏重于代表某一根导线。
- 除了通过电位跟踪对电位进行查看外，也可以通过修改图层的显示颜色来显示不同电位。

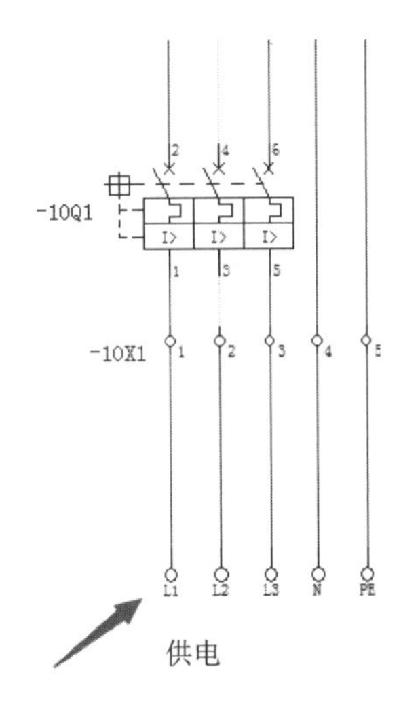

图 4－38　完成电位定义点图纸

选择“选型”→“层管理”菜单项，弹出“层管理”对话框，如图 4－39 所示。

修改 EPLAN540、EPLAN541、EPLAN542 图层颜色分别为黑色、蓝色和黄绿色，如图 4－40 所示。

回到绘图界面，选择“项目数据”→“连接”→“更新”菜单项，连接点已经按照电位进行颜色显示，如图 4－41 所示。

注意：电位的颜色标识不是必需的，只是帮助用户进行电位检查以及一些与电位有关的电气设计。

本书还会恢复到电位相关的默认颜色状态。

图形
符号图形
属性放置
特殊文本
3D 图形

行	层	描述	线型	式样长度	线宽	颜色	
33	EPLAN532	符号图形.连接符号.自动连接.电缆束		4.00 mm	1.00 mm		1.30 m
34	EPLAN540	符号图形.连接符号.自动连接.电位类型 [L]		4.00 mm	0.25 mm		1.30 m
35	EPLAN541	符号图形.连接符号.自动连接.电位类型 [N]		4.00 mm	0.25 mm		1.30 m
36	EPLAN542	符号图形.连接符号.自动连接.电位类型 [PE]		4.00 mm	0.25 mm		1.30 m
37	EPLAN543	符号图形.连接符号.自动连接.电位类型 [+]		4.00 mm	0.25 mm		1.30 m
38	EPLAN544	符号图形.连接符号.自动连接.电位类型 [M]		4.00 mm	0.25 mm		1.30 m
39	EPLAN545	符号图形.连接符号.自动连接.电位类型 [-]		4.00 mm	0.25 mm		1.30 m
40	EPLAN546	符号图形.连接符号.自动连接.电位类型 [SH]		4.00 mm	0.25 mm		1.30 m
41	EPLAN550	符号图形.连接符号.自动连接.电缆		4.00 mm	0.25 mm		1.30 m

确定　取消　应用 (A)

图 4－39　电位图层显示

图形
符号图形
属性放置
特殊文本
3D 图形

行	层	描述	线型	式样长度	线宽	颜色	
33	EPLAN532	符号图形.连接符号.自动连接.电缆束		4.00 mm	1.00 mm		1.30 m
34	EPLAN540	符号图形.连接符号.自动连接.电位类型 [L]		4.00 mm	0.25 mm		1.30 m
35	EPLAN541	符号图形.连接符号.自动连接.电位类型 [N]		4.00 mm	0.25 mm		1.30 m
36	EPLAN542	符号图形.连接符号.自动连接.电位类型 [PE]		4.00 mm	0.25 mm	...	1.30 m
37	EPLAN543	符号图形.连接符号.自动连接.电位类型 [+]		4.00 mm	0.25 mm		1.30 m
38	EPLAN544	符号图形.连接符号.自动连接.电位类型 [M]		4.00 mm	0.25 mm		1.30 m
39	EPLAN545	符号图形.连接符号.自动连接.电位类型 [-]		4.00 mm	0.25 mm		1.30 m
40	EPLAN546	符号图形.连接符号.自动连接.电位类型 [SH]		4.00 mm	0.25 mm		1.30 m
41	EPLAN550	符号图形.连接符号.自动连接.电缆		4.00 mm	0.25 mm		1.30 m

确定　取消　应用 (A)

图 4－40　修改后的电位图层颜色

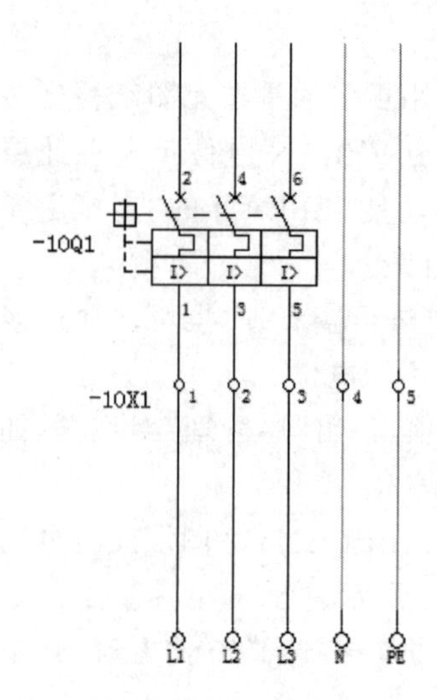

图 4-41　电位的颜色显示

第 5 章　控制回路设计

5.1　准备知识

本章将学习“在线编号”、“离线编号”和简单的“宏”的知识。

通过实例绘制“电机控制”回路并对“在线编号”规则进行定制，利用“离线编号”规则对整改项目重新编号，利用制作好的宏对传动回路进行快速设计。

5.1.1　剪切复制后的部件命名

1. 插入模式

在 1.3.2 小节的知识点中谈到过插入模式，即在剪切或复制符号时以什么原则命名设备的“设备标识符”。

“插入模式”对话框的显示：

在进行图纸设计过程中，默认在插入或复制部件时，系统会弹出“插入模式”对话框，在该对话框内有“总是采用这种插入模式”的选项，如果该选项被选中，则下次插入时将不再弹出“插入模式”对话框。

如果希望再次开启“插入模式”对话框，则可以选择“选项”→“设置”菜单项，弹出“设置”对话框，选择“项目名称”→“设备”，打开“编号(在线)”对话框，选中“带有提问”选择项，可以恢复“插入模式”对话框的显示，如图 5－1 所示。

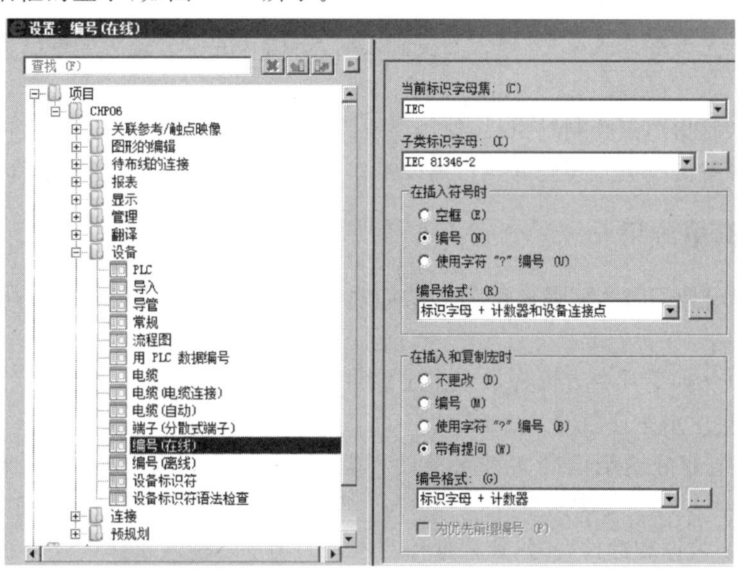

图 5－1　“设置：编号(在线)”对话框

2. 编号方式

在在线编号对话框，针对两类动作提供编号格式的选项供设计者使用。

第一类是插入符号时如何进行编号；第二类是在插入和复制宏时如何进行编号。

- 插入符号的空框选项：插入符号时不提供设备标识符命名。
- 插入符号的编号选项：使用设定的编号格式进行编号。
- 插入符号的使用“?”编号选项：会在设备标识符标识字母前加“?”，便于工程师修改。
- 插入复制宏的不更改选项：复制或插入宏时不修改设备标识符。
- 插入复制宏的编号选项：使用设定的编号格式进行设备标识符命名。
- 插入复制宏的使用“?”编号选项：会在设备标识符标识字母前加“?”。
- 插入复制宏的带有提问选项：复选框有效后，插入时弹出“编号格式”对话框。

3. 编号格式

EPLAN 提供几种设备进行编号的方式，基本上涵盖了行业或者企业的命名规则，如果用户有特殊的需求，还可以通过配置编号规则对编号格式进行定制。

这些编号如图 5－2 所示。

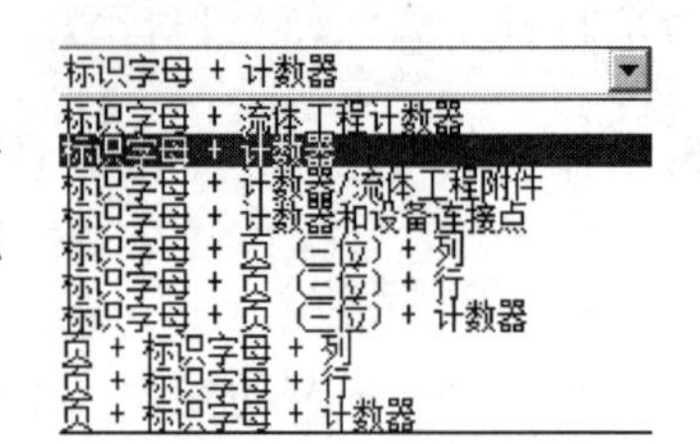

图 5－2　编号格式

注意：

- 在此修改编号格式，只能对后续新建或者插入的符号起作用，无法修改已经放置的符号或者宏。
- 在线编号是项目特征，复制项目会集成在线编号的配置参数。

5.1.2　新规则重新命名部件

离线编号

编号(在线)和编号(离线)的区别如下：

编号(在线)是指在插入符号、插入和复制宏时，新插入的符号或者部件以什么方式进行命名或者编号。

编号(离线)是指图纸绘制结束后，使用离线编号规则重新对所选图纸重新命名。

可以通过设置离线编号规则并执行离线操作，对图纸上部件的设备标识符重新命名。

5.1.3　宏的简单应用

EPLAN 的宏是 EPLAN 最有魅力的功能之一，对宏的正确使用是能否达到电气图纸设计自动化的关键。

使用宏可以从如下几个方面提供工作质量和效率：

- 可以重复使用原理图的某些部分。
- 可以为某部分图纸设定多种可能的回路，如电机的正转回路、正反转回路、星三角回路。
- 可以分配数据和部件型号，如根据控制电机的功率分配电机保护开关和接触器以及端子电缆的规格和型号。

简单地讲，宏就是复制图纸上的一部分回路，命名这个回路并且保持起来，非常像 AU-

TOCAD 中的 BLOCK 功能。

EPLAN 提供三种宏的应用：窗口宏、符号宏和页宏。

随着版本的升级，符号宏的定义和功能基本等同于窗口宏，我们只关注和使用窗口宏即可。

1. 复制项目 CH05

在图 4－35“包含供电回路图纸”状态时，复制项目 CH04 到 CH05 文件夹中。

打开项目 CH05，新建“＝MCC＋G1/11”页。

在页导航器中右击“＋G1”，弹出快捷菜单，选择“新建”项，弹出“新建页”对话框，确认“完整页名”为“＝MCC＋G1/11”，在“页描述”文本框内填写“电机回路 2”，如图 5－3 所示。

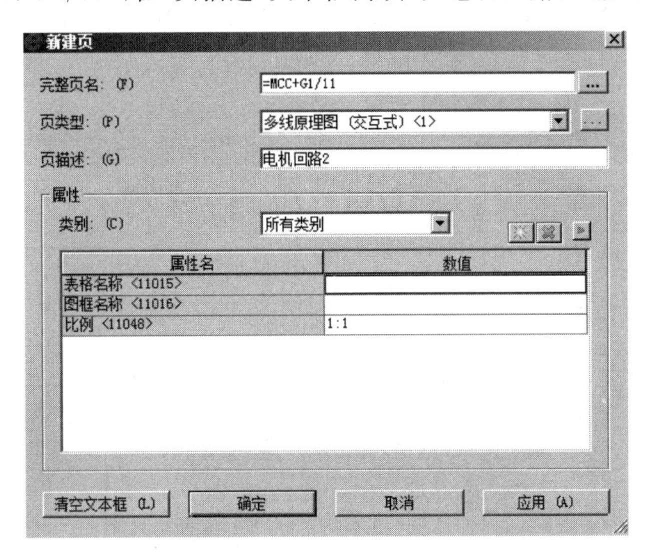

图 5－3　“新建页”对话框

单击“确定”按钮，完成新页的创建。

在 11 页图纸左上侧绘制向左侧的四个中断点，中断点名称分别为 L1、L2、L3、N，在图纸右上侧绘制四个中断点，中断点名称分别为“L1、L2、L3、N”，绘制完成左侧中断点如图 5－4 所示。

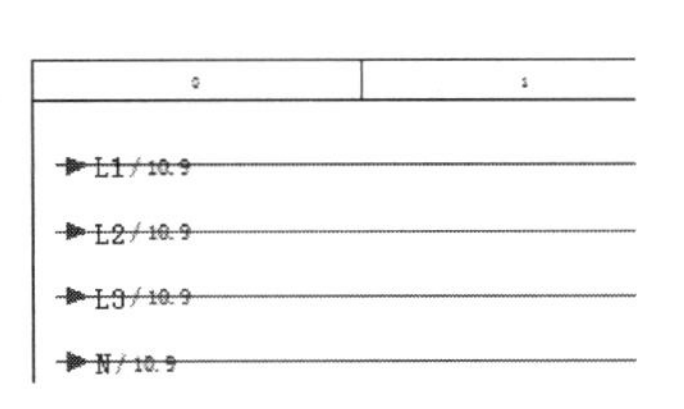

图 5－4　左侧中断点

2. 修改中断点文字位置

同时选择四个中断点(用鼠标圈选或者按住 Ctrl 键分别左击 4 个中断点)，右键选中的对象，弹出快捷菜单，单击“属性”，弹出“属性(元件)：中断点”对话框，选择“数据符号”标签，修改变量下拉栏为“变量 E”，如图 5－5 所示。

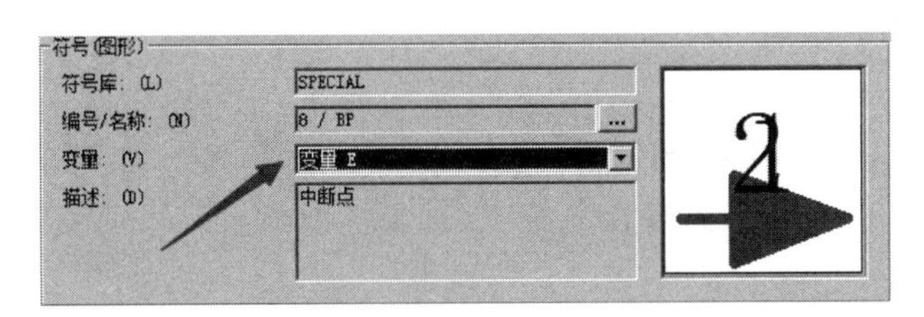

图 5－5　修改中断点变量

单击“确定”按钮，完成中断点文字位置调整，如图 5－6 所示。

用同样的操作完成右侧 4 个中断点文字位置的调整，变量修改为“A”。完成后如图 5－7 所示。

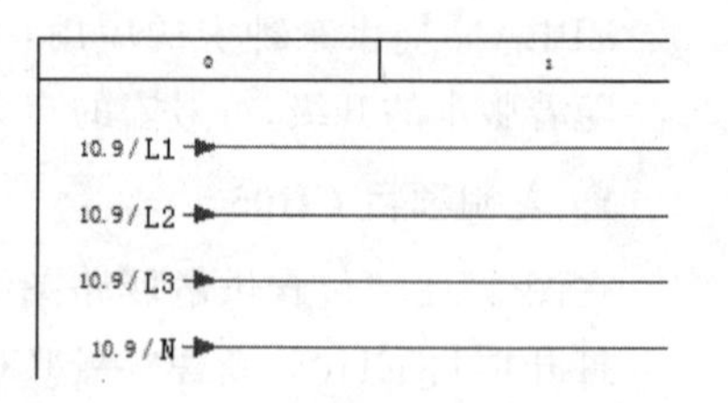

图 5－6　调整好的中断点

因为经常会在图纸用到 3＋N 的动力回路，所以希望把这部分图复制下来，保存为 3PN，以便于其他图纸使用。

选择对象：鼠标圈选全部 8 个中断点。

创建宏：选择“编辑”→“创建窗口宏”（或者按 Ctrl＋F5 键）菜单栏，弹出“另存为”对话框，单击“文件名”后的“…”按钮，选择文件位置为 CHP06，文件名为 3PN，后缀为“窗口宏 ema”，单击“保存”按钮，回到“另存为”对话框，填写描述信息为“3 相动力线＋1 相 N 线”，如图 5－8 所示。

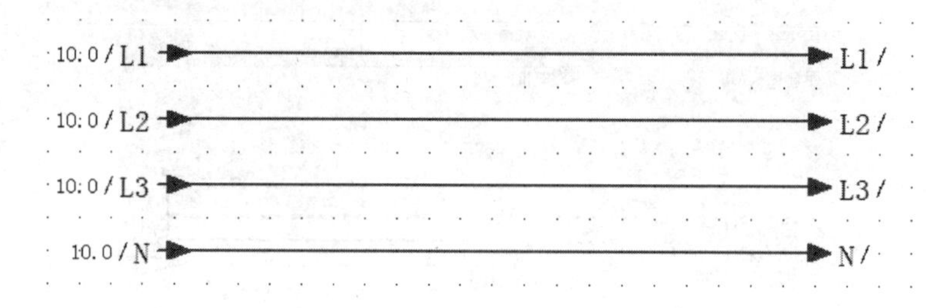

图 5－7　3＋N 动力母线

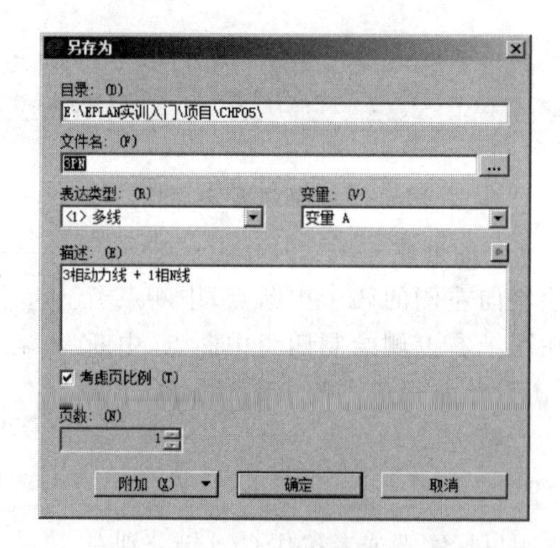

图 5－8　宏保存位置

单击“确定”按钮，完成“3 相动力线＋N 线”宏 3PN 的制作。

3. 测试制作的 3PN 宏

选择“插入”→“窗口宏”菜单项，弹出“选择宏”对话框，选择刚才保存 3PN 宏的文件夹，选择 3PN 后，右侧预览选项选中后，预览窗口会出现 3PN 预览图纸，如图 5－9 所示。

单击“打开”按钮，3PN 图形附着在光标上，选择需要放置符号的位置，单击放置，放置后如图 5－10 所示。

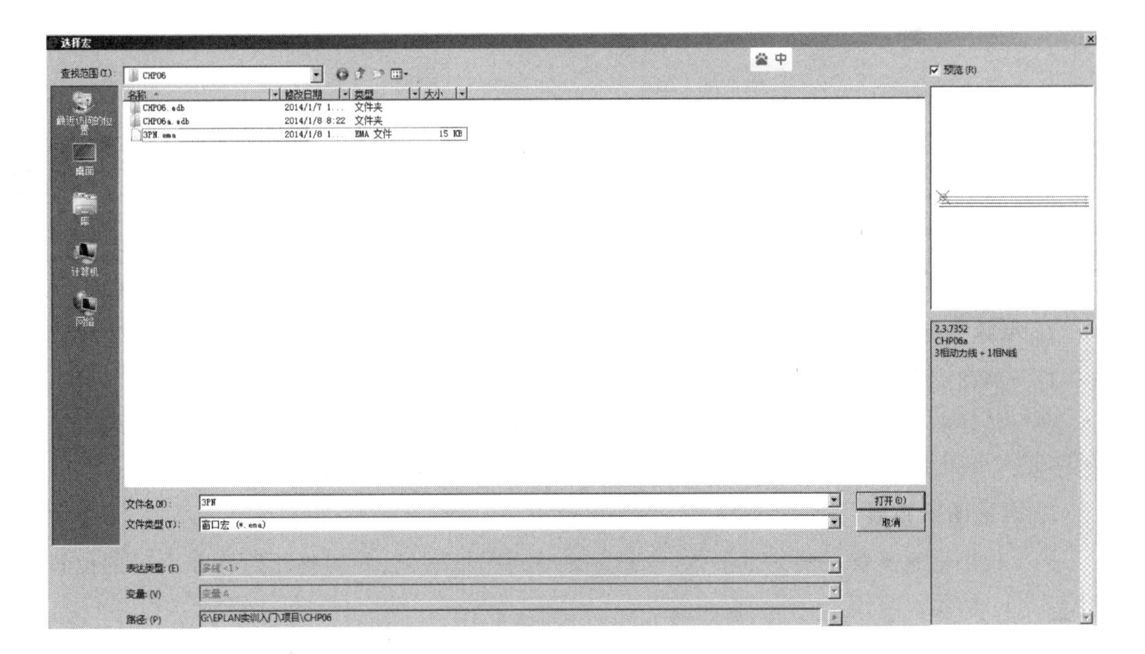

图 5－9　“选择宏”对话框

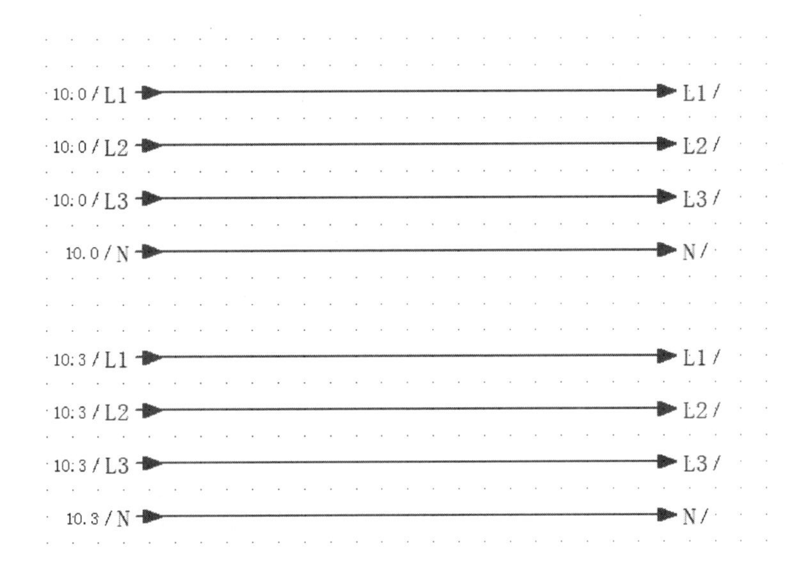

图 5－10　插入 3PN 宏后图纸

删除 11 页全部内容，完成宏的简单认知。

5.2 实例教学

5.2.1 绘图内容要求

为项目 CH05 绘制控制回路。

5.2.2 绘图过程

1. 电源和电源指示回路

打开项目 CH05。

在“页”导航器中双击项目 CH05，双击 MCC 高层代号，双击“＋G1”结构代号，双击“10 ”打开第 10 页图纸。

2. 调整图纸布局

把 3 相供电水平移动到图纸上方，中断点移动到图纸右侧，并调整断路器和端子的位置，如图 5－11 所示。

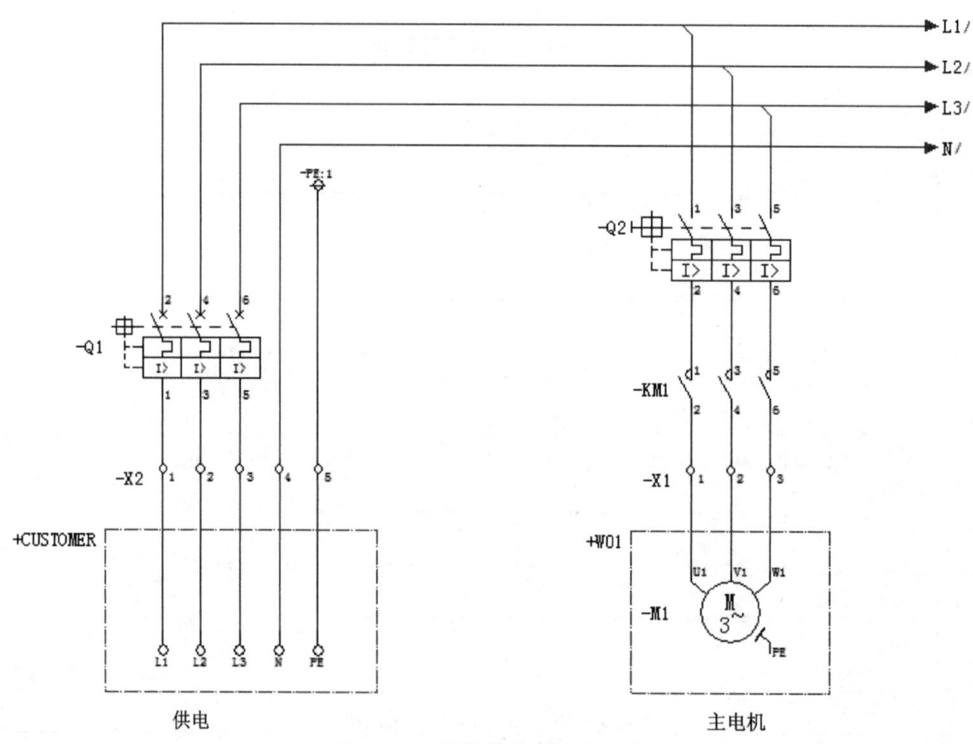

图 5－11 调整位置的动力回路

注意：

● “符号”和“黑盒”的放置位置，在 EPLAN 中没有明确要求，更多的是行业或者企业进行电气设计标准化时会提出具体要求，如每列是否要求只放一个部件，电源线放置在上面还是分置上下，“路径功能文本”放置在什么地方。这些要求明确固定后，图纸不但利于标准化的贯彻，也利于阅读和使用图纸。

● 可以在图纸外侧做绘制一个“自制标尺”，标记不同摆放符号的规定位置，可以方便工程师进行规范化绘图。如果公司编写标准化文档对符号的部件有所描述和要求则更好，最后可以把这个图形保存为“窗口宏”，以便于在其他页中使用，如图 5-12 所示。
● “自制标尺”放置需要离开图框外边大于 2 个标准“C 栅格”，这样在 PDF 图纸导出时不会显示，也可以在使用“自制标尺”后将其删除。

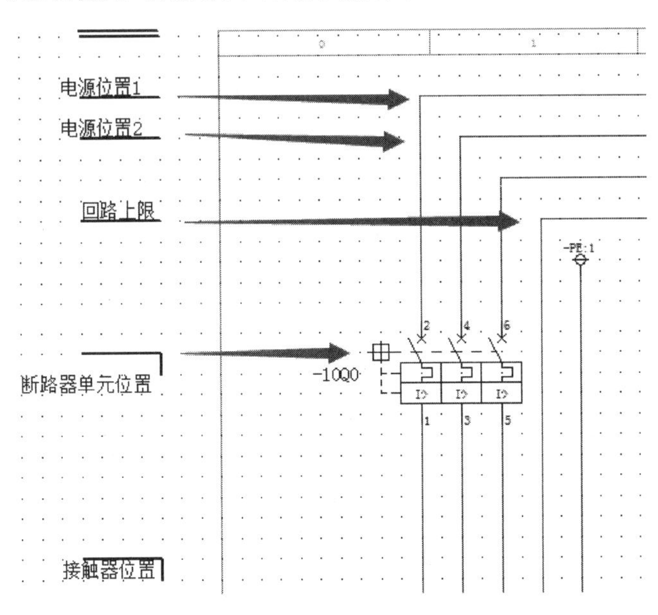

图 5-12　方便部件用的辅助标尺

3. 绘制电源指示回路

选择“插入”→“符号”菜单项，弹出“符号选择”对话框，选择“多线 IEC 符号”→IEC_ symbol→“电气工程”→“信号设备，发光和发声”→“指示灯，常规”，如图 5-13 所示。

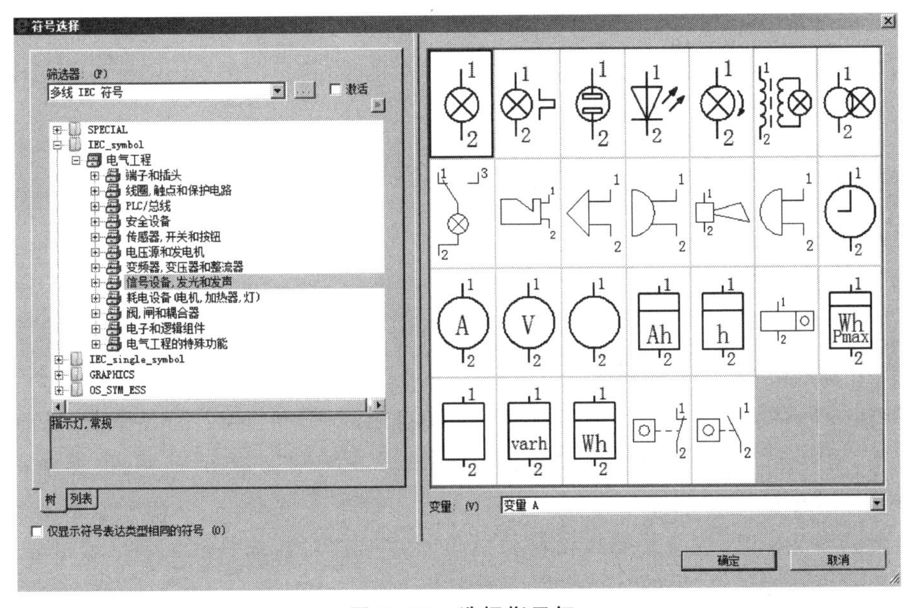

图 5-13　选择指示灯

单击“确定”按钮,完成指示灯选择。

“指示灯”符号附着在光标上,选择“指示灯”放置位置,单击,弹出“属性(元件):常规设备”对话框,单击“确定”按钮,完成指示灯放置,如图 5-14 所示。

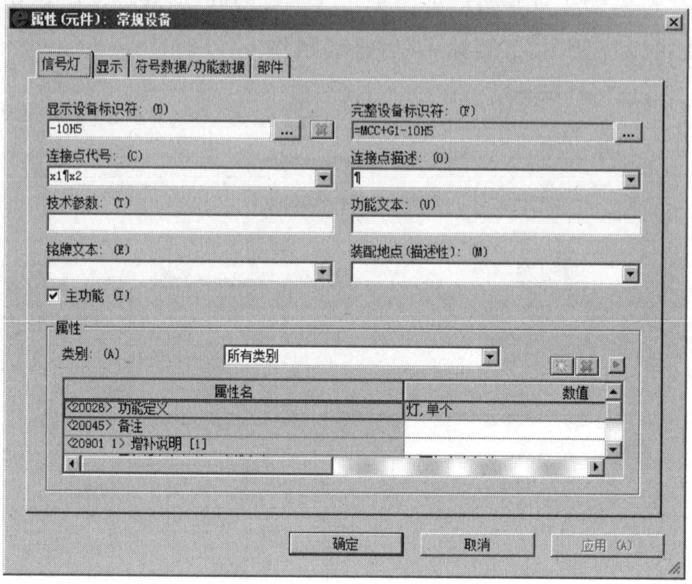

图 5-14　指示灯属性

通过“连接节点”把指示灯的上口“-10H5:x1”连接到 L1,把指示灯的下口“-10H5:x2”连接到 N,为电源指示灯增加“电源指示”路径功能文本,如图 5-15 所示。

4. 绘制主电机运行指示回路

与绘制电源指示回路类似,绘制主电机运行指示回路。

此时插入的指示灯为“-10H6”,在“主电机运行指示回路”的指示灯上端插入 10KM3 的一个常开辅助触点。

选择“插入”→“符号”菜单项,弹出“符号选择”对话框,选择“多线 IEC 符号”→IEC_ symbol→“电气工程”→“线圈,触点和保护电路”→“常开触点”,单击“确定”按钮。

符号附着在光标上,选择需要放置符号的位置,单击弹出“属性(元件):常规设备”对话框,单击“显示设备标识符”后的“…”按钮,选择“=MCC+G1-10KM3”,单击“确定”按钮,回到“属性(元件):常规设备”对话框,单击“确定”按钮,完成接触器辅助触点的放置。

插入“主电机运行指示”路径功能文本。

完成的主电机运行指示回路如图 5-16 所示。

5. 绘制“单车自锁”控制回路

选择“插入”→“符号”菜单项,弹出“符号选择”对话框,选择“多线 IEC 符号”→IEC_ symbol→“电气工程”→“线圈,触点和保护电路”→“线圈”,选择“机电驱动装置,常规继电器线圈”,单击“确定”按钮。

符号附着在光标上,选择需要放置符号的位置,单击弹出“属性(元件):常规设备”对话框,单击“显示设备标识符”后的“…”按钮,选择“=MCC+G1-10KM3”,单击“确定”按钮,回

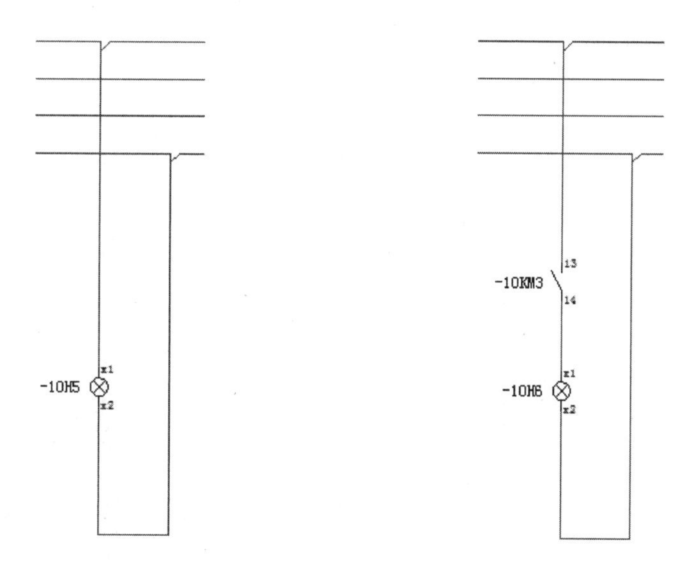

图 5-15　电源指示回路　　　　图 5-16　主电机运行指示回路

到“属性(元件)：常规设备”对话框，单击“确定”按钮，完成接触器线圈的放置。

插入“主电机控制”路径功能文本。之前插入“－10KM3”三种主触点的位于路径上的触点，影像显示在图纸上，如图 5-17 所示。

通过“连接节点”把接触器线圈的上口“－10KM3：A1”连接到 L1，把接触器线圈的下口“－10KM3：A2”连接到 N，如图 5-18 所示。

图 5-17　接触器线圈和位于路径位置的触点映像　　　　图 5-18　主电机接触器控制回路

在主电机接触器线圈回路上方插入用于启动的“常开”按钮和停止的“常闭”按钮。

选择“插入”→“符号”菜单项，弹出“符号选择”对话框，选择“多线 IEC 符号”→IEC_ symbol→“电气工程”→“传感器，开关和按钮”→“按钮常开触点，按压操作”，单击“确定”按钮。

符号附着在光标上，选择需要放置符号的位置，单击弹出“属性(元件)：常规设备”对话框，单击“确定”按钮，完成启动按钮的放置。

按 Esc 键退出“常开”按钮放置。选择“插入”→“符号”菜单项，弹出“符号选择”对话框，选择“多线 IEC 符号”→IEC_ symbol→“电气工程”→“传感器，开关和按钮”→“按钮常闭触点，按压操作”，单击“确定”按钮。

符号附着在光标上，选择需要放置符号的位置，单击弹出“属性(元件)：常规设备”对话框，单击“确定”按钮，完成停止按钮的放置。

完成后的图纸如图 5-19 所示。

6. 绘制启动连锁按钮

需要为“－S1”按钮并联一个主电机接触器辅助触点，才可以在启动按钮按下且“－10KM3”线圈带电，在“－10S7”断开后保持“－10KM3”接通。

选择“插入”→“符号”菜单项，弹出“符号选择”对话框，选择“多线 IEC 符号”→IEC_ symbol→“电气工程”→“线圈，触点和保护电路”→“常开触点”，单击“确定”按钮。

符号附着在光标上，选择需要放置符号的位置，单击弹出“属性(元件)：常规设备”对话框，单击“显示设备标识符”后的“…”按钮，选择“＝MCC＋G1－KM1”，单击“确定”按钮，回到“属性(元件)：常规设备”对话框。

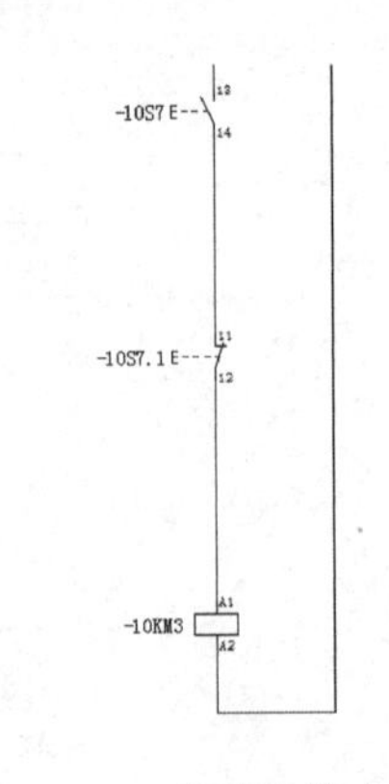

图 5－19　启动和停止按钮

修改连接点代号为“23¶24”，单击“确定”按钮，完成接触器辅助触点放置。使用连接节点，并联“＝MCC＋G1－KM1”和“－10S7”。绘制完成的马达回路如图 5－20 所示。

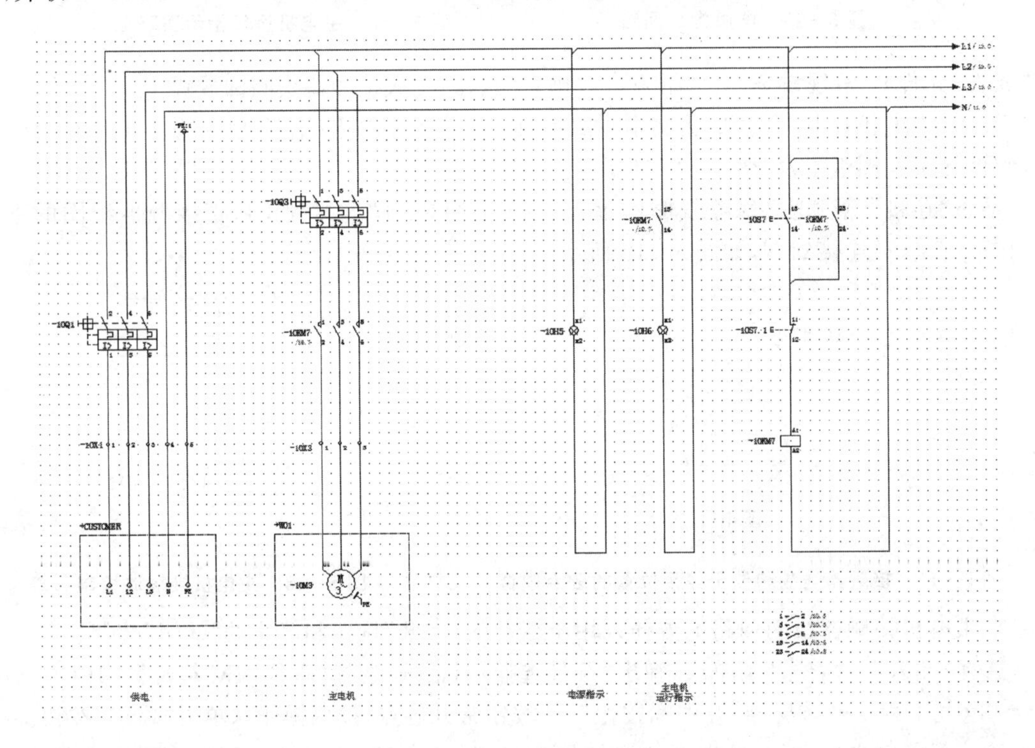

图 5－20　完成的电机回路

7. 设置设备标识符命名规则

为项目设置设备标识符在线命名规则。即插入新的符号以及剪切或者复制宏时部件设备标识符的命名原则。

选择“选项”→“设置”菜单项，弹出“设置”对话框。选择“项目”→“项目名称”→“设备”→“编号(在线)”选项。

在“在插入符号时”选项卡下，“编号格式”选项选择“页＋标识字母＋列”。在“插入和复制宏时”选项卡下，“编号格式”选项选择“页+标识字母+列”。修改好的在线“编号格式”如图 5－21 所示。

注意：

- 不同的行业或者企业有不同的编号格式，其中“页+标识字母+列”是企业中使用比较多的编号格式。
- 本书提供的例程从本章开始将使用“页+标识字母+列”命名方式。

单击“确定”按钮，完成编号(在线)的设置。

可以测试一下修改后的编号格式。

选中图中的“－10S7”，按 Ctrl+C 键进行复制，按 Ctrl+V 键后，符号附着在光标上，选择需要放置符号的位置，单击，新放置的部件设备标识符为“－10S8”，该标识符名称很容易在第 10 页图的第 8 列位置找到“－10S8”，如图 5－22 所示。

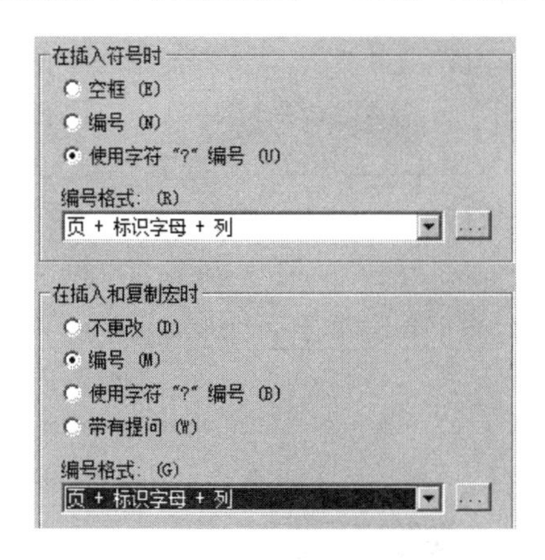

图 5－21　在线编号格式

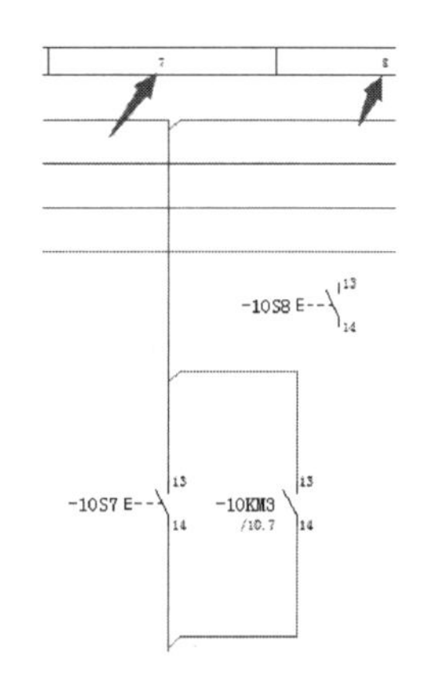

图 5－22　使用新编号格式

删除“－10S8”完成编号格式测试。

8. 重新编号

EPLAN 支持按照新的编号格式重新进行编号功能，相关参数可以在“编号(离线)”内进行设置。

选择“选项”→“设置”菜单项，弹出“设置”对话框。选择“项目”→“项目名称”→“设备”→“编号(离线)”选项，在“配置”下拉列表框选择“页 标识字母 列”，选用默认设置，单击“确定”按钮，完成“编号(离线)”设置，如图 5－23 所示。

在开始编号时，首先要选择编号范围，可以在页导航器、设备导航器或图形编辑器中给设备编号。在此选择项目 CHP05。

选择“项目选项”→“设备”→“编号”菜单项，如图 5－24 所示。

弹出“编号(离线)”对话框，如图 5－25 所示。

单击“确定”按钮，弹出“编号(离线)：结果预览”对话框，如图 5－26 所示。

单击“确定”按钮，完成“离线(编号)”工作，之前命名的“－10KM3”由于主功能部件“线圈”位于 10 页的 7 列位置，因此被系统离线编号修改为“－10KM7”，其对应的“主触点”和“辅助触点”名称也自动做了相应的改变，如图 5－27 所示。

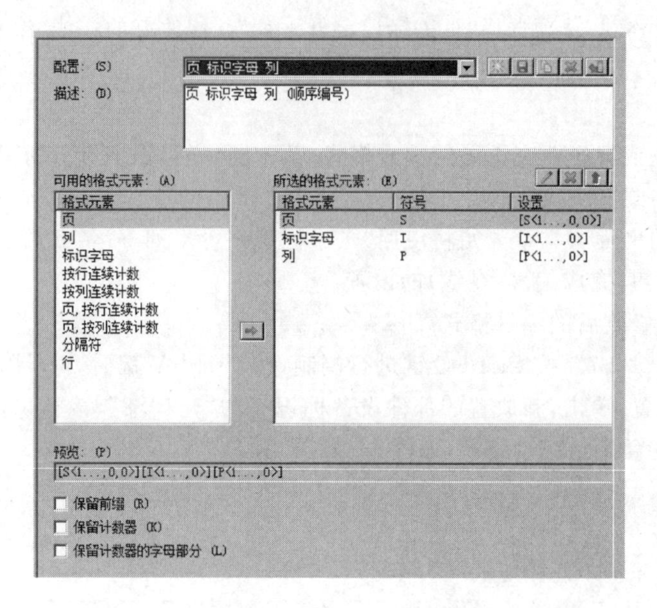

图 5-23　离线编号配置

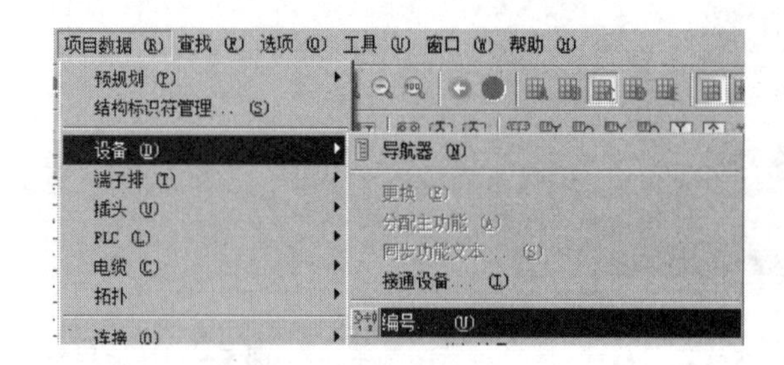

图 5-24　设备编号菜单栏

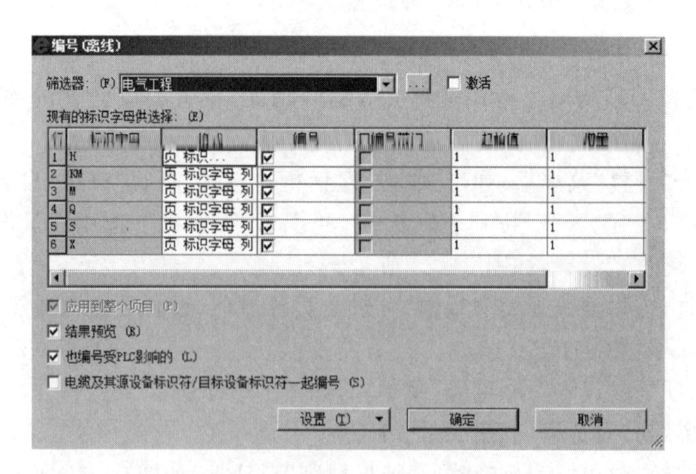

图 5-25　“编号(离线)”对话框

9. 绘制传动电机回路

修改新建的11页属性为“电机回路2”。在新建的11页上插入3PN宏。双击“页”导航器的11页进行编辑。

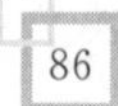

编号(离线):结果预览

行	错误	名称(标识性)	连接点代号(...	新的设备标识符	功能文本(自动)	放置
1		=MCC+G1-10H5	x1;x2	10H5		=MCC+G1/10.5
2		=MCC+G1-10H6	x1;x2	10H6		=MCC+G1/10.6
3		=MCC+G1-10KM3	A1;A2	10KM7		=MCC+G1/10.7
4		=MCC+G1-10KM3	1;2	10KM7		=MCC+G1/10.3
5		=MCC+G1-10KM3	3;4	10KM7		=MCC+G1/10.3
6		=MCC+G1-10KM3	5;6	10KM7		=MCC+G1/10.3
7		=MCC+G1-10KM3	13;14	10KM7		=MCC+G1/10.6
8		=MCC+G1-10KM3	13;14	10KM7		=MCC+G1/10.8
9		=MCC+W01-10M3	U1;V1;W1;PE	10M3		=MCC+G1/10.3
10		=MCC+G1-10Q1	2;1;4;3;6;5	10Q1	供电	=MCC+G1/10.1
11		=MCC+G1-10Q3	1;2;3;4;5;6	10Q3		=MCC+G1/10.3
12		=MCC+G1-10S7	13;14	10S7		=MCC+G1/10.7
13		=MCC+G1-10S7.1	11;12	10S7.1		=MCC+G1/10.7
14		=MCC+G1-10X1:1		10X1	供电	=MCC+G1/10.1
15		=MCC+G1-10X3:1		10X3		=MCC+G1/10.3
16		=MCC+G1-10X1:2		10X1	供电	=MCC+G1/10.1
17		=MCC+G1-10X1:3		10X1	供电	=MCC+G1/10.1
18		=MCC+G1-10X1:4		10X1	供电	=MCC+G1/10.1
19		=MCC+G1-10X1:5		10X1	供电	=MCC+G1/10.1
20		=MCC+G1-10X3:2		10X3		=MCC+G1/10.3
21		=MCC+G1-10X3:3		10X3		=MCC+G1/10.3
22		=MCC+G1-10X3:4		10X3		=MCC+G1/10.4

消息描述: (M)

确定　取消

图 5－26　“编号(离线):结果预览”对话框

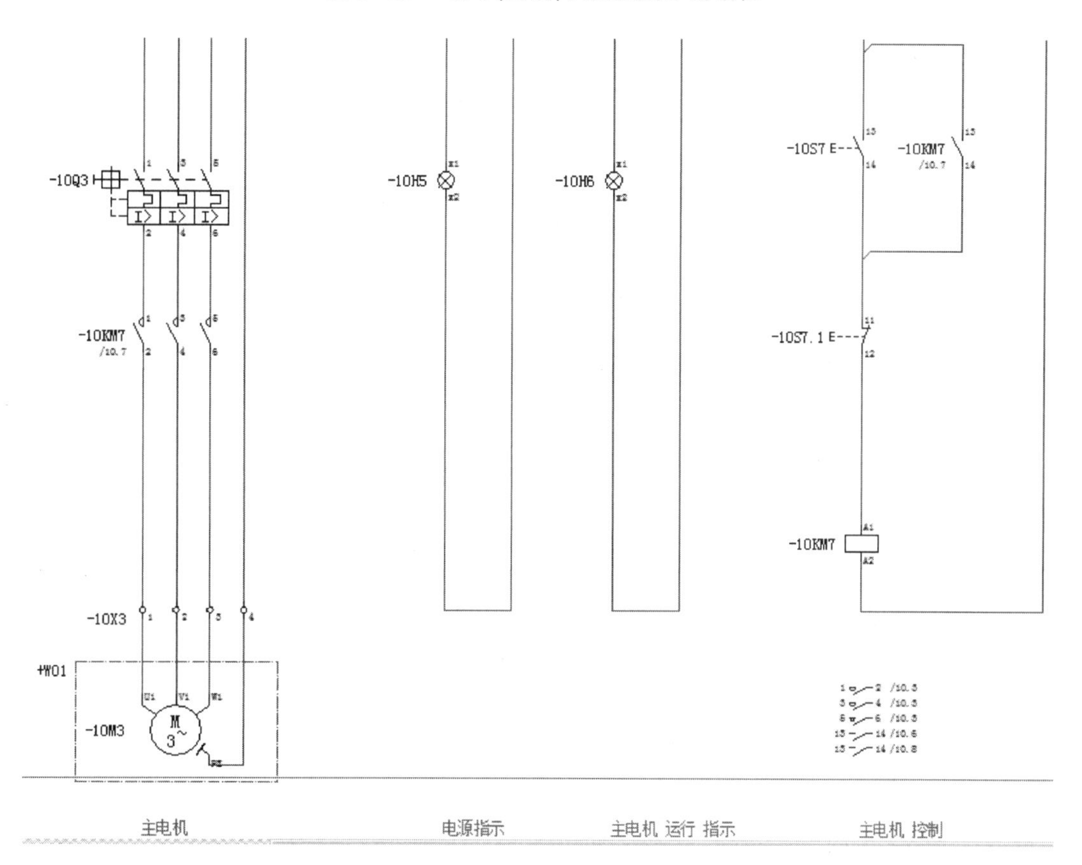

图 5－27　离线编号结果

选择“插入”→“窗口宏”菜单项，弹出“选择宏”对话框，选择刚才保存 3PN 宏的文件夹，单击 3PN 后，右侧预览选项选中后，预览窗口会出现 3PN 预览图纸。

单击“打开”按钮，3PN 图形附着在光标上，选择需要放置符号的位置，单击放置，放置后如图 5－28 所示。

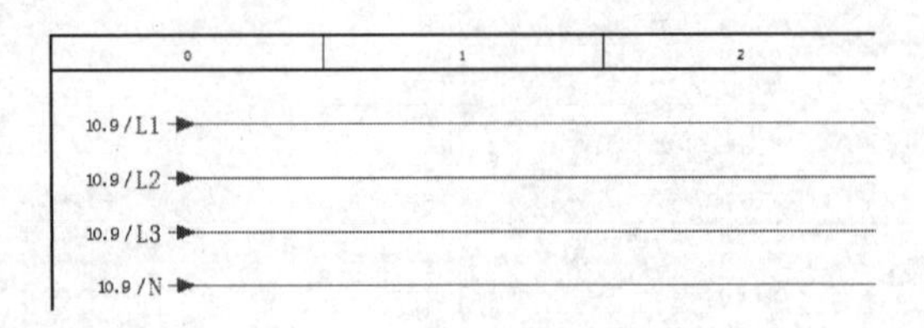

图 5－28　传动电机动力线

10. 绘制电机窗口宏

双击“页”导航器中的 10 页，回到主电机回路中。

选择对象：鼠标圈选希望保存为“电机宏”的对象，如图 5－29 所示。

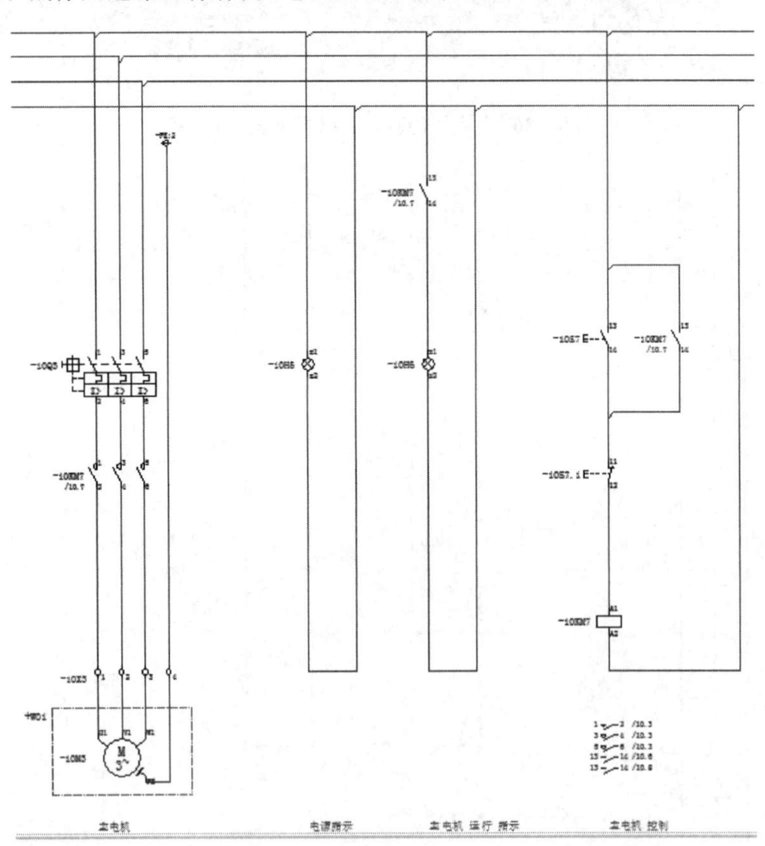

图 5－29　电机宏选择范围

创建宏：选择“编辑”→“创建窗口宏”（或者按 Ctrl＋F5 键）菜单项，弹出“另存为”对话框，单击“文件名”后的“…”按钮，选择文件位置为 CHP05，文件名为 Motor，后缀为“窗口宏 ema”，单击“保存”按钮，回到“另存为”对话框，填写描述信息为“3 相电机”，如图 5－8 所示。

11. 插入传动电机回路

双击“页”导航器中的 11 页，选择“插入”→“窗口宏”菜单项，弹出“选择宏”对话框，选择刚才保存 Motor 宏的文件夹，单击 Motor 后，右侧预览选项选中后，预览窗口会出现 Motor 预览图纸，单击“打开”按钮，Motor 图形附着在光标上，选择需要放置符号的位置，单击放置，修改回路路径文本为“传动电机”，放置后如图 5－30 所示。

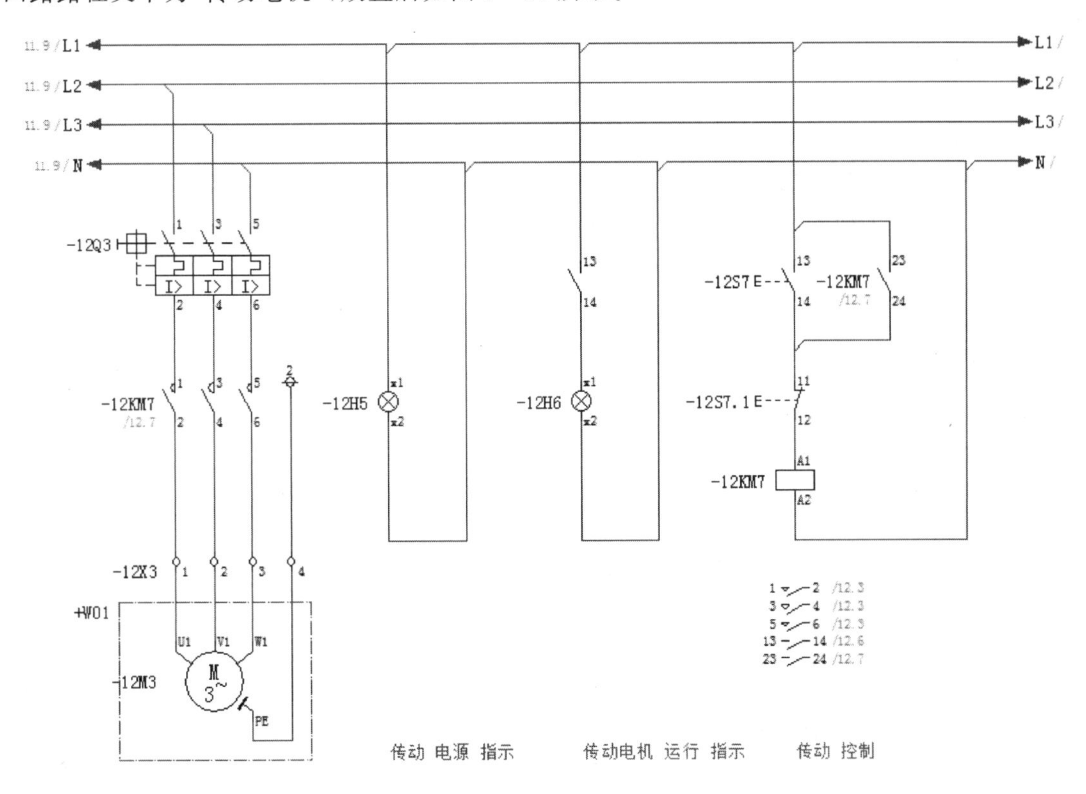

图 5－30　传动电机控制回路

注意：

- GB5226.1 要求设计控制回路时，如果控制回路由交流电源供电，则应使用变压器供电，并且这些变压器应有独立的绕组。
- GB5226.1 提到用单一电动机启/停器和不超过两只控制器（如连锁装置、启/停控制台）的机械，不强制使用变压器。

第 6 章　基于部件的设计(一)

6.1　学习目标

本章学习目标如下：

通过 6.2 节认识电气设计的两个阶段，辨析“符号”、“元件”、“部件”和“设备”几个容易混淆的概念，并了解如何配置“设备”的显示内容。

通过 6.2 节的绘图实例进行基于部件的设计。

6.2　实例教学

6.2.1　设计的两个阶段

EPLAN 在电气设计方面根据设计的深度分为两个层次：

- 基于符号的设计；
- 基于部件的设计。

前 5 章内容的讲述，关注的全部内容是电气系统的功能，通过符号或者黑盒搭建电气系统。在一些只需要做概要设计的阶段，如设计院做规划或者系统招标，不允许部件上图，往往在图纸设计的这个设计阶段就完成了。

在生产设计阶段，就有更具体的细节需要完善，如部件的选项、导线线径和颜色的定义、电缆定义和安装板的布局等。

基于部件的设计主要分以下两方面工作：

- 部件库的建设：
  - EPLAN 软件提供了初始部件库供用户使用。
  - EPLAN 为购买服务的用户提供 Data Portal 接口，可访问 EPLAN 官方部件库。
  - EPLAN 为用户提供维护部件库、新建、导入/导出部件方法，可以由用户建设并维护。
- 正确的部件选型：根据电气设计的需要，为从部件库中选择正确的电气元件型号赋予电气原理图中的符号。

注意：部件选型需要正确的电气设计知识，本教程会在例程中讲授遇到的一些基本电气设计常识和工程师经常混淆的一些概念以及容易被忽略的 IEC 标准方面的知识。

6.2.2　部　件

以下几个概念的解释有助于了解 EPLAN 基于部件的设计理念。

部件(Part)：在 EPLAN 中是某个电气或者液压产品的信息集合，包括厂家、型号、价格安装尺寸和技术参数等。

部件库：EPLAN 用于保存部件信息数据库。在 EPLAN 中支持 ACCESS 的数据库 SQL 的数据库。

主数据(Master Data)：安装软件时用户指定的一个路径，用于保存关于项目、计算机和设计的文件夹。在目录管理中用 $(EPLAN_DATA)代替具体的主数据位置。

部件库保存位置：部件库默认保存在“主数据”文件夹内，部件文件夹下公司名称的文件夹内。如 $(EPLAN_DATA)\部件\Company Name，也可通过部件管理指定用户的部件库位置。

符号(Symbol)：元器件简化的图形，专业机构(如 IEC)规范了符号的形状，如 IEC 81346 和 GBT 5094。

元件(Component)：在 EPLAN 中，在原理图上的符号叫做元件。符号只能存在于符号库中。

设备(Device)：原理图上被分配了部件的元件，即符号放置在原理图上后代表了某种电气方面的功能设备，但是还没有具体的电气设备型号。当设计者从部件库选择部件赋予这个符号后，便形成了设备。

6.2.3　部件库

查看当前部件库

选择“选项”→“设置”菜单项，弹出“设置”对话框，选择“用户”→“管理”→“部件管理”，显示“部件管理”对话框，如图 6-1 所示。

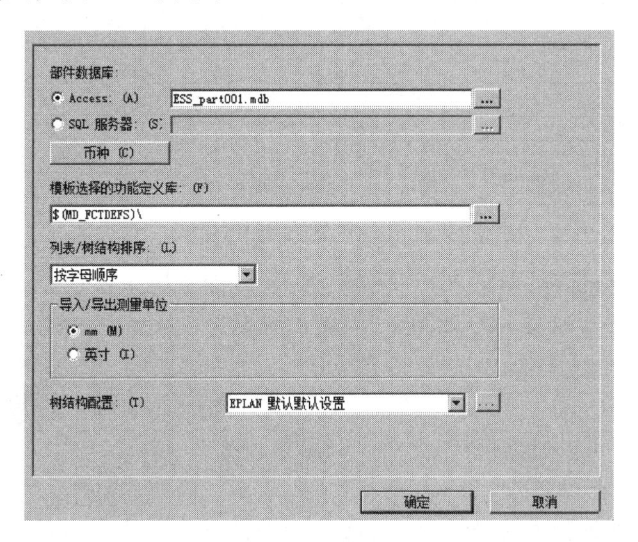

图 6-1　部件库管理

在“部件数据库”有 Access 和 SQL 服务器两种数据库供用户选择，可以选择 Access 数据库文件或者配置 SQL 服务器进行部件数据库设置，此处保留默认设置 ESS_part001.mdb。

单击 Access 文本框后的“…”按钮，可以查看当前 ESS_part001.mdb 的保存位置。单击

"取消"按钮，退出部件库编辑状态。

6.2.4 简单部件设计

主电机功率为 7.5 kW，要为其电机保护开关"－10Q3"选择电机保护开关，穆勒样本中 PKZM0 系列针对 7.5 kW 保护开关型号为"PKZM0－16"，其产品订货号为"046938"。

复制项目 CHP05 到 CHP06 文件夹，命名项目为 CHP06，打开项目 CHP06。

在"页"导航器中，双击"＝MCC＋G1/10"页，打开"10"页，双击"－10Q3"，弹出"属性(元件)：常规设备"对话框，选择"部件"标签，如图 6－2 所示。

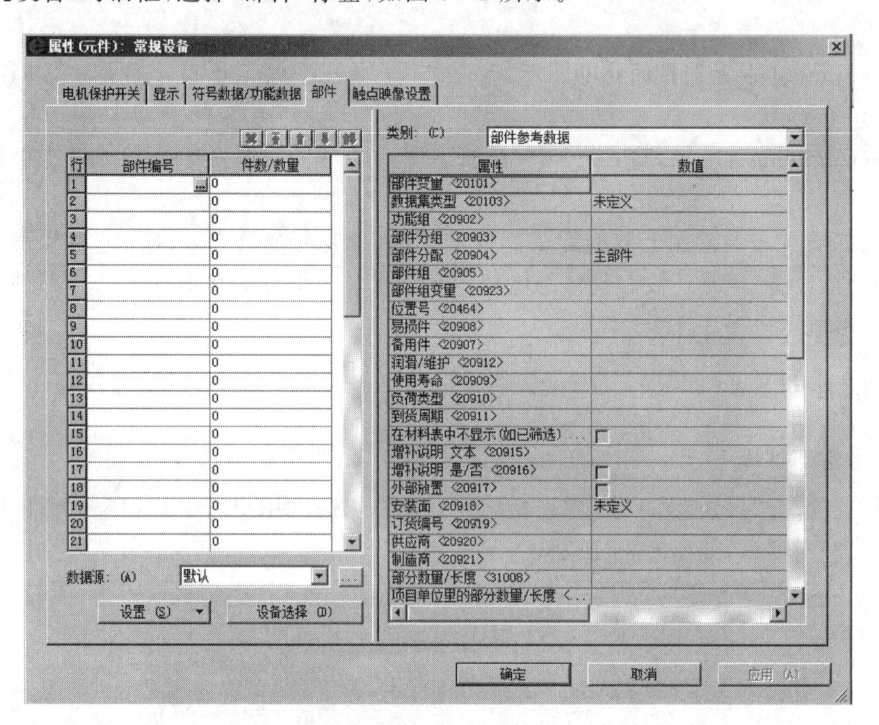

图 6－2 元件部件属性

单击"部件编号"第一行，文本框内出现"…"按钮，单击"…"按钮，弹出"部件选择"对话框，选择"电气工程"→"零部件"→"安全设备"，单击 MOE.046938，图形预览窗口出现 PKZM0－16 的预览图，如图 6－3 所示。

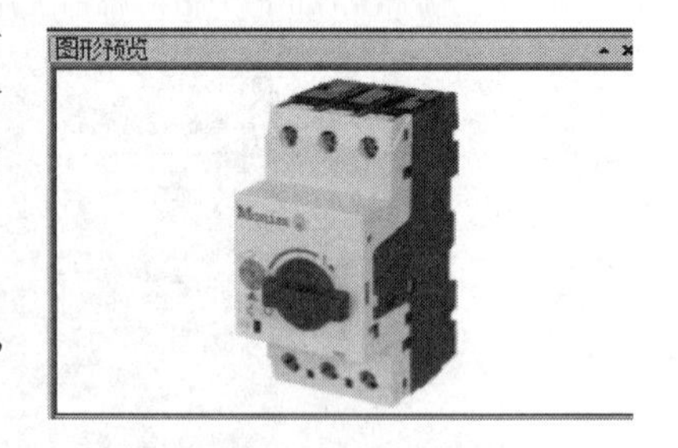

图 6－3 图形预览

注意：

- 图形预览窗口可以通过选择"视图"→"图形预览"进行显示和隐藏的操作。
- 不是所有的部件都有预览的图片，这取决于是否为该部件编辑并保存部件预览图片。

选择"MOE.046938(电机保护开关)"，如图 6－4 所示。

单击"确定"按钮回到对话框，在左侧表格显示完成选择的部件编号和数量，右侧表格显示该部件属性信息，并可通过"类别"下拉菜单对两类属性("部件数据"和"部件参考数据")进行

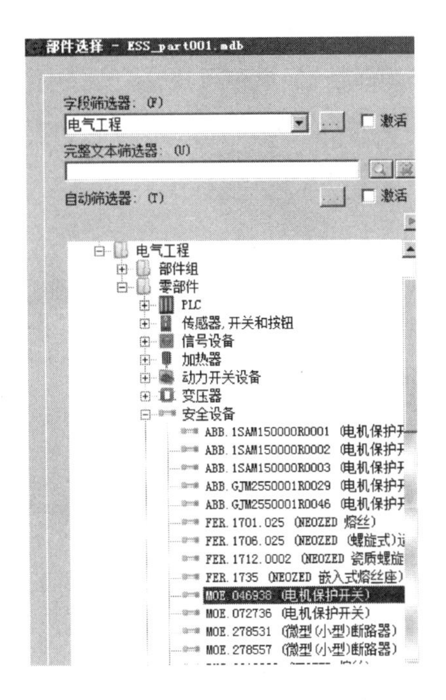

图 6-4　选择电机保护开关

切换显示，如图 6-5 所示。

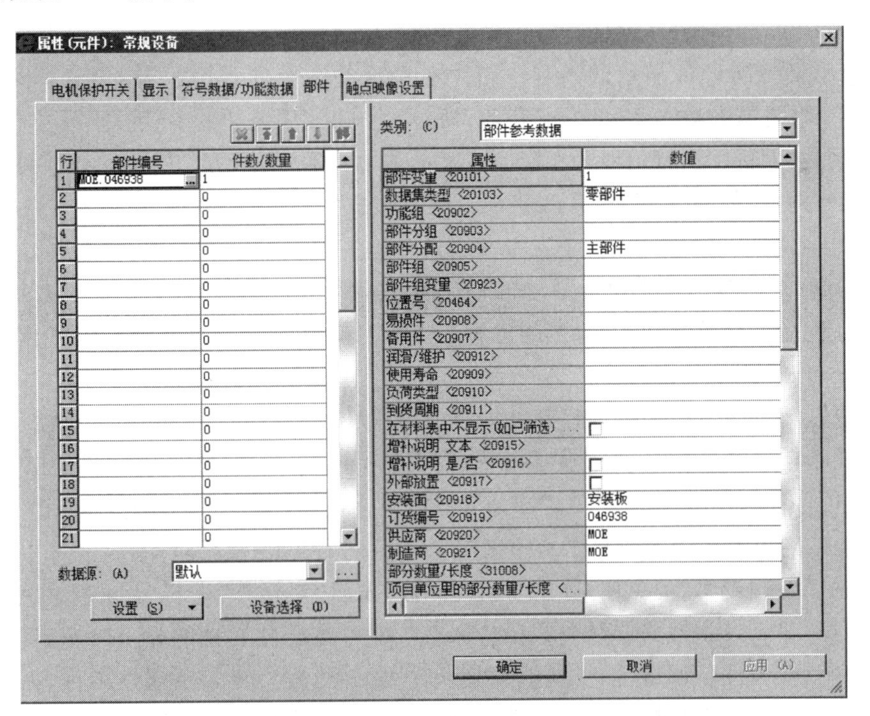

图 6-5　完成部件选择的属性对话框

单击“确定”按钮，完成对“电机保护开关”的部件设计，如图 6-6 所示。

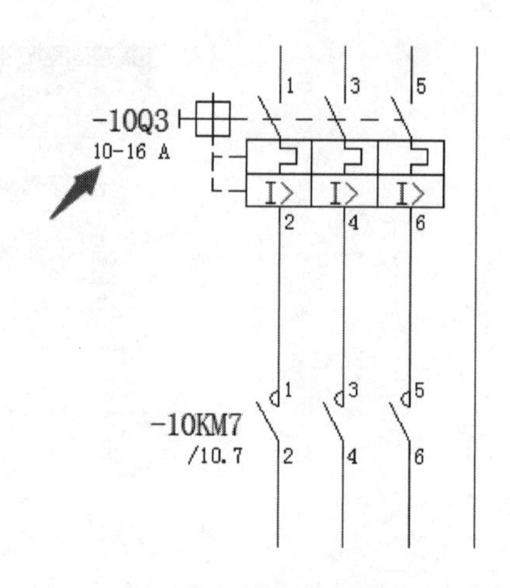

图 6-6　完成部件设计的电机保护开关

注意:

- 对比部件设计前的元件,在设备标识符下方出现了“10—16 A”小号黑色文字。
- 图纸外观变化不大,但是图纸信息有了巨大增加。
- “－10Q3”的符号经过部件设计,已经和部件库数据库的“MOE. 046938(电机保护开关)”部件信息进行了关联,所有该部件的信息目前已经变成图纸信息的一部分。
- 经过部件设计,可以在图纸、报表和表格上显示或者汇总部件众多信息的一条或者全部的信息。

6.2.5　属性编号显示

可以通过实例体验配置 EPLAN“设备”属性编号的显示。

注意: 如前文描述,EPLAN 的设备是“符号库”中的“符号”放到图纸上变成了“元件”,为该“元件”关联“部件库”的“部件”后成为“设备”。

双击“－10Q3”,弹出“属性(元件): 常规设备”对话框,选择“显示”标签,在“显示”标签下文本框中列出了当前设备显示的内容。因为在显示的 8 个内容中只有“设备标识符(显示)＜20010＞”和“技术参数＜20027＞”有值,所以在图纸中“电机保护开关”符号右侧显示的“－10Q3”就是“设备标识符(显示)＜20010＞”的显示内容,而下方的“10－16 A”则为“技术参数＜20027＞”的值,如图 6-7 所示。

注意:

- 在“属性(元件): 常规设备”对话框的“属性排列”的“设备标识符(显示)”前有一个小的红色箭头符号“⇣”,该符号的意思是该显示属性的“方向”、“角度”和“位置”是可以设置和调整的。
- 其他显示属性不经设置,如“方向”、“角度”和“位置”是不能设置和调整的。
- 如果希望修改其他属性的显示设置,需要选择希望修改的目标属性,单击“取消固定”按钮▣,其属性前方显示“⇣”符号后方可调整该属性的“方向”、“角度”和“位置”。
- 属性后的属性编号如何显示和隐藏呢?

选择“选项”→“设置”菜单项,弹出“设置: 用户界面”对话框,选择“用户”→“显示”→“用户界面”,选择“显示表示性的编号”和“在名称后”,即可在配置属性的显示时看到该属性的编号,其编号显示在属性名称后,如果期望先显示属性编号,之后再显示属性名称,去掉“在名称后”的选择即可。也可以去掉“显示标识性的编号”禁止编号的显示,如图 6-8 所示。

编者建议,由于 EPLAN 属性非常多,有时描述不恰当或者难以理解和记忆,又或翻译的描述不恰当,很难找到目标属性,此时属性编号就起到非常关键的作用,建议选中编号显示的设置选项。

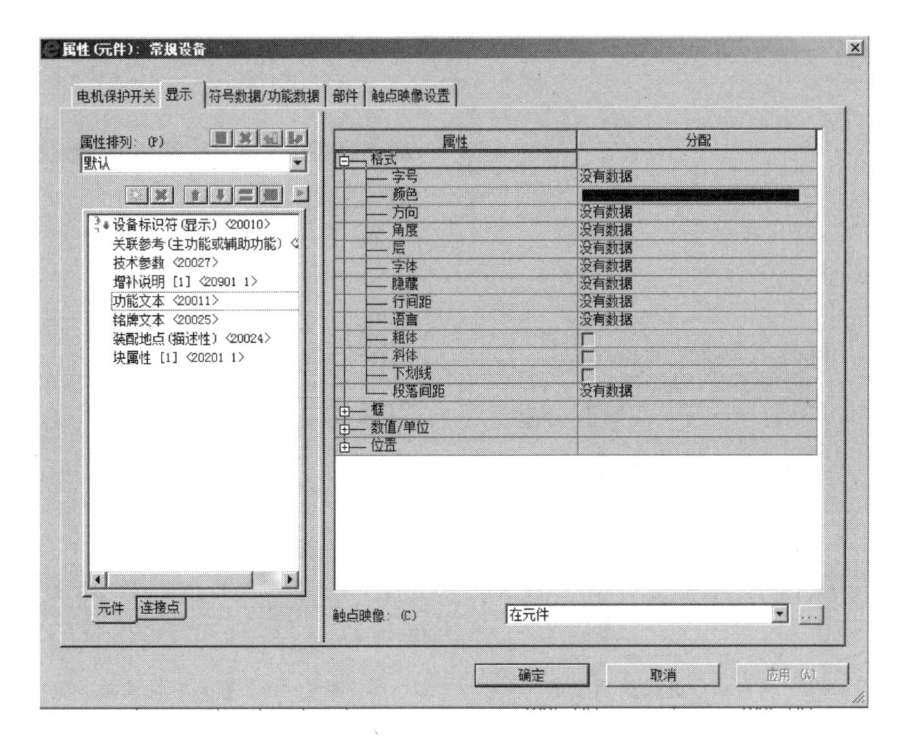

图 6-7　显示属性对话框

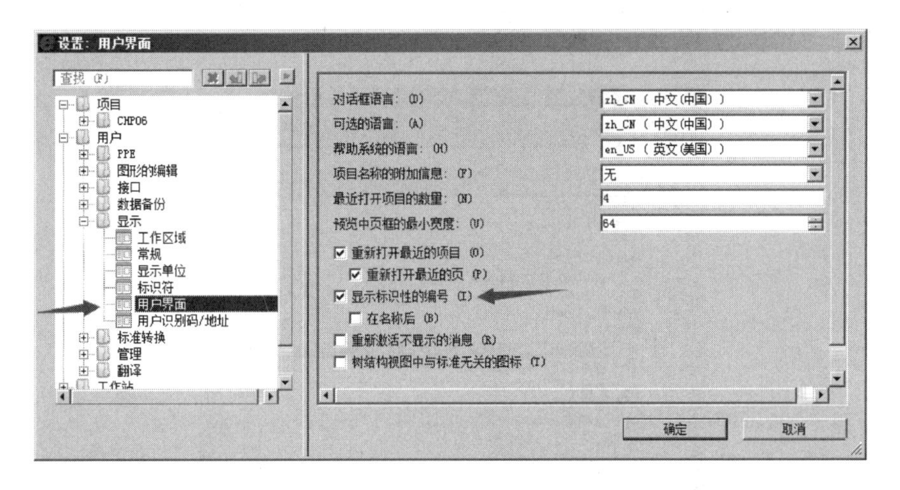

图 6-8　属性编号显示设置

6.2.6　增加显示属性

通过实例体验配置 EPLAN“设备”的显示，在图纸显示该设备的“制造商”和“型号”。

双击“-10Q3”，弹出“属性(元件)：常规设备”对话框，选择“显示”标签，在“显示”标签下文本框中列出了当前设备显示的内容，如图 6-9 所示。

单击“新建”按钮( )增加期望显示的设备属性，弹出“属性选择”对话框，如图 6-10 所示。

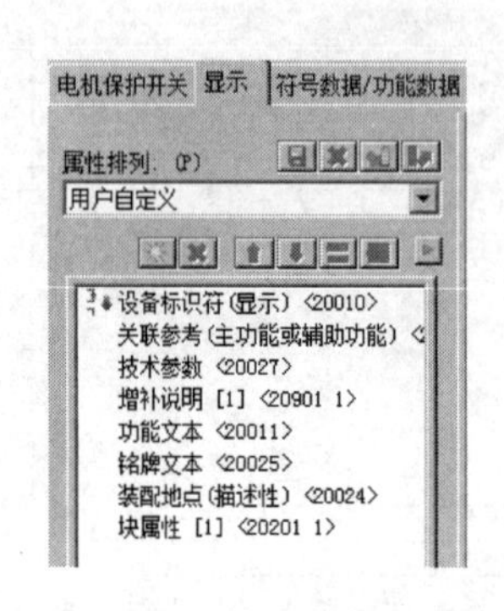

图 6-9　电机保护开关属性显示

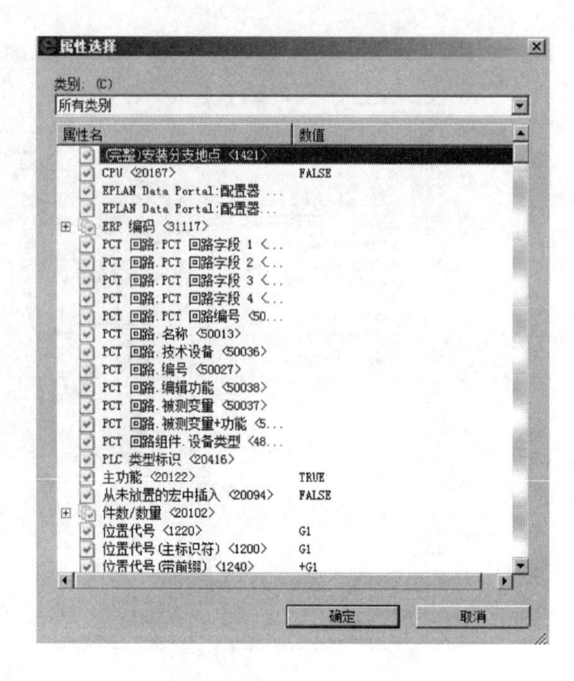

图 6-10　显示属性清单

在属性清单中，有大量的设备属性，除了可以逐条检查来选择显示属性，还可以在“类别”下拉菜单比较小的范围内选择属性。“制造商”的属性是部件库部件的信息，通过“类别”下拉菜单选择“部件”选项，双击“制造商”，如图 6-11 所示。

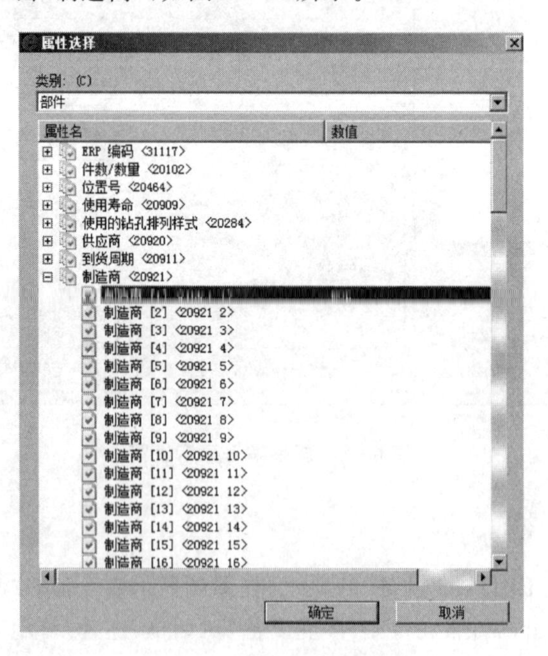

图 6-11　制造商属性

选择“制造商[1] < 20921 1 >”，单击“确定”按钮，回到“属性(元件)：常规设备”对话框，“属性排列”文本框中增加了“制造商[1] < 20921 1 >”的内容，如图 6-12 所示。

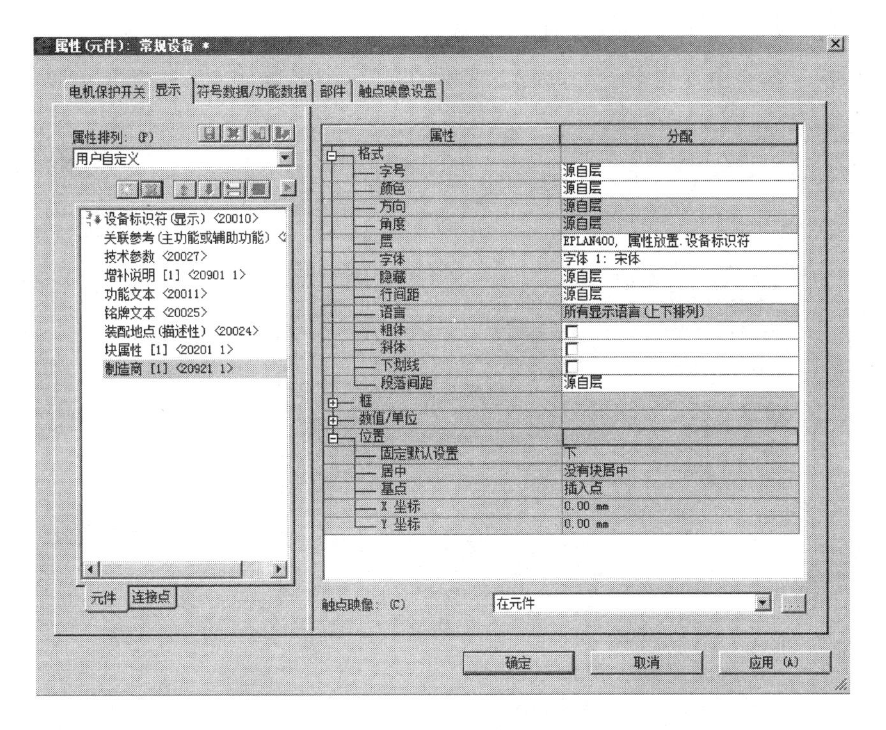

图 6 - 12　增加制造商显示

单击“新建”按钮(　),增加进行“设备型号”的操作,弹出“属性选择”对话框,如图 6 - 10 所示。

“型号”在 EPLAN 部件属性中的名称是“类型编号”,是部件库部件的信息,通过“类别”下拉菜单选择“部件”,双击“部件类型标识＜20200＞”,选择“部件类型标识[1]＜20200 1＞”,如图 6 - 13 所示。

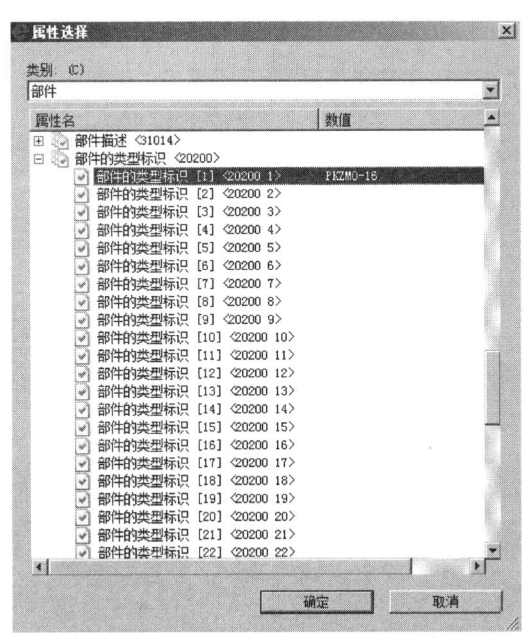

图 6 - 13　类型标识属性选择

单击“确定”按钮，回到“属性(元件)：常规设备”对话框，在“显示”标签下，“部件类型的标识[1]＜20200　1＞”出现在“属性排列”文本框的最后一列，如图 6－14 所示。

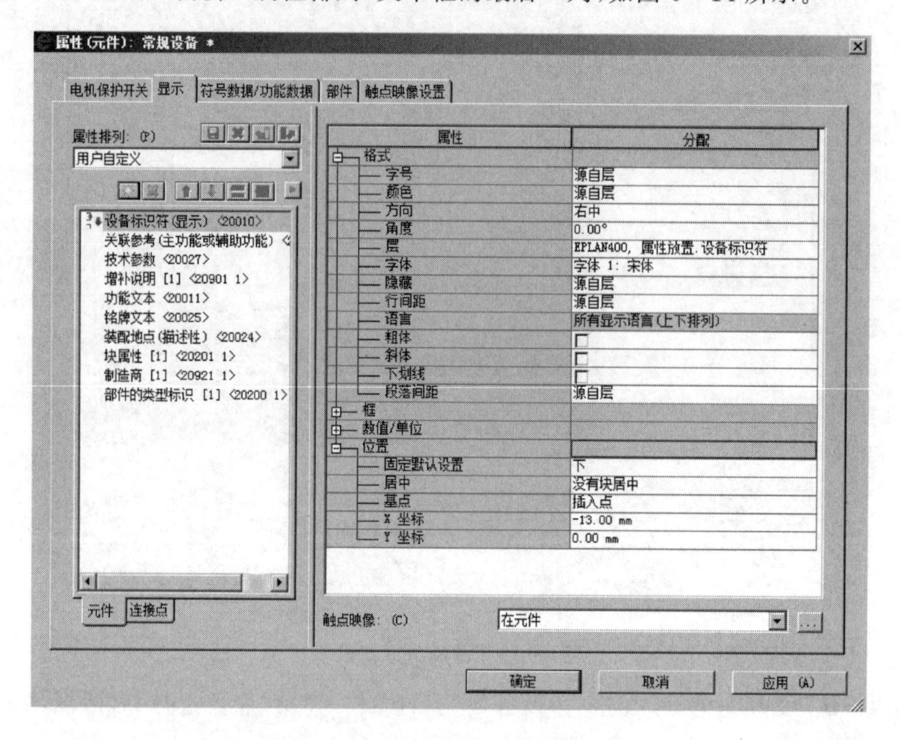

图 6－14　类型标识显示属性设置

单击“确定”按钮，回到图纸页面，可见“－10Q3”设备显示的内容，其制造商和型号的信息显示在图纸上，如图 6－15 所示。

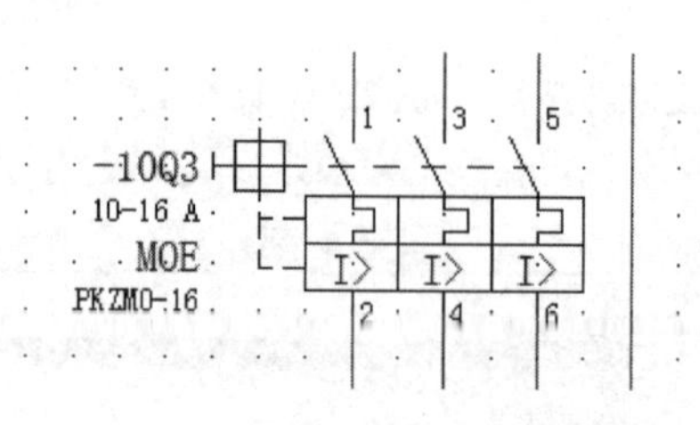

图 6－15　包含制造商和型号的设备图纸

6.2.7　调整显示信息

参考以下实例，学习调整“制造商”显示信息到“设备标识符(显示)”上方，并调整字体颜色为黑色。

双击“－10Q3”，弹出“属性(元件)：常规设备”对话框，选择“显示”标签，在“显示”标签下文本框中列出了当前设备显示的内容，如图 6－14 所示。

在“属性排列”文本框内单击选择“制造商”，在“属性排列”工具栏内单击“向上按钮”，“制造商”向上移动一行，多次单击直到“制造商”文本移动到“设备标识符(显示)”上方。完成属性顺序的调整，如图 6－16 所示。

图 6－16　调整制造商显示顺序

注意：

- 经过顺序调整，“制造商”属性调整到了全部显示属性的最上方。
- 调整之前“制造商”属性前没有“⁝↓”标识，其方向、角度和位置不可调整，其显示信息的位置是集成离其最近的“设备标识符(显示)”，按照顺序排列在“设备标识符(显示)”下方。
- 当“制造商”被移动到第一行的位置时，其显示的位置信息无法继承(EPLAN 软件编写应该是未标识“固定”的文本，默认顺序排在离其最近的固定文本下方)，因此在“制造商”超越“设备标识符(显示)”后，其显示文本位置的标识由“跟随”(没有固定符号)变更为有固定符号“⁝↓”，其显示“角度”和“方向”属性由不可更改的灰色变更为可以修改的表格，值分别为“源自层”和“源自层”，如图 6－17 所示。

其“位置”内“固定默认设置”、“居中”、“基点”、“X 坐标”和“Y 坐标”文本框都是变为可编辑状态，其值分别为“下”、“没有块居中”、“插入点”、“0.00 mm”和“0.00 mm”，如图 6－18 所示。

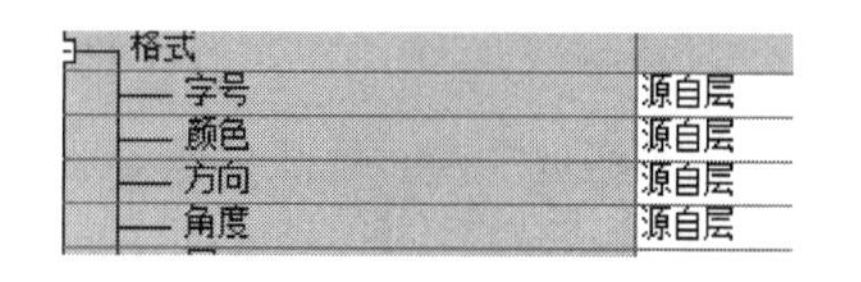

图 6－17　方向角度值

单击“确定”按钮后，可以看到制造商信息 MOE 移动到“设备标识符(显示)”右上方，其他显示信息在“设备标识符(显示)”下方顺序排列，如图 6－19 所示。

双击“－10Q3”，弹出“属性(元件)：常规设备”对话框，选择“显示”标签，在“显示”标签下文本框中列出了当前设备显示的内容。

位置	
固定默认设置	下
居中	没有块居中
基点	插入点
X 坐标	0.00 mm
Y 坐标	0.00 mm

图 6-18　位置值

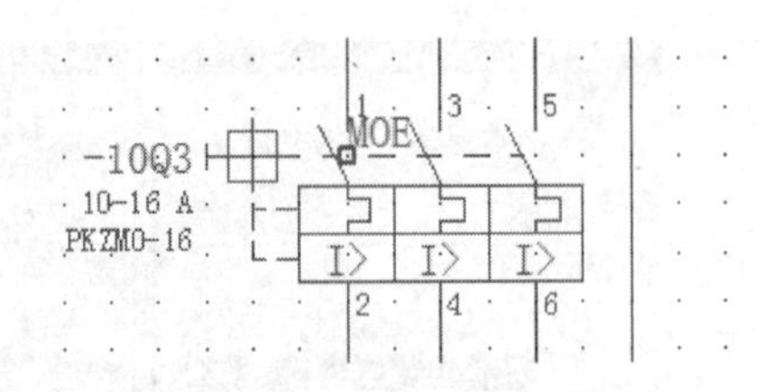

图 6-19　调整顺序后的制造商显示

在“属性排列”文本框内单击选择“设备标识符(显示)”，在“属性排列”工具栏内单击“固定”按钮(日)后，“设备标识符(显示)”前固定符号“⁝↓”消失，“设备标识符(显示)”的显示位置排在第一行的“制造商”位置。

在“属性排列”文本框内单击选择“制造商”，在右侧文本框中修改“方向”为“右中”，“位置”的“X 坐标为－13 mm”，其他参数不变，如图 6-20 所示。

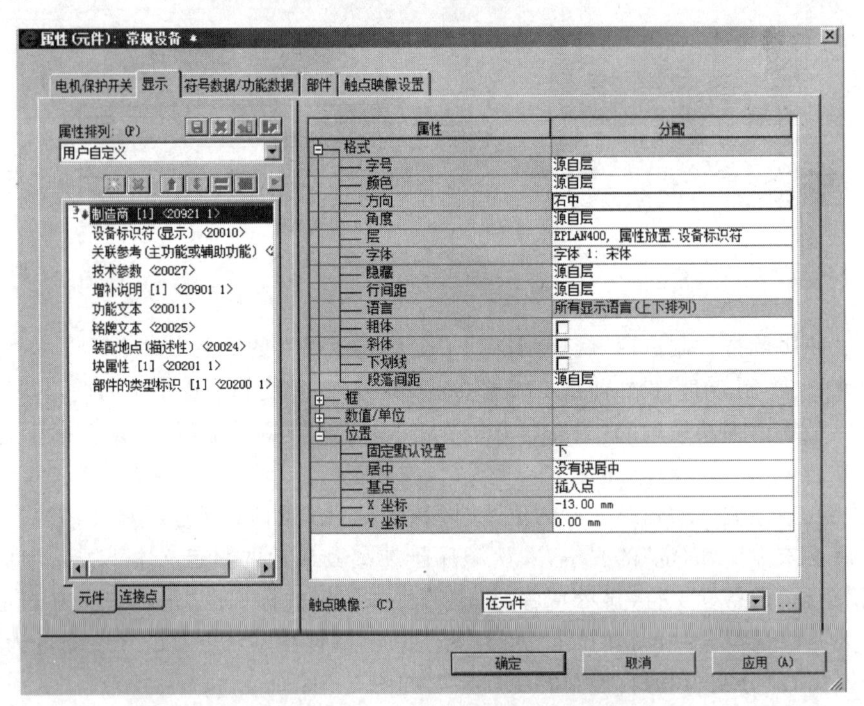

图 6-20　制造商属性位置参数

单击“确定”按钮，完成参数显示位置的设置，如图 6-21 所示。

双击“－10Q3”，弹出“属性(元件)：常规设备”对话框，选择“显示”标签，在“显示”标签下文本框中列出了当前设备显示的内容。

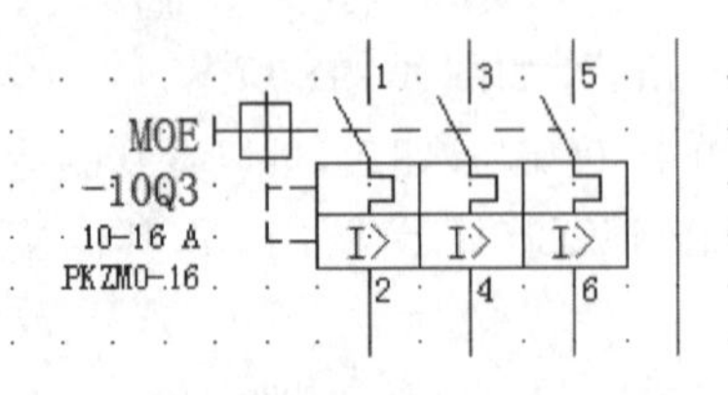

图 6-21　调整后的显示位置

在“属性排列”文本框内选择“制造商”，在右侧文本框中修改“颜色”属性为“黑色”，对比图 6-21，制造商 MOE 的颜色由蓝色调整为黑色，如图 6-22 所示。

单击“确定”按钮，完成“制造商”颜色显示属性的设置，如图 6-23 所示。

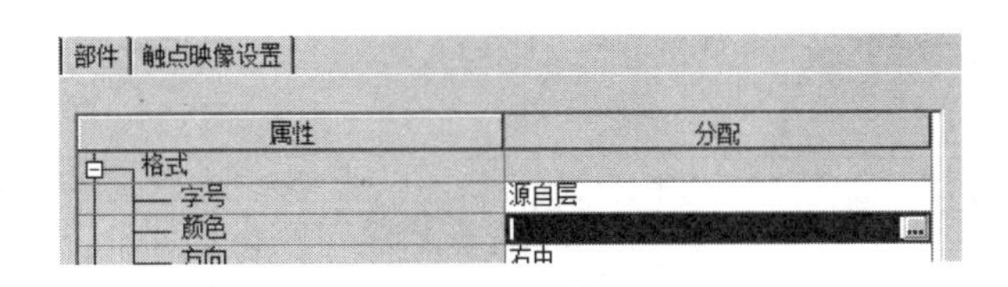

图 6-22 制造商显示颜色设置

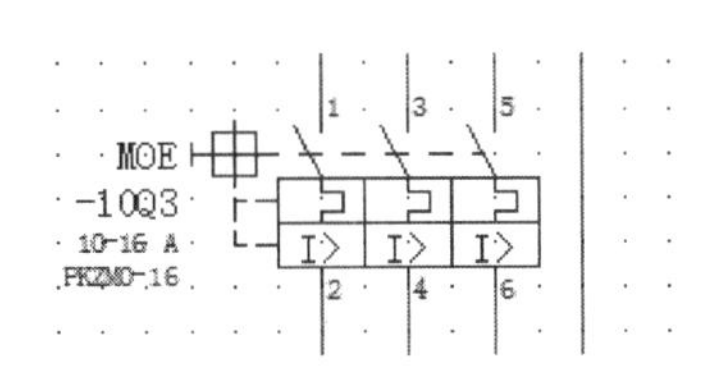

图 6-23 调整显示颜色

注意:所有显示信息的内容都可以设置,包括是否显示、显示位置、字体设置、颜色设置以及方向和位置等。读者可以在需要时参考本章节讲解的内容进行修改。

6.2.8 通过层调整显示内容

参考以下实例学习调整“制造商”显示信息到“设备标识符(显示)”上方,并调整字体颜色为黑色。

如果期望修改全部图纸的“制造商”颜色,有没有更高效的方法呢?

EPLAN 提供“层管理”概念,为我们快速修改图纸提供了高效的工具。

EPLAN 图纸上显示的内容根据类别归属于不同的图层,在本例中见到“制造商”颜色由“源自层”修改为“黑色”,通过这种方法修改了一个设备其中一个属性的显示特征。

如果修改全部图纸“制造商”属性的颜色,还有第二种方法。

双击“-10Q3”,弹出“属性(元件):常规设备”对话框,选择“显示”标签,在“显示”标签下文本框中列出了当前设备显示的内容。

在“属性排列”文本框内选择“制造商”,在右侧文本框中修改“颜色”属性为“源自层”。注意当前层的名称为“EPLAN400,属性放置.设备标识符”,如图 6-24 所示。

属性	分配
格式	
字号	源自层
颜色	源自层
方向	右中
角度	源自层
层	EPLAN400, 属性放置.设备标识符
字体	字体 1: 宋体

图 6-24 层信息

单击“确定”按钮,完成“颜色”属性的设置,回到图纸,“制造商”显示变为蓝色,这个蓝色实际上是“EPLAN400,属性放置.设备标识符”图层对本图层内显示内容的约定。

选择“选项”→“层管理”菜单项,弹出“层管理”对话框,选择“属性放置”,如图 6-25 所示。

单击 EPLAN400 颜色,显示“…”按钮,单击“…”按钮弹出“颜色”对话框,如图 6-26 所示。

层管理 CHP07

- 图形
- 符号图形
- 属性放置
- 特殊文本
- 3D 图形

行	层	描述	线型	式样长度	线宽	颜色	字号
1	EPLAN318	属性放置.线束连接点符号...		4.00 mm	0.25 mm		1.30 mm
2	EPLAN319	属性放置.(单线)功能的数量		4.00 mm	0.25 mm		1.30 mm
3	EPLAN400	属性放置.设备标识符		4.00 mm	0.35 mm		2.50 mm
4	EPLAN505	属性放置.设备标识符.流...		4.00 mm	0.35 mm		2.50 mm

图 6-25 EPLAN400 层属性

单击黑色色标，单击“确定”按钮完成颜色设置，如图 6-27 所示。

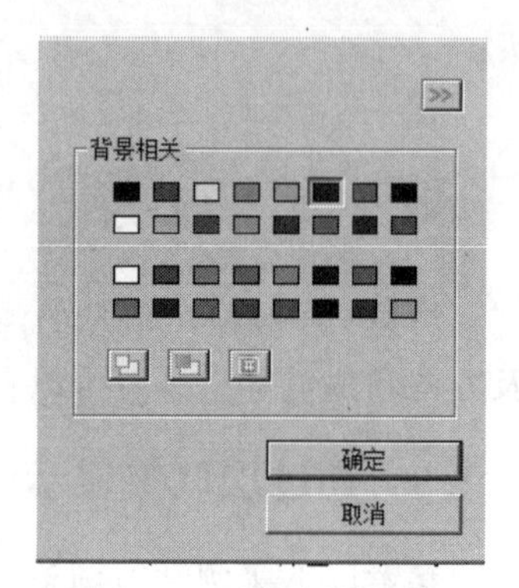

图 6-26 “颜色”对话框

单击“确定”按钮回到图纸，制造商文本的颜色已经被层的颜色设置所修改，如图 6-28 所示。

注意：

- 通过“层管理”可以修改“源自层”所有其他属性，如层内图形的“线型”、“线宽”、“式样长度”、“颜色”、“字号”、“方向”、“角度”，文字的“行间距”、文字的“段落间距”，是否有“文本框”，是否“可见”，是否“打印”、“锁定”、“背景”和“可按比例缩放”等。
- 在宏应用中的“占位符对象”，会有一个“锚头”符号，如图 6-29 所示。

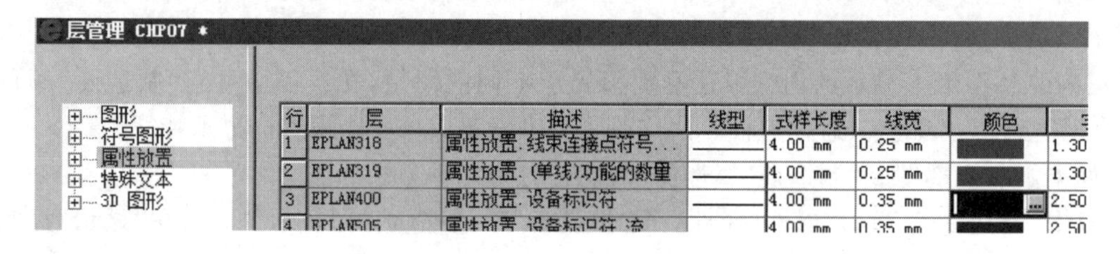

层管理 CHP07 *

- 图形
- 符号图形
- 属性放置
- 特殊文本
- 3D 图形

行	层	描述	线型	式样长度	线宽	颜色	字
1	EPLAN318	属性放置.线束连接点符号...		4.00 mm	0.25 mm		1.30
2	EPLAN319	属性放置.(单线)功能的数量		4.00 mm	0.25 mm		1.30
3	EPLAN400	属性放置.设备标识符		4.00 mm	0.35 mm		2.50
4	EPLAN505	属性放置.设备标识符.流		4.00 mm	0.35 mm		2.50

图 6-27 完成层颜色设置

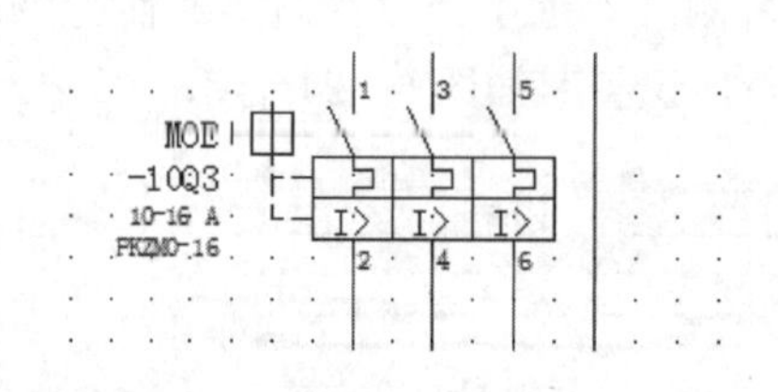

图 6-28 通过层设置颜色

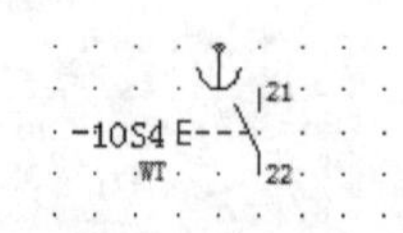

图 6-29 占位符符号

- “占位符”显示方便对宏的“值集”进行设置，但是在打印时，不期望这个“锚头”符号出现在图纸上，此时可以利用“层管理”中的“可见”选项有效，使“打印”选项无效来实现，如图 6-30 所示。

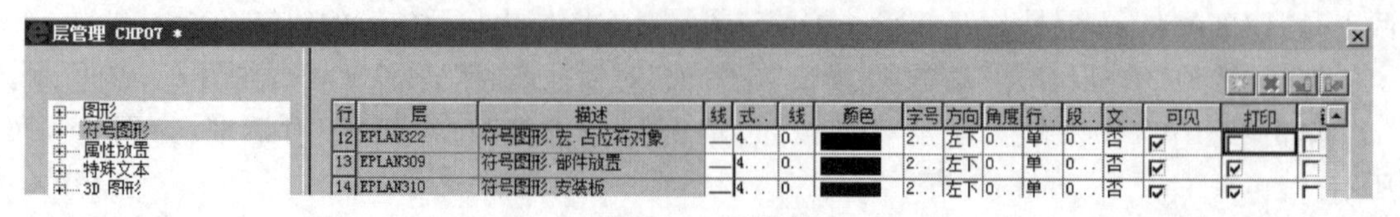

层管理 CHP07 *

- 图形
- 符号图形
- 属性放置
- 特殊文本
- 3D 图形

行	层	描述	线	式..	线	颜色	字号	方向	角度	行..	段..	文..	可见	打印	i
12	EPLAN322	符号图形.宏.占位符对象		4...	0..		2...	左下	0...	单..	0...	否	☑	☐	☐
13	EPLAN309	符号图形.部件放置		4...	0..		2...	左下	0...	单..	0...	否	☑	☑	☐
14	EPLAN310	符号图形.安装板		4...	0..		2...	左下	0...	单..	0...	否	☑	☑	☐

图 6-30 层管理

6.2.9　保存显示配置

1. 为“－11Q3”做部件设计

传动电机功率为 0.75 kW，要为其电机保护开关“－11Q3”选择电机保护开关，穆勒样本中 PKZM0 系列中针对 0.75 kW 保护开关型号为“PKZM0－2.5”，其产品订货号为 072736。

在“页”导航器中，双击“＝MCC＋G1/11”页，打开“11”页，双击“－11Q3”，弹出“属性(元件)：常规设备”对话框，选择“部件”标签。

单击“部件编号”第一行，文本框出现“…”按钮，单击该按钮弹出“部件选择”对话框，选择“电气工程”→“零部件”→“安全设备”，单击 MOE.072736。单击“确定”按钮回到对话框。

2. 保存“－10Q3”显示配置

在“页”导航器中，双击“＝MCC＋G1/10”页，打开“10”页，双击“－10Q3”，弹出“属性(元件)：常规设备”对话框，选择“显示”标签，如图 6－31 所示。

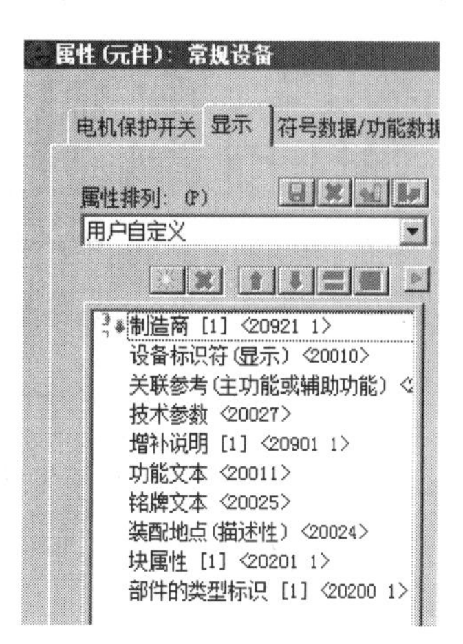

图 6－31　显示配置设置

单击“保存”按钮，弹出“保存属性排列”对话框，填写“电机保护显示”到属性排列文本框，如图 6－32 所示。

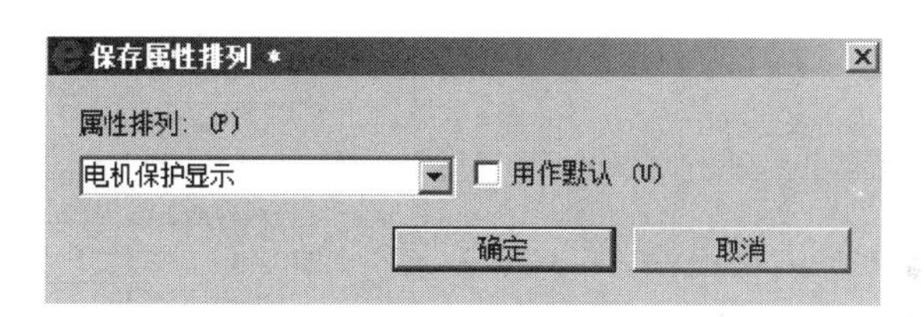

图 6－32　“保存属性排列”对话框

单击“确定”按钮，关闭“保存属性排列”对话框，回到“属性(元件)：常规设备”对话框，如图 6－33 所示。

3. 导出“－10Q3”显示配置

在“属性(元件)：常规设备”对话框，属性排列的名称显示“电机保护显示”，单击“导出”按钮，弹出“导出属性排列”对话框，勾选“电机保护显示”选项，在“目标文件”文本框中填写导出目标文件的路径和文件名，或者单击“…”按钮，选择文件路径并定义文件名。目标文件保存在 CHP06 文件夹中，文件名称为“电机保护开关显示配置.emc”，如图 6－34 所示。

4. 删除显示配置

在“属性(元件)：常规设备”对话框，属性排列的名称显示“电机保护显示”，单击“属性排列”栏上方的“删除”按钮，弹出“删除属性排列”警告对话框，如图 6－35 所示。

单击“确定”按钮，完成删除“电机保护显示”属性排列。回到“属性(元件)：常规设备”对话框，此时查看“属性排列”下拉列表栏，已经没有了“电机保护显示”属性排列内容，如图 6－36 所示。

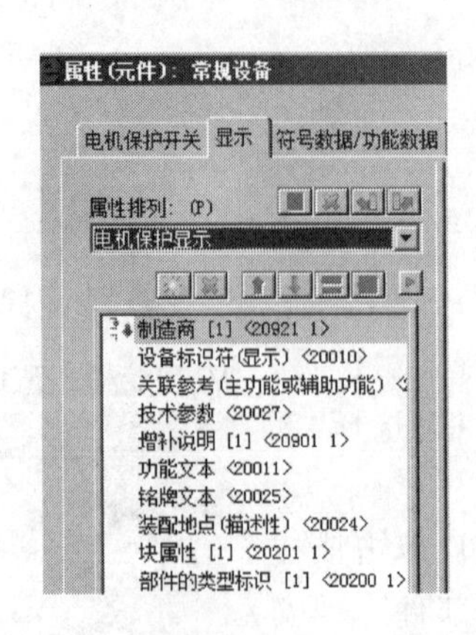

图 6-33　保存的显示配置

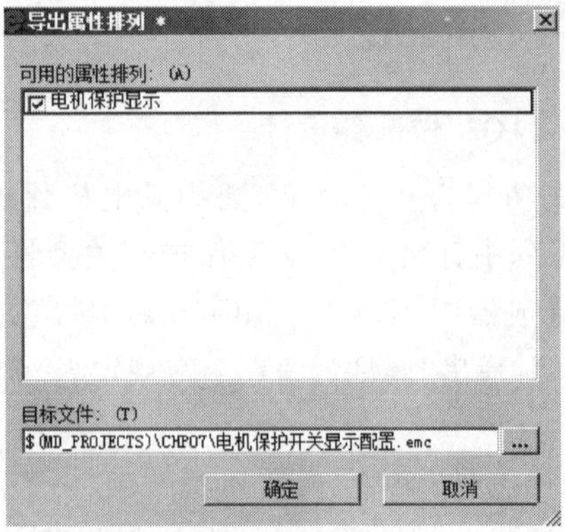

图 6-34　导出显示配置

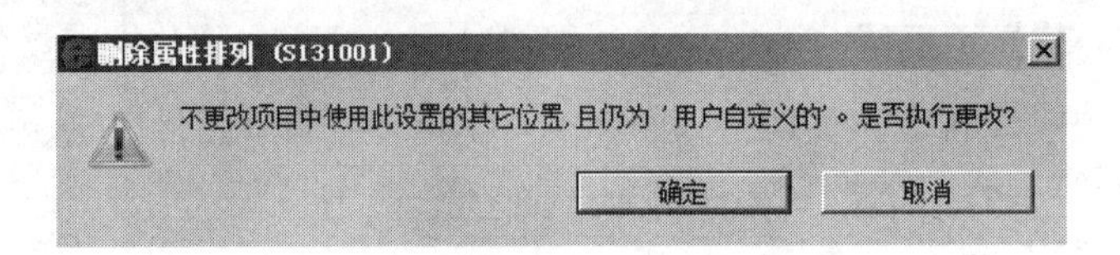

图 6-35　"删除属性排列"警告对话框

选择"默认"配置，单击"确定"按钮，完成"显示配置"的删除。回到图纸，"－10Q3"的显示如图 6-37 所示。

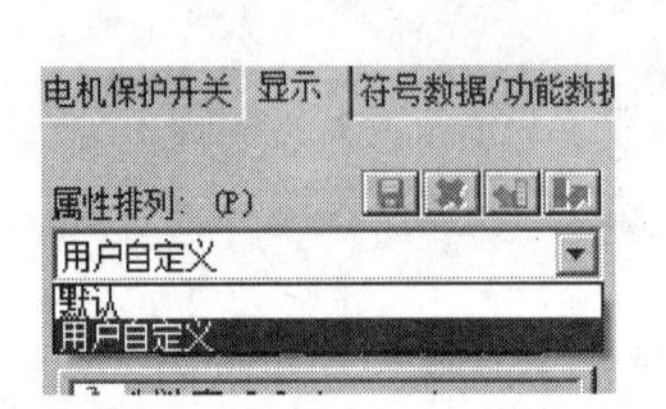

图 6-36　删除后的属性排列

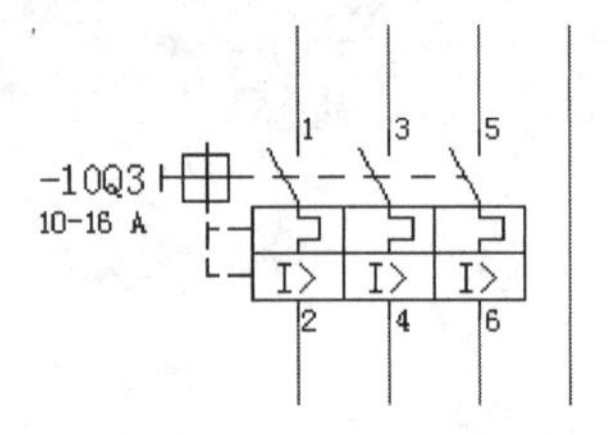

图 6-37　默认的显示配置

5. 导入显示配置

双击"－10Q3"，弹出"属性(元件)：常规设备"对话框，在属性排列栏上方单击"导入"按钮，弹出"导入属性排列"对话框，选择 CHP06 文件夹内的"电机保护开关显示配置.emc"文件，如图 6-38 所示。

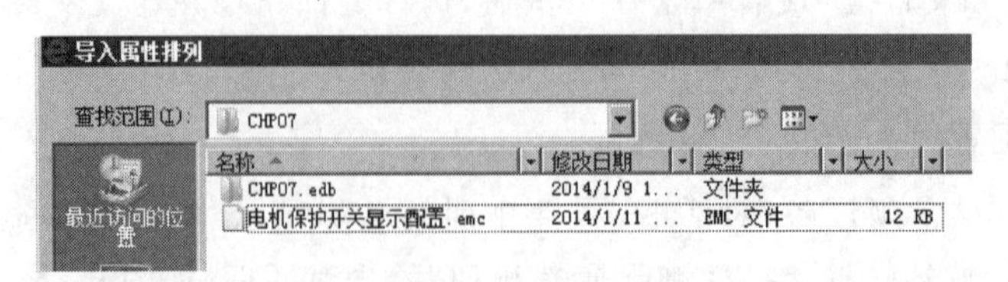

图 6-38　"导入属性排列"对话框

单击"打开"按钮，回到"属性(元件)：常规设备"对话框，完成配置导入。选择"属性排列"，出现了"电机保护显示"配置，选择"电机保护显示"配置，单击"确定"按钮，完成"－10Q3"显示配置的设置，如图 6-39 所示。

注意:

① 在"保存属性排列"中"用作默认"复选框的作用:例如图纸中已经有设备使用"电机保护显示"配置,如"－10Q3"使用了"电机保护显示"配置,如图 6－39 所示。

② 此时修改"电机保护显示"配置或者其他配置,保存配置时保存名称覆盖"电机保护显示",如图 6－40 所示。

③ 此时系统提出了问题:已经使用的"电机保护显示"的设备如何更改呢?如图 6－41 所示。

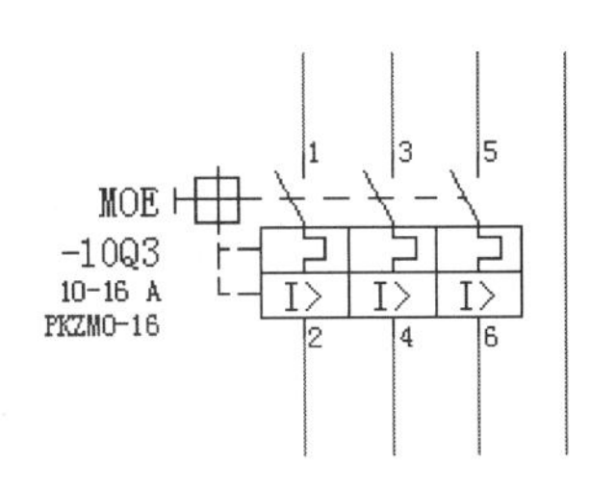

图 6－39　导入配置显示结果

图 6－40　用作默认选项

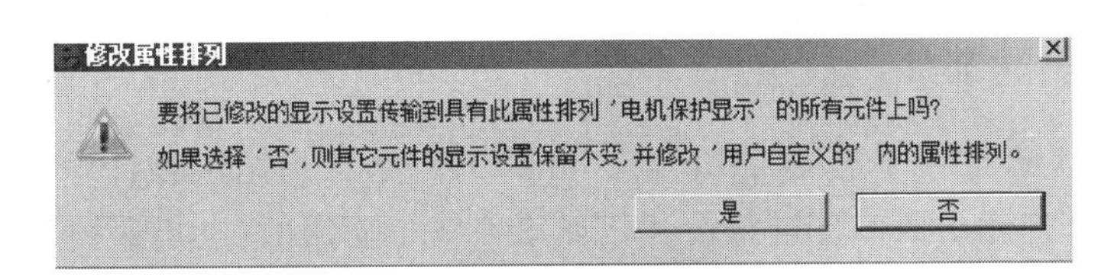

图 6－41　"修改属性排列"提问对话框

"是"意思是原来同名的显示配置全部取消,以此名称的新配置为准。

"否"意思是原来用该名称显示配置的设备显示的规则不变,但是名称被使用了,原来使用的显示配置名称被改为"用户自定义"。

以上"用作默认"的功能需要练习几次才容易理解,特别是在大批量图纸修改中借用显示配置的设置,会极大地提高工作效率。

6.2.10　格式刷的使用

EPLAN 提供了格式刷的功能,便于简单快捷地对显示格式进行复制。

项目 CHP06 中,"－10Q3"的显示格式已经是"单击保护显示"的配置了,如图 6－39 所示。

而"－11Q3"的显示格式是"默认"的配置,如图 6－42 所示。

进入 10 页,选择"－10Q3",单击"复制格式"按钮,进入 11 页,单击选择"－11Q3",单击"指定格式"按钮,"－11Q3"显示格式变化如图 6－43 所示。

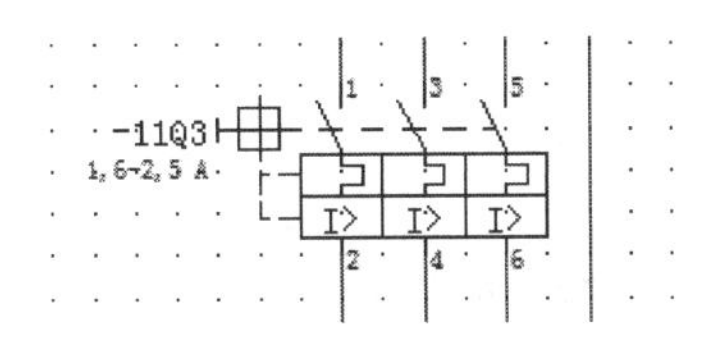

图 6－42　默认显示配置

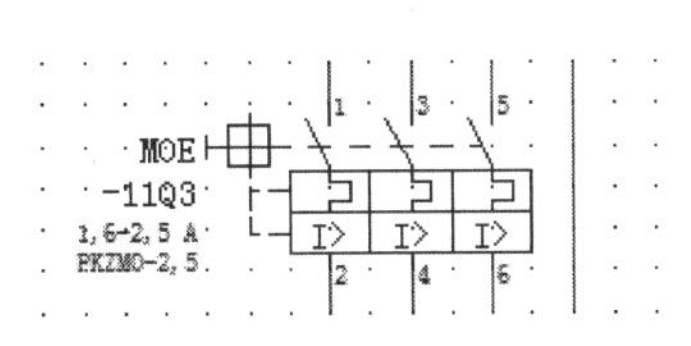

图 6－43　格式刷后的部件

第7章　基于部件的设计(二)

7.1　学习目标

本章学习目标如下：

通过7.2节的实例教学学习创建部件的方法，并初步学习部件的重要属性的用法。

通过7.2节的实例学习创建部件。

7.2　实例教学

7.2.1　厂家提供的部件

EPLAN软件提供了一个ESS_part001.mdb部件库，如果图纸设计中对部件进行选型，则可以直接使用部件库中的部件进行设计。如第6章中使用的“电机保护开关”PKZM0－16和PKZM0－2.5。

如果在ESS_part001.mdb部件库中没有设计要使用的部件，则针对采购EPLAN软件和服务的用户，可以通过EPLAN提供的Data Portal接口，访问EPLAN官方的部件库。

操作方法是选择“工具”→Data Portal菜单项，弹出Data Portal导航器，如图7－1所示。

图7－1　Data Portal导航器

创建账户：选择“选项”→“设置”菜单项，弹出“设置”对话框，选择“用户”→“管理”→Data Portal，在右侧Data Portal对话框进行用户名和密码的设置，单击“创建账户”按钮完成账户的设定，如图7－2所示。

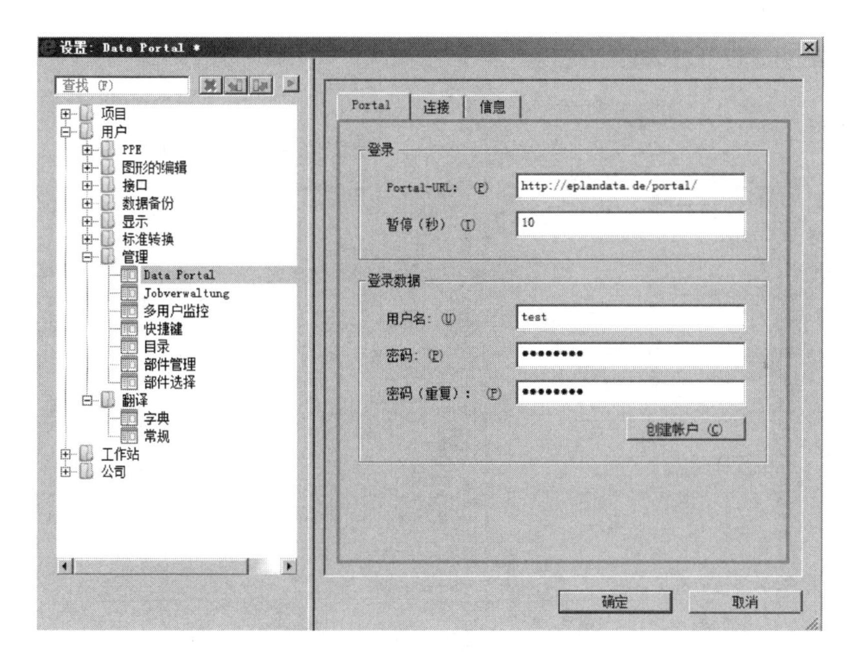

图 7-2　Data Portal 连接设置

7.2.2　通过复制创建部件

EPLAN 的 Data Portal 提供大量的部件信息，对用户的产品设计帮助非常大，但是面对中国用户存在如下问题：

- 大品牌部件覆盖不全，就是一些大的品牌其产品部件以欧洲型号为主，基本上没有中国定制的产品。
- 没有中国本土品牌部件库。
- Data Portal 部件信息做得比较好，但是当用户需要使用一些属性时还要自己编辑，如价格、折扣、采购周期甚至企业自己的 ERP 代码。
- 购买了软件但是未购买 EPLAN 服务的用户是无法访问 Data Portal 服务器的。

其实 EPLAN 的 Data Portal 只是厂家提供设计的辅助工具，完全指望 Data Portal 解决部件库的建设是天真的，也不是 EPLAN 软件厂家能做的事情，他怎么会知道您企业的部件 ERP 编号呢？

除了提供 Data Portal 外，EPLAN 软件厂家提供了一套建设和维护部件库的方法，这才是“授之以渔”，让用户根据自己的需求构建适用的部件库。

对于“部件库”的初学者，从无到有新建一个部件其实很难，太多的属性不知道是否有用，就算有用，如何定义呢？又如何在图纸上表达和使用呢？

最简单的方法是从部件库中找到一个和自己需求类似的部件，复制、修改并保存为新的部件库名称。

复制项目 CHP06 到 CHP07 文件夹，命名项目为 CHP07，打开项目 CHP07。

在“页”导航器中，双击“=MCC+G1/10”页，打开 10 页，双击“-10Q3”弹出“属性(元件)：常规设备”对话框，选择“部件”标签，如图 7-3 所示。

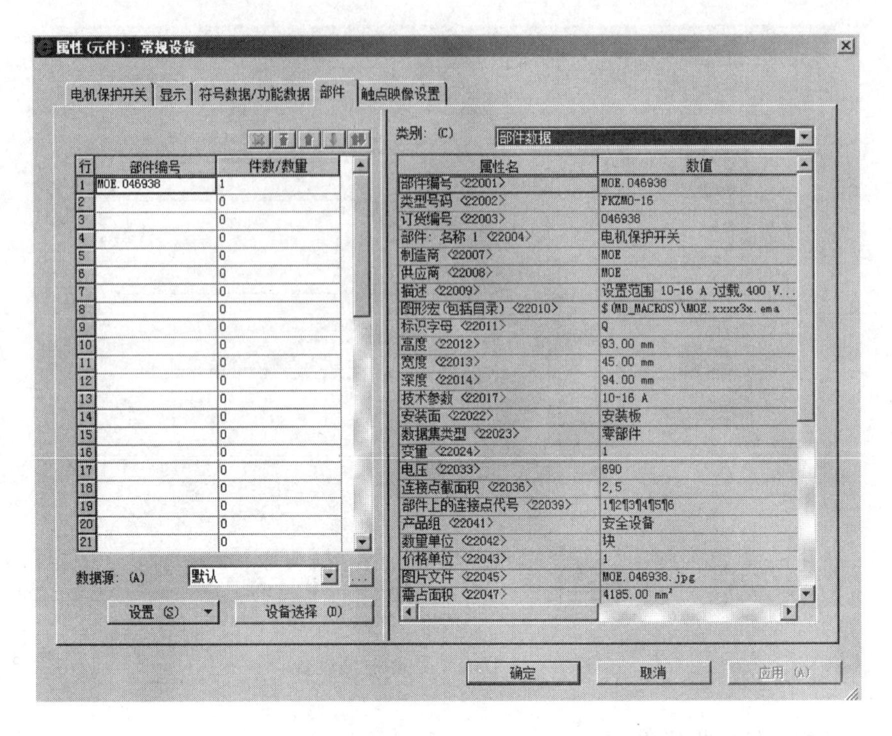

图 7-3　部件属性

选择“部件编号”的 MOE.046938 项，出现“…”按钮，单击该按钮进入“部件选择”对话框，如图 7-4 所示。

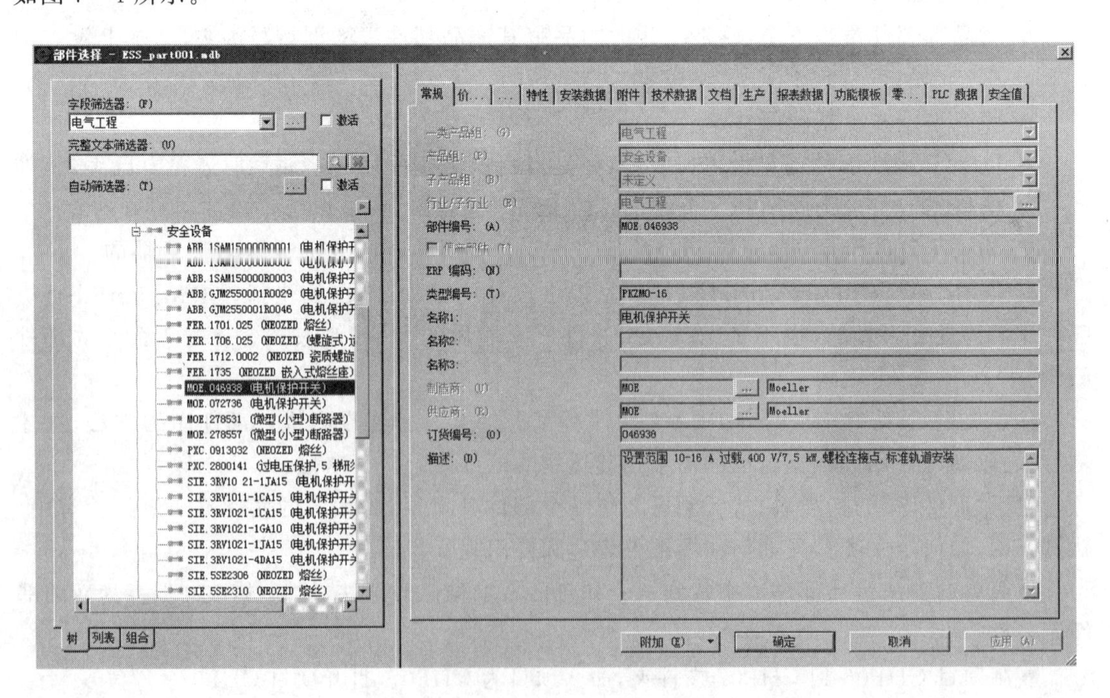

图 7-4　“部件选择”对话框

对 EATON(伊顿)的 MOELLER 产品熟悉的读者知道,PKZM0 系列产品是进口产品,价格将近是 EATON 的 MOELLER 的 xStart C 系列产品的 2 倍,在小功率电机保护上,xStart C 系列的 PKZMC 更为常用。

PKZM0－16 的各项参数基本与 xStart C 系列的 PKZMC－16 一致,就是型号、订货号、价格不同。同样地,PKZM0－2.5 和 PKZMC—2.5 也相同。以下部件示范以 PKZM0－16 为模板,经过复制、修改、编辑保存为新的部件。

型号	订货号	部件编号
PKZM0－16	46938	MOE.46938
PKZMC－16	225395	MOE.225395

注意:进入部件库有两种模式。

- 查看模式:通过“元件”的属性进入部件的选择,以这种方式进入部件库可以选用和查看部件,但是无法修改和编辑部件信息。
- 编辑模式:通过选择“工具”→“部件”→“管理”进入“部件管理”对话框,以这种方式进入“部件管理”对话框,可以对部件记录进行新建、复制、粘贴等修改工作。

EPLAN 默认在“查看模式”下无法修改和维护部件,但是可以通过设置实现随时修改部件。选择“选项”→“设置”→“用户”→“管理”→“部件选择”菜单项,选中“选择期间可以进行修改”复选框;在这种情况下,从属性对话框中打开无写保护的部件选择,可以创建和/或编辑部件,如图 7－5 所示。

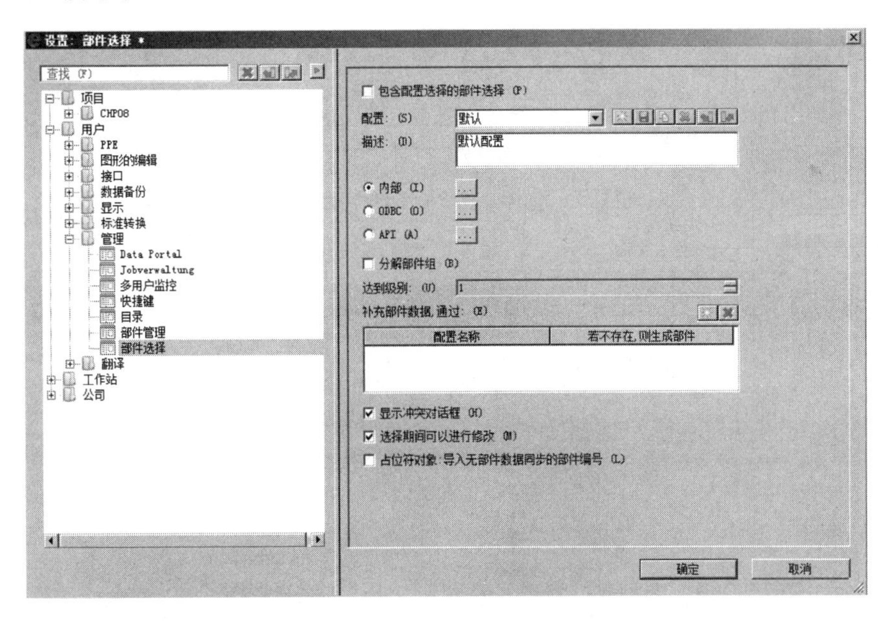

图 7－5　查看模式下修改维护部件设置

选择“工具”→“部件”→“管理”菜单项,进入“部件管理”对话框,从“树”显示切换到“列表”显示,选择 MOE.046938,右击 MOE.046938,在弹出的菜单中选择“复制”项,再次右击 MOE.046938,在弹出的菜单中选择“粘贴”项,如图 7－6 所示。

MOE.046938_1 为复制的新部件,单击选中 MOE.046938_1,选择右侧“常规”标签对话框,把“部件编号”文本框修改为 MOE.225395,把“类型编号”修改为 PKZMC－16,把“订货编

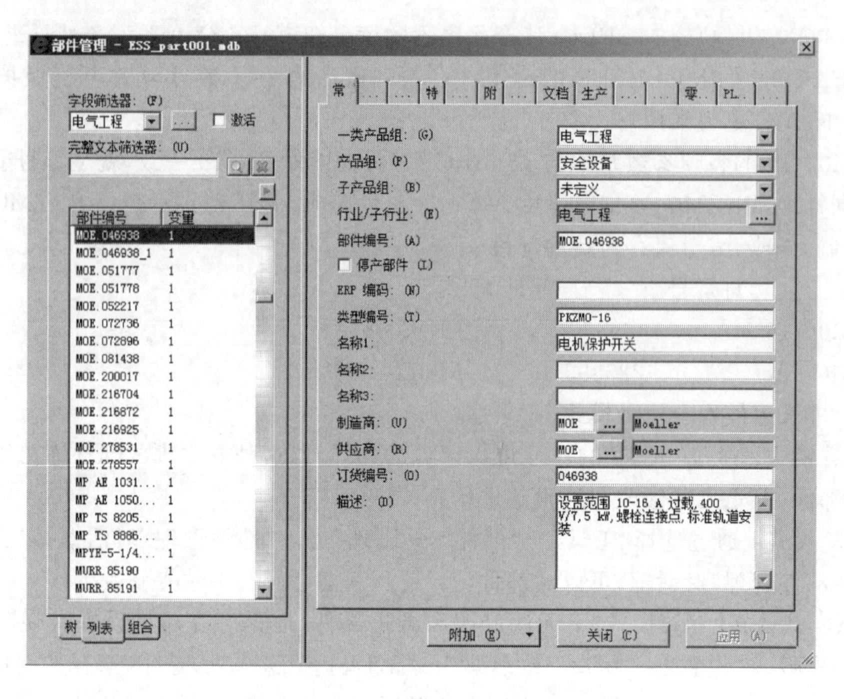

图 7-6 复制部件

号"修改为 225395，如图 7-7 所示。

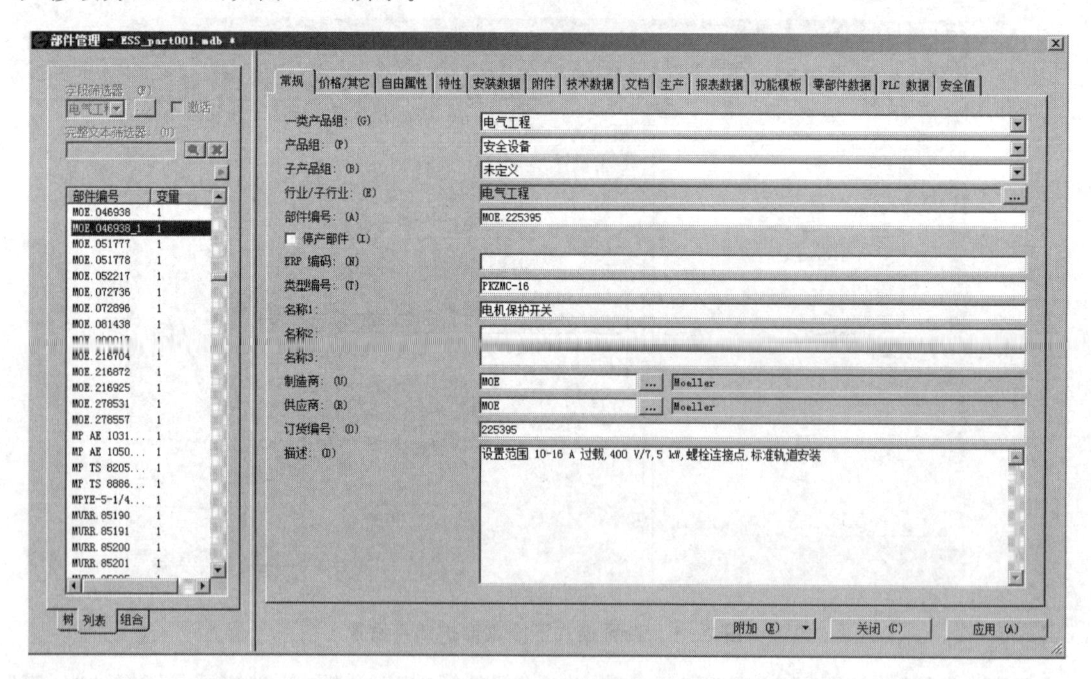

图 7-7 修改部件属性

单击"应用"按钮，完成部件的修改，如图 7-8 所示。

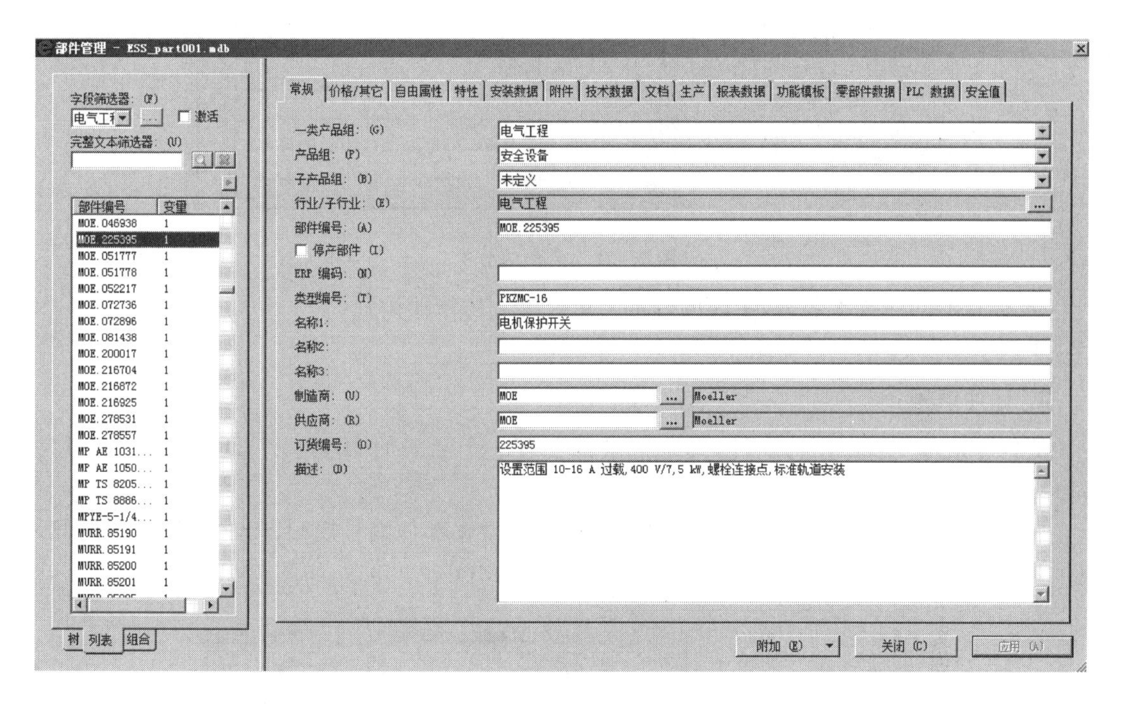

图 7-8　复制完成的部件

7.2.3　创建部件

下面通过创建新部件，对部件的结构和重要的功能进行讲解。

图纸中传动电机使用的是 PKZM0-2.5，需要创建 PKZMC-2.5 替换“-11QM3”中的原有部件。

注意：

- 本教程作为入门教程，只介绍最基本的部件内容，希望学习者能够尽快掌握设计能力。
- 在众多的部件属性中，我们重点介绍比较关键的 20 余个属性。

选择“工具”→“部件”→“管理”菜单项，进入“部件管理”对话框，选择“树”标签，右击“电气工程”弹出快捷菜单，选择“新建”→“零部件”，在“电气工程”下出现“未定义”组的“新建_1”部件，如图 7-9 所示。

1. 产品组

选择“常规”标签，在“一类产品组”下拉列表框中选择“电气工程”，在“产品组”下拉列表框中选择“安全设备”，在“子产品组”下拉列表框中选择“电机保护开关”，如图 7-10 所示。

注意：

- 产品组的分类是 EPLAN 固定的。
- 每类的内容也是固定的，用户不能创建新的类别。
- 选择部件时尽量选择恰当的分类，不同的分

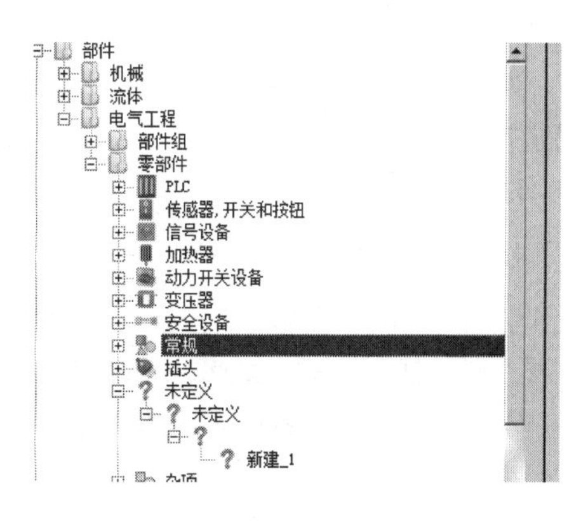

图 7-9　新建部件

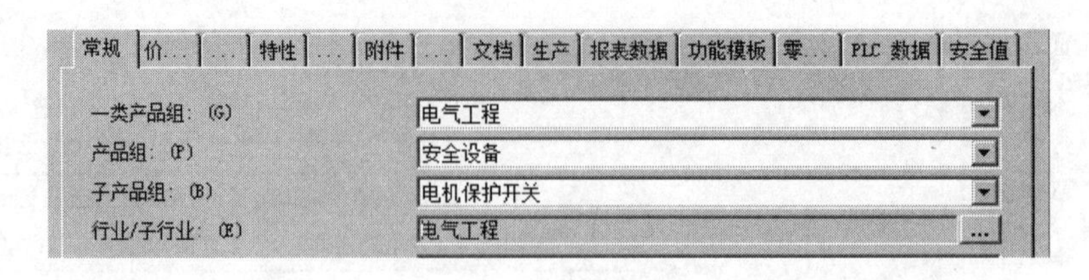

图 7-10　产品组分类

类有不同的技术数据，错误的分类会造成参数的错误设置。

● 必须正确地填写产品组。

2. 部件编号

部件库是基于数据库的设计，每条记录都会有一个唯一的 ID，这个 ID 在部件库中称为"部件编号"。

前面 PKZMC-2.5 的订货编号是 225389，所以根据部件编号规则，PKZMC-2.5 的部件编号是 MOE.225389。在"部件编号"文本框内填写 MOE.225389，如图 7-11 所示。

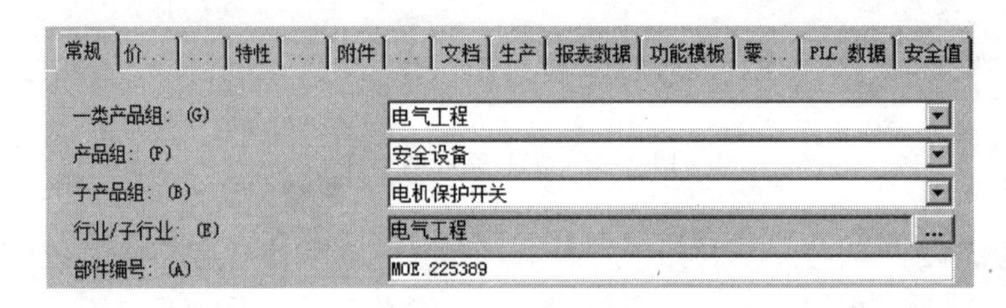

图 7-11　部件编号

注意：

● 部件编号如前文提到的 MOE.225389，一般由供货商的缩写(如穆勒 Moeller 缩写为 MOE)+"."+该产品的订货编号(225389)构成，如果是没有订货编号的产品，则可以用型号替代。

● 必须填写部件编号。

3. 类型编号

在电气设计过程中，电气元件的型号是最常用的一个参数。在 EPLAN 部件管理中，用"类型编号"属性表示常用的型号内容。

当前部件的型号是 PKZMC-2.5，把型号 PKZMC-2.5 填写到部件"类型编号"文本框，如图 7-12 所示。

注意："类型编号"就是我们常用的"型号"，是设计部件时应该填写的。

4. 名称 1、名称 2、名称 3

EPLAN 在部件属性中，有 3 个文本框表示部件的名称，在 EPLAN 标准 F01_001 表格中，表格"名称"项内容会显示部件属性"名称 1"的内容。

PKZMC-2.5 的名称为"电机保护开关"，填写"电机保护开关"到"名称 1"文本框，如图 7-13 所示。

图 7－12　部件类型编号

图 7－13　部件名称属性

注意：

- "名称 1"一般会出现在报表"名称"列中，在编写"部件信息"时至少应填写"名称 1"，如 EPLAN 的"部件列表"中 F1_001 的模板第三项，就是使用"名称 1"的属性，如图 7－14 所示。
- 名称 1 是建议填写的。

设备标识符	数量	名称
=MCC+G1-10H5	0	
=MCC+G1-10H6	0	
=MCC+G1-11H5	0	
=MCC+G1-11H6	0	

图 7－14　图标中的名称列

5. 制造商和供应商

可以在"制造商"和"供应商"文本框中直接填写制造商和供应商的名称，EPLAN 部件库也提供"制造商"和"供应商"的数据库信息，在"制造商"和"供应商"的下拉菜单中选择数据库中的制造商和供应商的信息，如图 7－15 所示。

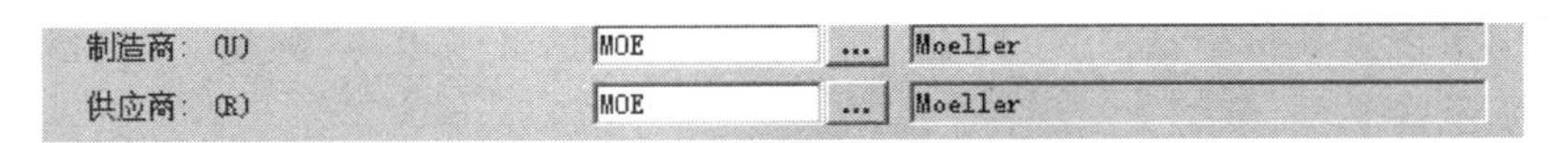

图 7－15　制造商和供应商属性

可以在部件管理中选择"树"标签，选择"制造商/供应商"，可以看见 MOE 公司信息，在这里可以新建并编辑"制造商/供应商"信息，如图 7－16 所示。

注意：

- 建议填写"制造商"。
- EPLAN 的"部件列表"中 F1_001 的模板第五项"供应商"，就是使用"制造商"的属性，如图 7－14 所示。

6. 订货编号

"订货编号"是生产厂家为某一规格的产品设定的唯一代码，相比"型号"或者自然语言的描述更为科学和准确。

EPLAN 常用制造商和订货编号的组合来表示产品的部件编号。

注意： 建议填写订货编号。

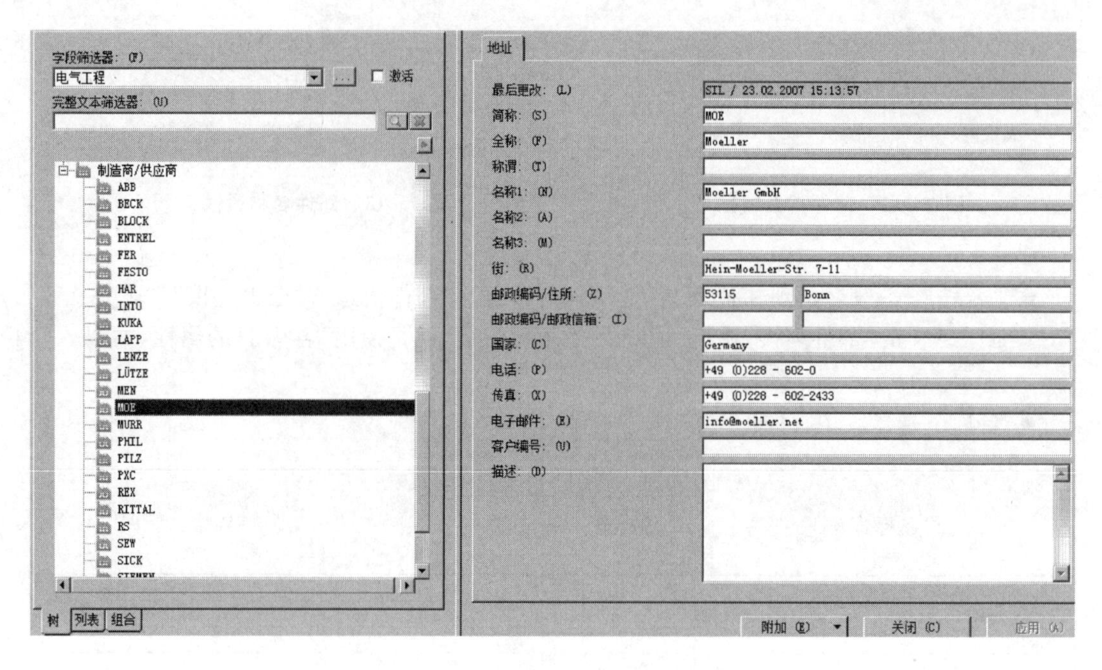

图 7－16　制造商/供应商属性编辑

7. 描　述

“描述”信息因为文字信息比较多，一般不出现在报表中。其主要的作用是在部件选型时给出一个简单的信息描述。

注意：“描述”内容可不填写。

8. 购买价格、数量和折扣

如果使用报表需要价格信息，可以在“价格/其他”对话框中填写“数量”、“价格”和“折扣”，如图 7－17 所示。

注意此处“%”没有直接带入属性，如果希望使用折扣，如八五折，则此处应该填写“0.85%”。

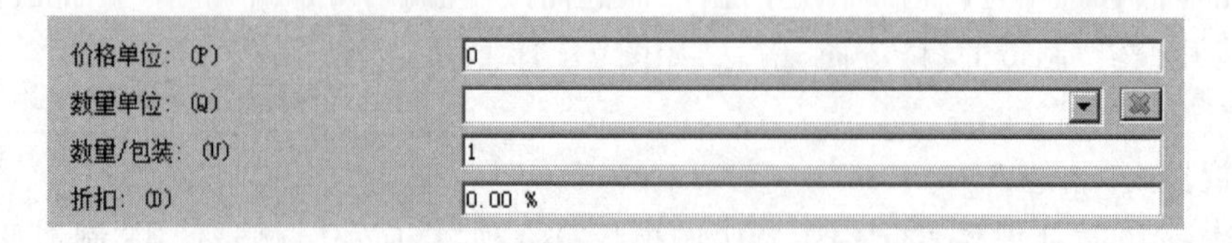

图 7－17　折扣和数量

可在“币种 1”的“购买价格/包装”文本框中填写部件的“列表价格”。在实际使用这些数据时可以使用“列表价格”和“折扣”的乘积得到采购的实际价格，如图 7－18 所示。

注意：部件的价格信息可不填写，如果需要，则可在后期“部件库”维护中集中编辑部件的价格信息。

9. 安装数据

“安装数据”对话框有以下数据可供入门者使用：

	币种1:	币种2:
购买价格/价格单位: (R)	0.00	0.00
购买价格/包装: (C)	0.00	0.00
销售价格: (S)	0.00	0.00
条形码编号/类型: (B)		

图 7-18　部件价格

- “宽度”、“高度”和“深度”的信息会在 2D 的安装板布局中使用，或者在 Pro Panel 的 3D 布局中为没有 3D 宏部件提供外形信息。
- “图形宏”用来保存部件外形的信息，原理图中的部件外形可以保存为图形宏，部件库中的部件是通过“图形宏”文本框中的路径来指示的。

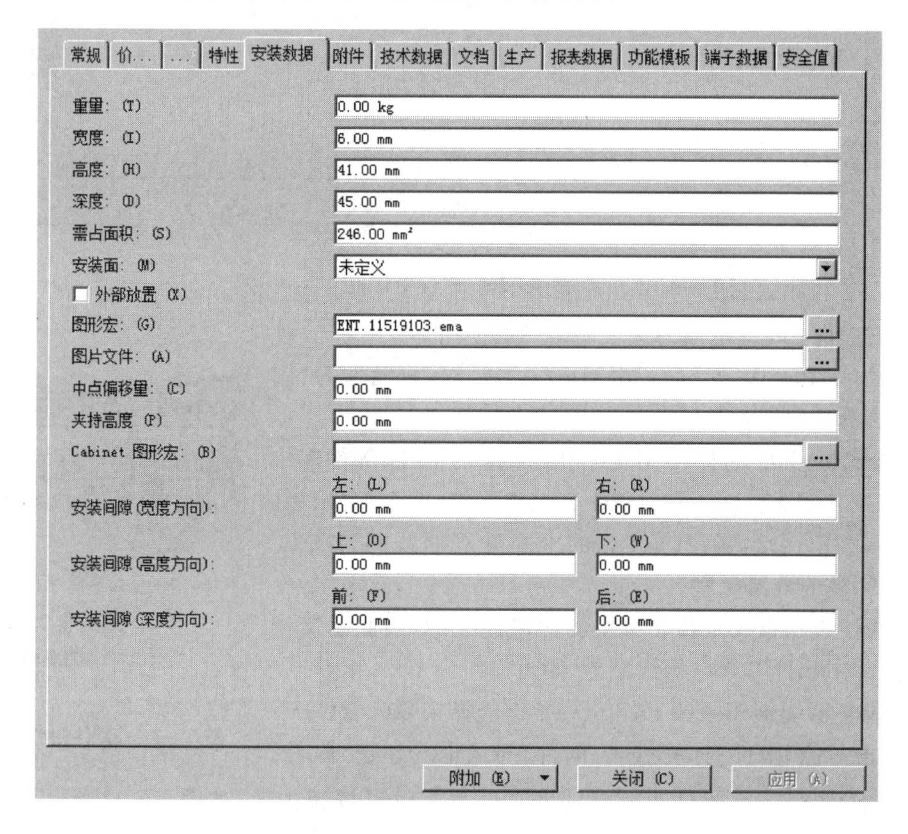

图 7-19　部件安装数据

10. 附　件

在进行部件设计时，会出现为一个符号定义多个部件的情况，如中间继电器是由线圈和继电器座两部分组成的；在进行部件选型时，要分别选择继电器线圈和继电器座。特别是不熟悉部件或者有多个不同部件组合时，经常需要查阅手册，既费时也容易出错。为此，EPLAN 提供“附件”的概念，以帮助用户快速准确地选择部件。

EPLAN 的部件从功能的角度分为两类，即主部件和附件部件。

- 主部件：可以携带其他附件部件。

● 附件：需要在部件定义中定义为“附件”，不能给携带其他附件的部件。

在“部件属性”的“附件”对话框中，有“附件”选项，如图 7-20 所示。如果部件为附件，则激活此复选框；在这种情况下将其在设备选择中标识为附件，并在设备选择对话框的附件列表中提供。另外，不能为其分配附件和附件列表。

如果未激活复选框，则将部件提供为“常规”部件（设备选择对话框的主部件列表）。可以为此类主部件分配附件部件和附件列表。

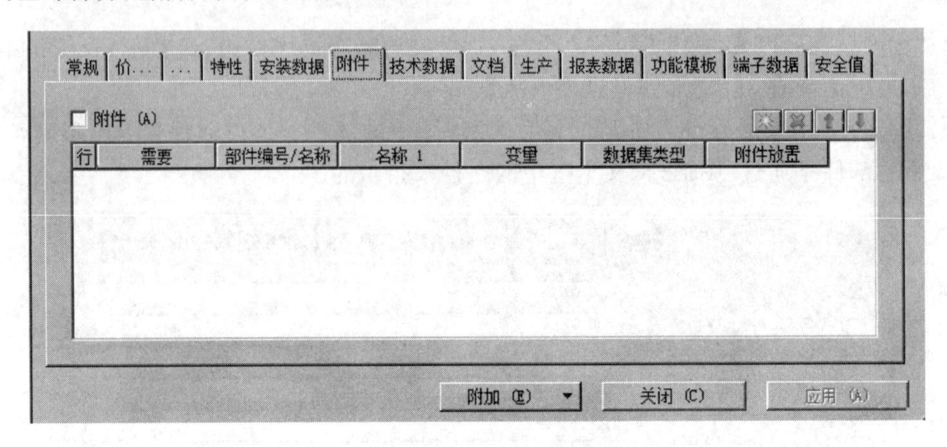

图 7-20　附件对话框

以 IDEC 的中间继电器为例说明附件的使用。

在项目 CHP07 中建立“=MCC+G1/12”页，页属性为“附件测试”，如图 7-21 所示。

图 7-21　部件附件测试页

导入光盘文件夹 CH7 中 IDEC 2S parts 的部件，部件库中会出现 IDEC. RU2S-D24 和 IDEC. SM2S-05D 两个部件。其中 IDEC. RU2S-D24 是 24V DC 的中间继电器线圈，IDEC. SM2S-05D 是继电器底座。

考虑到接线和布线是接在继电器的底座上的，因此定义继电器底座为“主部件”，继电器线圈为“附件”。

编辑继电器线圈 IDEC. RU2S-D24，选择 IDEC. RU2S-D24 后，单击右侧“附件”标签进入“附件”对话框。勾选“附件”选项，定义本部件作为“附件”存在，随即右侧表格编辑按钮失效，如图 7-22 所示。单击“应用”按钮确认修改。

编辑继电器底座 IDEC. SM2S-05D，选择 IDEC. SM2S-05D 后，单击右侧“附件”标签进入“附件”对话框。确认未勾选“附件”选项。

单击表格上“新建”按钮，表格中出现一行空白行，如图 7-23 所示。

在该空白行中单击“部件编号/名称”内的“…”按钮，弹出“部件选择”对话框，此处系统给出默认“附件”过滤器，出现刚定义的“附件”部件 IDEC. RU2S-D24，选择后单击“确定”按钮，完成附件部件选择后的表格如图 7-24 所示。

单击“应用”按钮，单击“关闭”按钮，完成主部件与附件的关联，弹出“班级管理”信息框，单击“是”按钮，确认执行系统部件数据库与项目数据库同步，如图 7-25 所示。

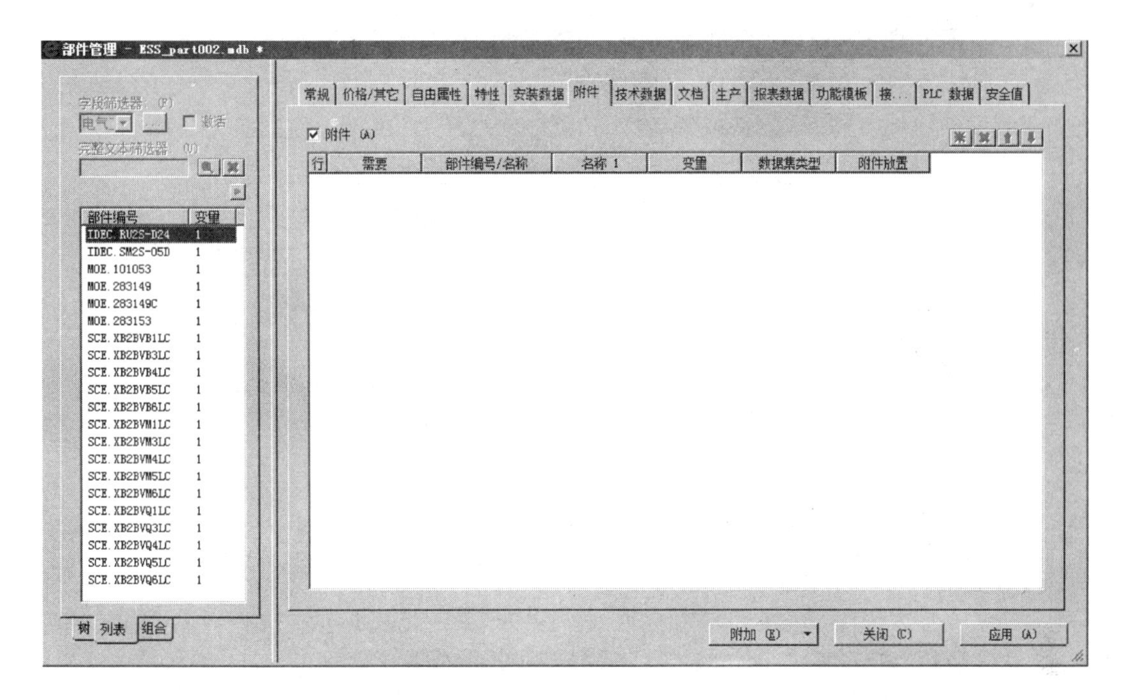

图 7-22 定义附件

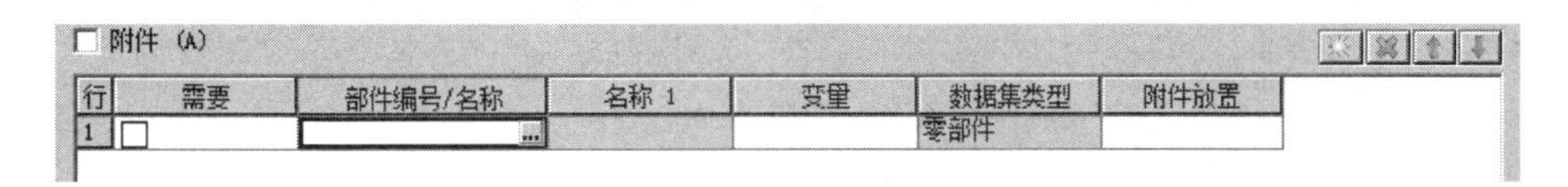

图 7-23 新建附件定义行

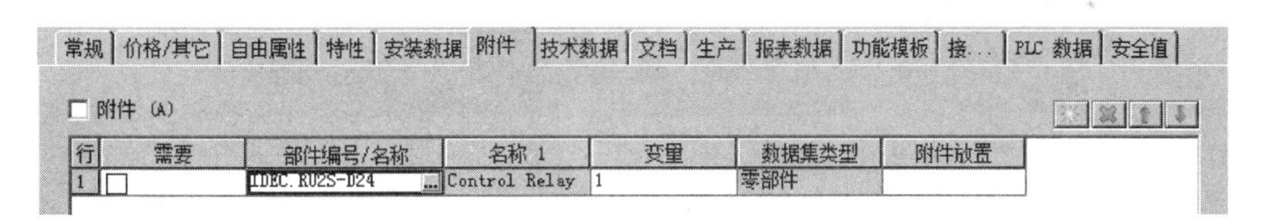

图 7-24 为附件选择部件

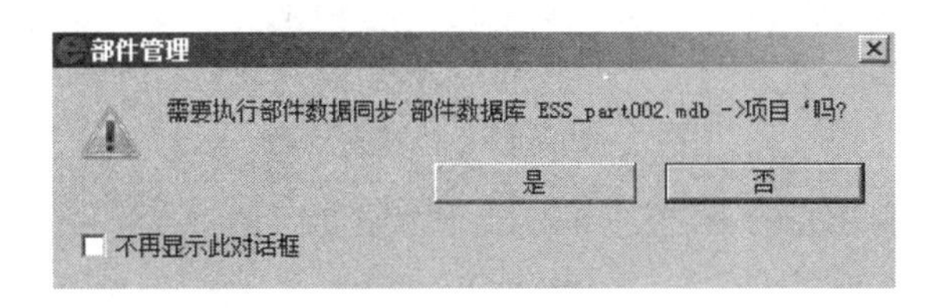

图 7-25 部件库同步对话框

在 12 页绘制“中间继电器”线圈，如图 7-26 所示。

单击“部件”标签，打开“部件”对话框，单击“设备选择”按钮，弹出附件选择对话框，如图 7-27 所示。

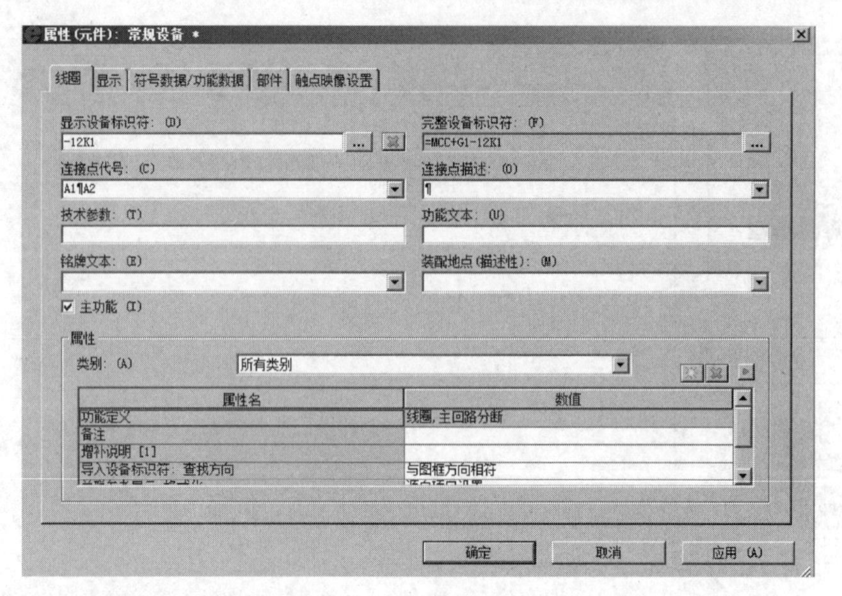

图 7-26　插入中间继电器

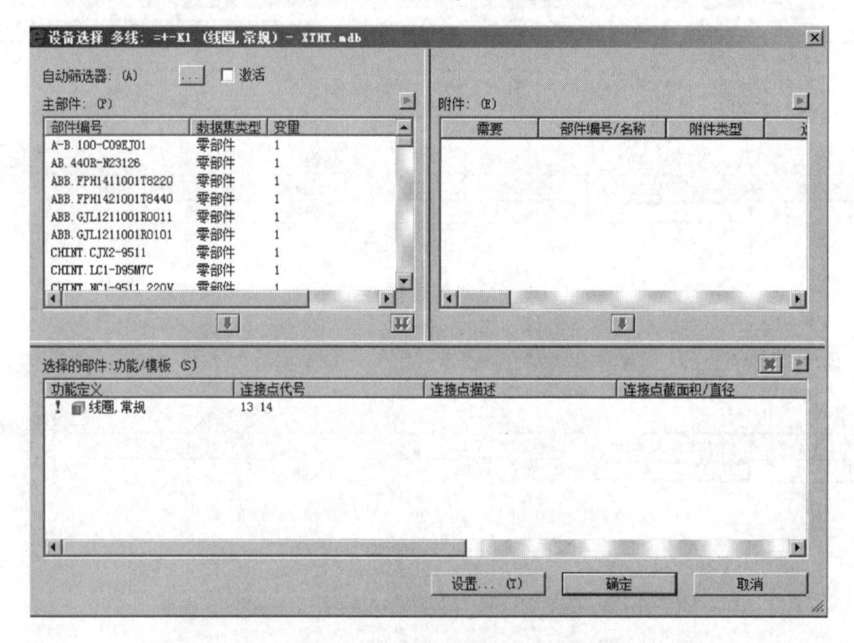

图 7-27　附件选择对话框

在“主部件”选区选择 IDEC. SM2S-05D,如图 7-28 所示。

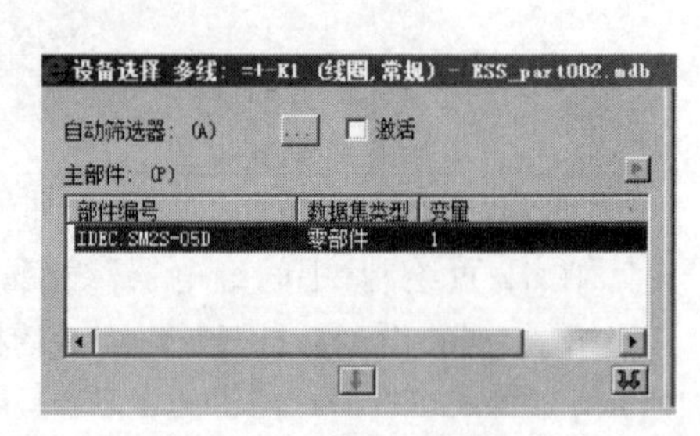

图 7-28　选择主部件

选择“主部件”后,在“附件”区出现 IDEC. SM2S-05D,如图 7-29 所示。

此时,该附件还没有被选中。单击“选择”表格,选择本附件的主部件 IDEC. SM2S-05D 后,完成“附件”选择,如图 7-30 所示。

在“功能/模板”区域,增加了“附件”的功能模板,如

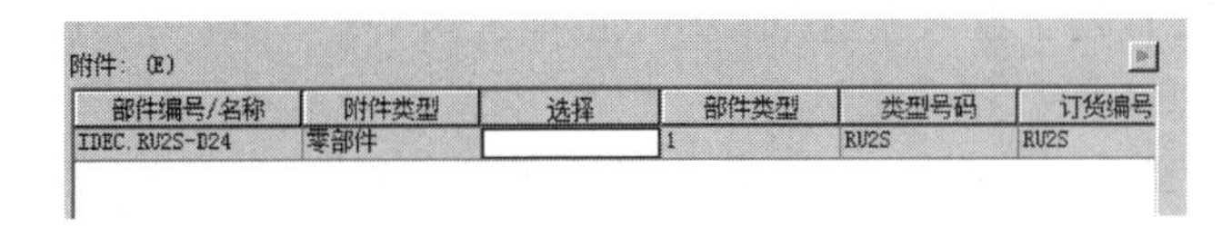

图 7-29　附件选择

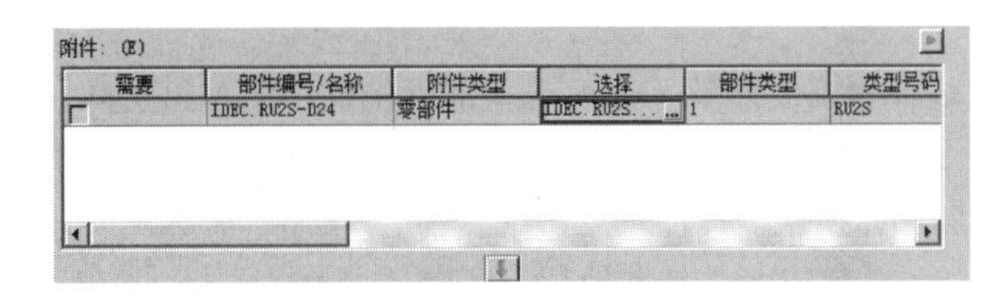

图 7-30　完成附件选择

图 7-31 所示的黄色区域。

注意:

- 在定义"主部件"的"附件"选项时,如图 7-24 所示,在"需要"表格栏没有勾选。
- 如果勾选"需要"表格项,在选中"主部件"后,被设定"需要"的"附件"自动被选中。

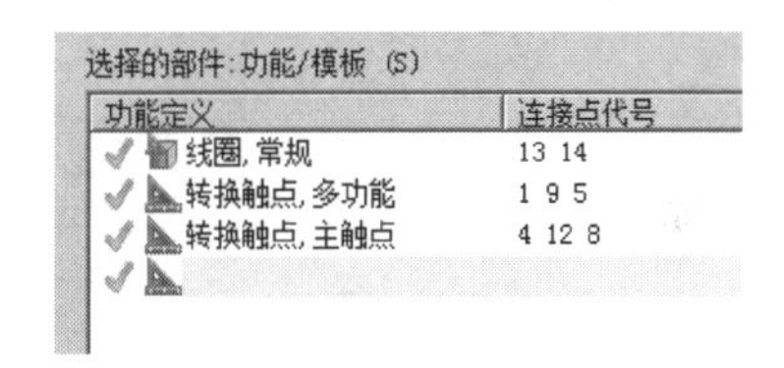

图 7-31　功能模板增加功能定义

单击"确定"按钮,回到"属性(元件):常规设备"对话框,可以看到表格区域内,IDEC.RU2S-D24 中间继电器线圈和 IDEC.SM2S-05D 继电器底座被准确选中,如图 7-32 所示。

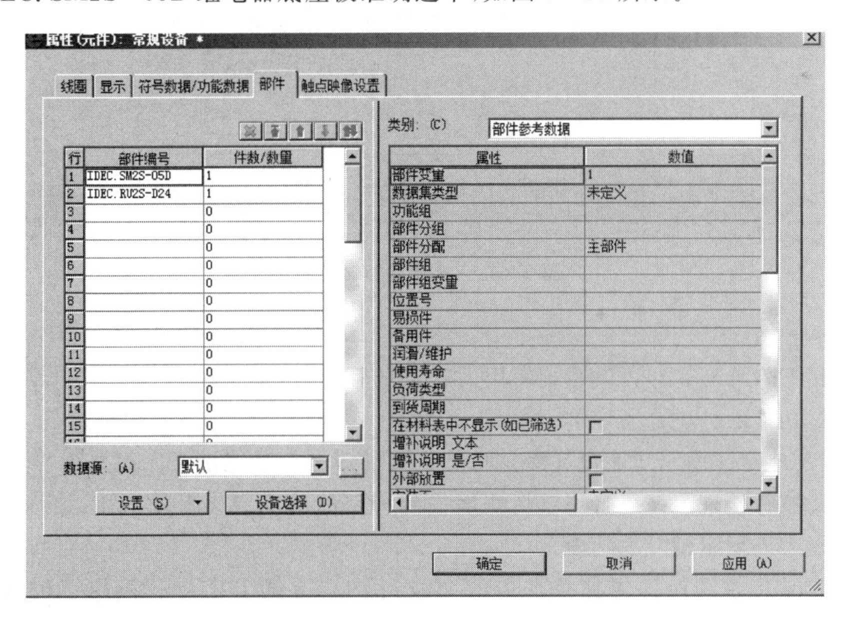

图 7-32　附件应用结果

11. 技术数据

"技术数据"定义了部件的技术信息,如图 7-33 所示,入门者需要了解以下内容:

① 标识字母：此框用于输入根据 IEC 81346 或者 IEC 61346（= GBT5094）规定的设备标识符的标识字母，例如“M”代表电机。

② 宏：EPLAN 要求 2D 宏和 3D 宏保存在分开的宏文件中，由此可确保 2D 用户在不必要的情况下无须访问众多 3D 数据。

③ “技术数据”内“宏”文本框中建议保存 2D 数据和其他表达类型（多线、总览等）的宏文件。

④ 3D 宏文件建议保存到安装数据选项卡上部件管理中的图形宏列。

⑤ 在使用 3D 宏时，系统首先查找“安装数据”选项卡内图形宏文件，如果没有，则会使用“技术数据”选项卡上指定的“技术部件宏”。

宏的使用顺序是先使用“安装数据宏”再使用“技术数据宏”。

注意： CABINET 宏已不再使用。

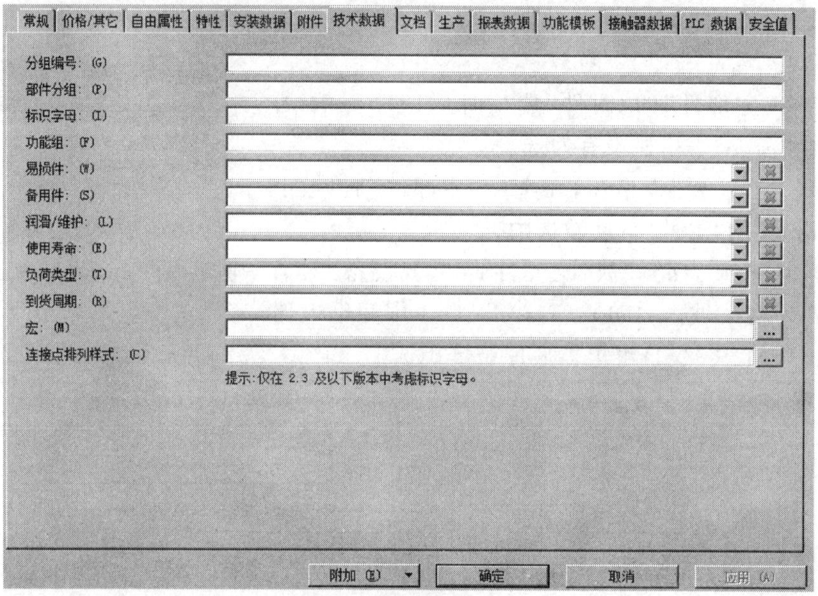

图 7-33　技术数据对话框

12．功能模板

功能定义 EPLAN 是对可供系统使用的功能的预定义，是对部件功能进行结构划分。这个结构以及对功能的分类是固定的，用户不能修改。

这就是“功能定义库”，功能定义库是功能定义的集合。功能定义库根据行业、范围、类别、组和功能定义按级整理。该组合用于更快地找到特定的功能定义。根据该组合，在功能定义的选择对话框中以树结构显示功能定义。

- 行业：确定该功能为何种技术目的而设，例如“电气工程”或“液压”，电气工程代号为“1”。
- 范围、类别：指定该行业内的范围，例如“线圈和触点”或者“马达”。类别确定一个功能的系统特性。这也意味着，可以依据类别（如触点、安全设备、线圈、端子）为功能提供特定属性。这样就只有 PLC 功能有属性“PLC 地址”，只有线圈有属性“线圈电压”。

● 组：指定各类别的基本功能。这样功能“常开触点(2 个连接点)”成为常规定义，而用“主回路常开触点”对其进行精确定义。

● 功能定义：细分的具体功能。

选择“功能模板”可为在放置符号时，将自动录入组件符号的功能定义保存在符号上。用户可在部件上录入功能定义，并由此实现设备选择。“功能模板”选项卡如图 7-34 所示。

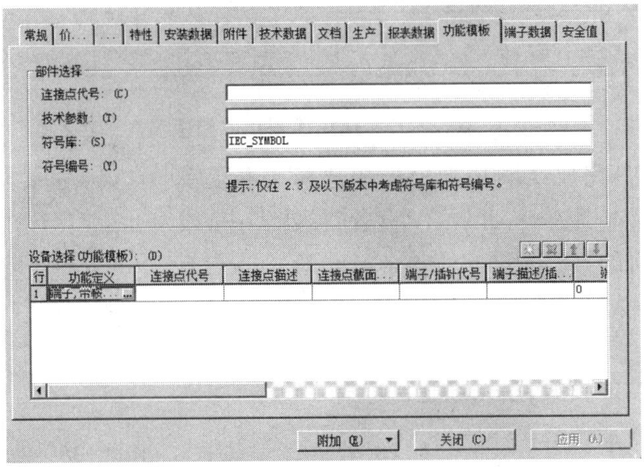

图 7-34　功能模板选项卡

为中间继电器底座 IDEC. SM2S-05D 建立“功能模板”(见图 7-35)，分别是：

● 功能定义=“线圈，常规”；连接点代号=“13 ¶ 14”，EPLAN 的数字代号是“200. 1. 0”。

● 功能定义=“转换触点，多功能”；连接点代号=“1 ¶ 9 ¶ 5”，EPLAN 的数字代号是“203. 1. 4”。

● 功能定义=“转换触点，多功能”；连接点代号=“4 ¶ 12 ¶ 8”，EPLAN 的数字代号是“203. 1. 4”。

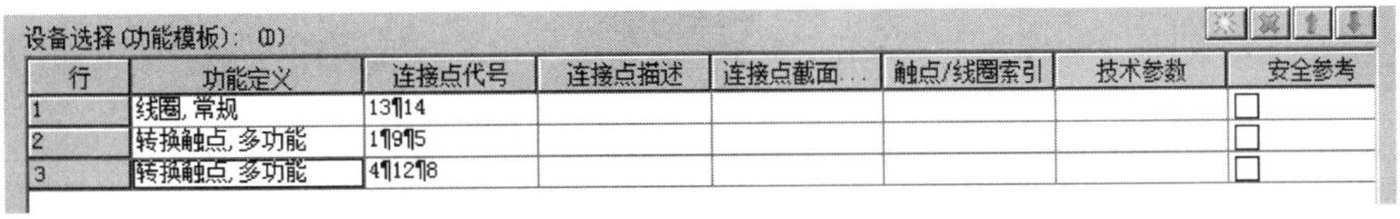

设备选择(功能模板)：(D)

行	功能定义	连接点代号	连接点描述	连接点截面…	触点/线圈索引	技术参数	安全参考
1	线圈,常规	13¶14					☐
2	转换触点,多功能	1¶9¶5					☐
3	转换触点,多功能	4¶12¶8					☐

图 7-35　功能定义选项卡

选择“项目数据”→“设备”→“导航器”菜单项，打开“设备”导航器，单击“-12K1”，如图 7-36 所示。

“设备”导航器中三组功能暂时没有定义到图纸符号，每行前都有“三角尺”符号提示部件功能设计未完成。

双击“-12K1”，弹出“属性(元件)：常规设备”对话框，单击“设备选择”按钮，弹出“设备选择”对话框，选择“线圈，常规”功能模板，如图 7-37 所示。

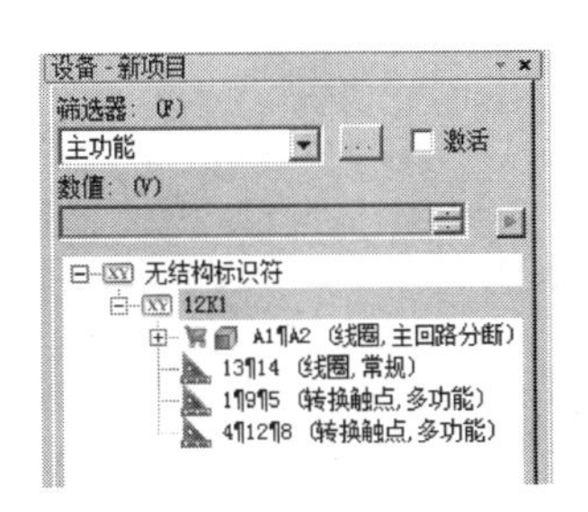

图 7-36　“设备”导航器

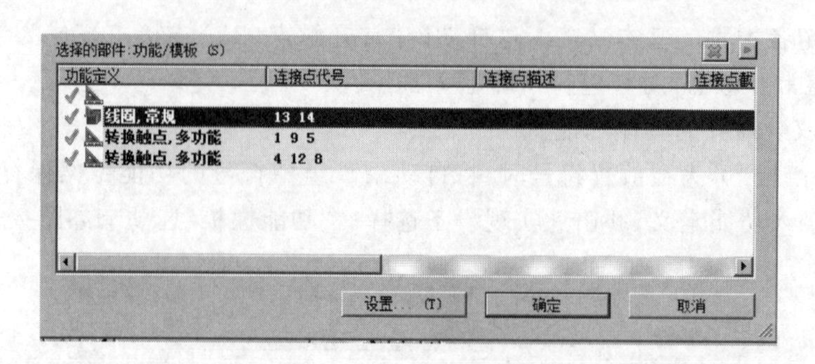

图 7-37　选择线圈功能模板

单击“确定”按钮,完成线圈功能模板的选择。继续单击“确定”按钮回到原理图窗口,此时在“设备”导航器中,线圈的提示符号由之前的“三角尺”变为“三角尺”+“小立方体”,如图 7-38 所示。

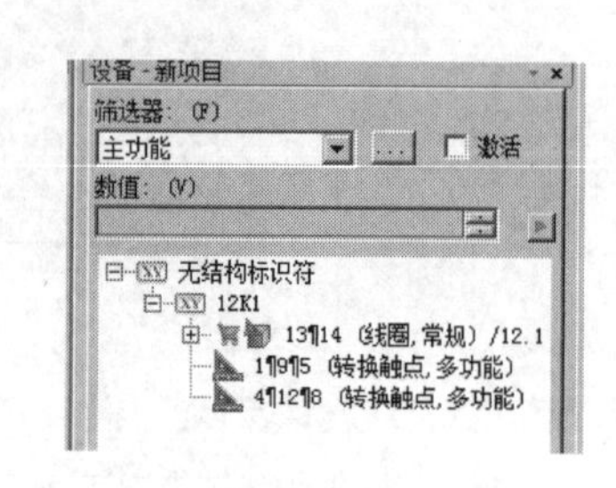

图 7-38　完成线圈功能模板分配

注意:

- 为线圈定义功能模板,是图纸上已经有了设备,为已有设备赋予功能模板。
- 如果对应的功能模板的符号还没有绘制在图纸上,则此时可以拖动功能模板到图纸上直接完成功能设计,功能设计结束后,三个功能模板条的符号全部变为“三角尺”+“小立方体”,如图 7-39 所示。

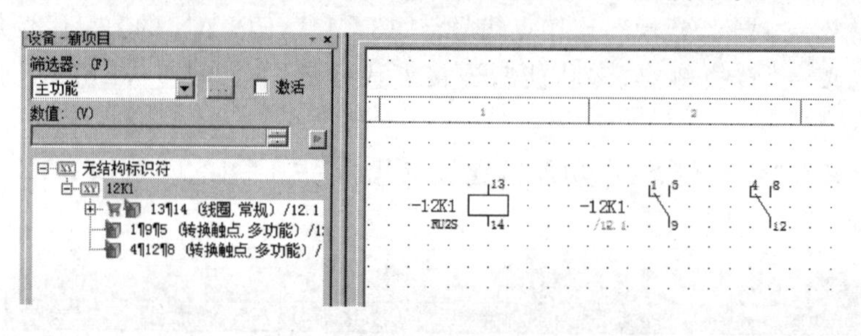

图 7-39　拖放功能模板完成功能设计

第 8 章　部件选择

8.1　学习目标

本章学习目标如下：

通过本章学习一些基本的电气设计常识和常用的 IEC 标准，这些知识并不是 EPLAN 软件的内容，但进行电气设计时会经常用到。

书中介绍部件选型品牌只是用市面上常见品牌举例，希望读者掌握部件选型的方法。项目中使用的品牌有中间继电器“和泉”，塑壳断路器、电机保护开关和接触器使用“伊顿穆勒”，端子品牌使用“凤凰”，按钮指示灯品牌使用“施耐德”。

8.2　实例教学

8.2.1　指示灯选型

有关按钮的选型，除满足电气要求(如选择合适电压和电流)外，GB 5226.1—2008 对指示灯颜色有如下要求：

- 红色指示灯：指示紧急或者危险情况，需要立即动作去处理危险情况(如断开机械电源，发出危险状态报警并保持机械的清除状态)。
- 黄色指示灯：指示异常。异常情况、紧急临界情况、监视和(或)干预(如重建需要的功能)。
- 绿色指示灯：指示系统或者设备正常。
- 蓝色指示灯：指示操作者需要强制性动作。
- 白色指示灯：指示红色、黄色、绿色、蓝色的应用以外的状态指示。

查阅施耐德产品样本如表 8-1 所列，选择 SCE. XB2BVM3LC 指示灯。

在绘图实例中，“-10H5”和“-11H5”指示供电信息，选用绿色指示灯，因为直接使用 AC 220 V 电源，所以指示灯要选择 220 V 以上。

在绘图实例中，“-10H6”和“-11H6”指示电机运行状态，同样可以使用 SCE. XB2BVM3LC 绿色 220 V 指示灯。

表 8-1　指示灯样本

通用型指示灯	电源电压	颜　色	型　号	质量/kg	尺　寸
XB2BV•••LC	交直流 24 V 含 LED 灯泡	○	XB2BVB1LC	0.002	Ø30 Ø21 13 E 47 58
		●	XB2BVB3LC	0.002	
		●	XB2BVB4LC	0.002	
		●	XB2BVB5LC	0.002	
		●	XB2BVB6LC	0.002	
	交直流 48 V 含 LED 灯泡	○	XB2BVE1LC	0.002	
		●	XB2BVE3LC	0.002	
		●	XB2BVE4LC	0.002	
		●	XB2BVE5LC	0.002	
	直流 110 V 含 LED 灯泡	○	XB2BVFD1LC	0.002	
		●	XB2BVFD3LC	0.002	
		●	XB2BVFD4LC	0.002	
		●	XB2BVFD5LC	0.002	
		●	XB2BVFD6LC	0.002	
	交流 110 V 含 LED 灯泡	○	XB2BVF1LC	0.002	
		●	XB2BVF3LC	0.002	
		●	XB2BVF4LC	0.002	
		●	XB2BVF5LC	0.002	
		●	XB2BVF6LC	0.002	
	直流 220 V 含 LED 灯泡	○	XB2BVMD1LC	0.002	
		●	XB2BVMD3LC	0.002	
		●	XB2BVMD4LC	0.002	
		●	XB2BVMD5LC	0.002	
		●	XB2BVMD6LC	0.002	

8.2.2　按钮选型

有关按钮的选型，除满足电气要求（如选择合适的电压和电流）、功能要求（通断自锁）外，GB5226.1—2008 对按钮的颜色有如下要求：

- “启动/接通”操作器颜色应为白色、灰色、黑色或绿色，优先用白色，但不允许用红色。
- “停止/断开”操作器颜色应使用黑色、灰色或白色，优先用黑色。不允许用绿色。也允许选用红色，但靠近紧急操作器件建议不使用红色。
- “交替切换”按钮操作器的优选颜色为白色、灰色或黑色，不允许用红色、黄色或绿色。
- “点动”按钮优选颜色为白色、灰色或黑色，不允许用红色、黄色或绿色。
- “复位”按钮应为蓝色、白色、灰色或黑色。优先使用蓝色。如果它们还用作停止/断开按钮，最好使用白色、灰色或黑色，优先选用黑色，但不允许用绿色。

注意：

- 黄色按钮在异常情况时操作用于制止异常的情况。
- 蓝色按钮用于强制性的操作，如系统复位。

查找施耐德按钮样本，如表 8-2 所列。

表 8-2　按钮样本

弹簧复位按钮	说　明	颜　色	触点类型 常开 常闭	型　号	质量/kg	尺　寸
XB2BA••C	平头按钮	○	1	XB2BA11C	0.070	
		●	1	XB2BA21C	0.070	
		●	1	XB2BA31C	0.070	
		○	1	XB2BA51C	0.070	
		●	1	XB2BA61C	0.070	
		●	1	XB2BA22C	0.070	
		●	1	XB2BA42C	0.070	

"－10S7"和"－11S7"用于电机的启动，选择白色常开按钮 SCE. XB2BA11C。

"－10S7.1"和"－11S7.1"用于电机的停止，选择黑色常闭按钮 SCE. XB2BA22C。

8.2.3　断路器选型

为"－10Q0"总电源断路器选型，需按照如下步骤进行：

① 根据负载确定断路器工作的额定电流。

② 根据断路器需要保护的设备确定保护曲线。

③ 根据上级电源容量、上级断路器和供电进线阻抗确定分段能力。

④ 根据控制功能选配辅助触点、手柄灯附件。

1. 额定电流

图纸中设计有 2 台电机，7.5 kW 电机额定电流为 16 A，0.75 kW 电机额定电流为 2.5 A。断路器额定电流需要选择大于 18.5 A，在此选择 20 A 额定电流。

2. 保护曲线

电机保护曲线如图 8-1 所示。在负载超出 $15I_e$ 时，电机保护开关动作将小于 20 ms，小于 $15I_e$，过载保护会有最大 2 s 的过载时间。

因为主要负载是电机，所以总进行的保护曲线应用选择和电机保护曲线接近的 D 型曲线。

以伊顿穆勒产品为例，总断路器可以考虑使用 PL9 或者 PL10 的 3P 微型断路器，选择 D 曲线，如图 8-2 所示，在超过电流 $20I_e$ 时，断路器会瞬时动作。也可以考虑使用塑壳断路器。在小于 $10I_e$ 时，会进行过载曲线的保护，过载保护的点根据产品会分布在 $10\sim20I_e$ 之间。

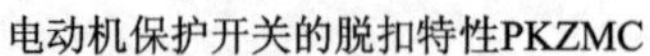

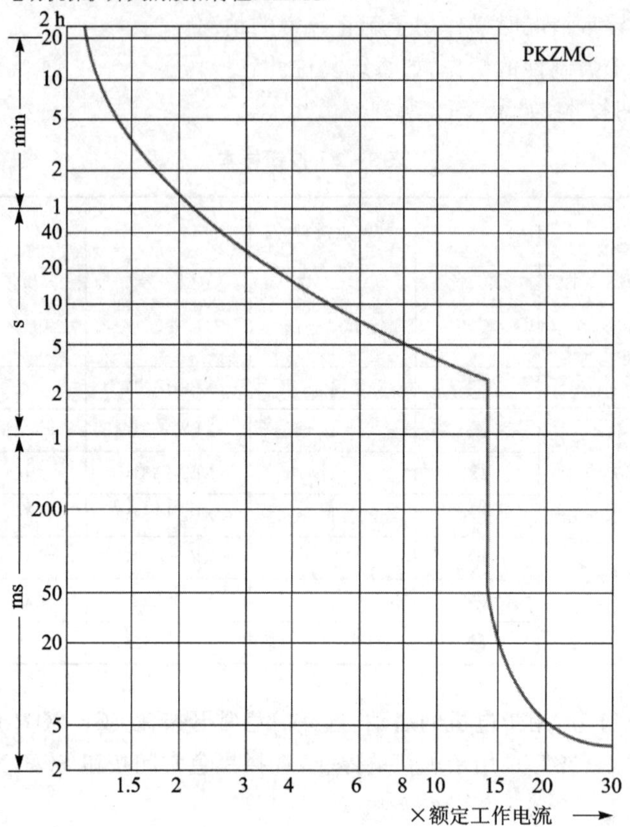

图 8-1　电机保护曲线

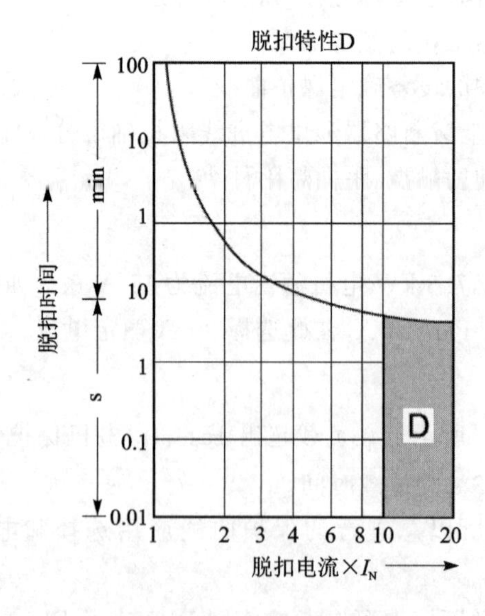

图 8-2　微型断路器 D 曲线

3. 分断能力

是使用低成本微型断路器还是使用价格较高的塑壳断路器甚至是昂贵的空气断路器，就需要考虑“分断能力”这一参数。

通俗来说，分断能力就是一旦在保护回路内发生了短路情况，这种短路的程度有多大，保护装置有没有能力去做保护动作。

发生短路时，短路电流与电源电压、电源内阻、线路阻抗和短路段接触电阻有关。如果需要保护的设备距离电源比较近（线路阻抗小），电源端容量比较大（内阻小），发生短路时短路电流就会很大，就需要成本比较高、性能比较强的设备去切断短路回路。

相反，如果需要保护的设备距离电源比较远（线路阻抗大），电源端容量比较小（内阻大），发生短路时的短路电流不是很大，那么一些简单、低成本的断路器就可以切断短路回路。

注意：一般下级断路器容量小于上级容量，其保护等级和分断能力也小于上级断路器容量。如果无法实现短路电流的计算，那么可以参考上级断路器分断能力选择等于或者小于上级分断能力的断路器。

一般微型断路器提供基本产品的分断能力是 6 kA，伊顿穆勒产品 PL9 系列产品的分断能力就是 6 kA，伊顿穆勒产品 PL10 系列产品的分断能力就是 10 kA。技术参数如表 8－3 所列。

表 8－3　微型断路器分断能力

项　目	技术参数
电气方面 设计标准 PL10/9 PL9－DC	 IEC/EN 60898 GB 10963 IEC/EN 60947－2
额定电压 U_n PL10/9 PL10/9 PL9－DC	 AC：230/400 V DC：48 V（单极） DC：250 V（单极）
工作电压/V	240/415
额定频率/Hz	50/60
额定分断容量 I_{on} PL10 PL9	 10 kA 6 kA

如果计算上级供电电源分断能力不大于 10 kA，则此处“－10Q0”短路分断能力可以选择 PL10 系列微型断路器作为总进线的断路器。

如果计算短路电流大于 10 kA，就必须从保护等级更高的塑壳断路器和空气断路器系列中去选择。如果计算短路电流为 23 kA，则参考伊顿穆勒塑壳断路器产品样本，如图 8－3 所示。

选择 LZMB 系列产品（分断能力为 25 kA）LZMB1－A20 即可，如表 8－4 所列。

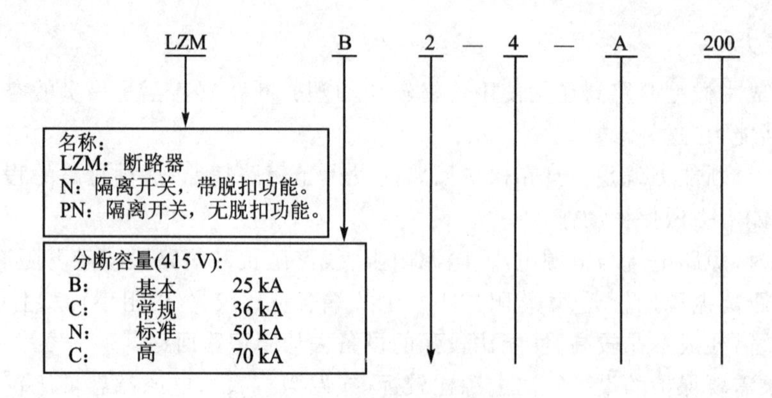

图 8-3 塑壳断路器分断参数

表 8-4 塑壳断路器参数

标配盒式接线端子	热磁式脱扣器，3 极 额定电流=额定持续电流 $I_n=I_u$/A	设定范围 过载保护 I_f/A	短路保护 I_f/A	基本分断能力 25 kA 415 V 50/60 Hz 型　号 订货号
	20	15～20	350	LZMB1 - A20 109232
	25	20～25	350	LZMB1 - A25 109233
	32	25～32	350	LZMB1 - A32 109234
	40	32～40	320～400	LZMB1 - A40 109235

8.2.4 电机保护开关选型

前文已进行了电机保护开关的选型，在了解断路器选型参数设计后，再回顾电机保护开关的参数，如表 8-5 所列。

与断路器参数相比，电机保护开关同样需要额定的电流，因为电机的品种很多，不同的电机额定电流各不相同，很难选择固定的额定电流，电机保护开关设计了一个机构，在一个范围内设定当前电机保护开关的额定电流，如图 8-4 所示黄色旋钮。

7.5 kW 电机额定电流为 16 A 时，电机保护开关 PKZMC - 16 的电流调整范围是 10～16 A，在实际应用时需要整定参数到 16 A。

0.75 kW 电机额定电流为 2.5 A 时，电机保护开关 PKZMC - 2.5 的电流调整范围是 1.6～2.5 A，在实际应用时需要整定参数到 2.5 A。

表 8-5　电机保护参数

电机保护开关	电动机功率 AC-3 380/400 V P/kW	额定持续电流 I_u/A	过载脱扣整定范围 I_f/A	额定分断容量 I_{ou}/kA			型　号 订货号
				220 V	380/400 V	440 V	
	—	0.16	0.1～0.16	65	65	65	PKZMC-0.16 225358
	0.06	0.25	0.16～0.25	65	65	65	PKZMC-0.25 225364
	0.09	0.4	0.25～0.4	65	65	65	PKZMC-0.4 225370
	0.12	0.63	0.4～0.63	65	65	65	PKZMC-0.63 225376
	0.25	1	0.63～0.1	65	65	65	PKZMC-1 225383
	0.55	1.6	1～1.6	65	65	65	PKZMC-1.6 225387
	0.75	2.5	1.6～2.5	65	65	65	PKZMC-2.5 225389
	1.5	4	2.5～4	65	65	65	PKZMC-4 225390
	2.2	6.3	4～6.3	65	16	6	PKZMC-6.3 225391
	4	10	6.3～10	16	16	6	PKZMC-10 225394
	7.5	16	10～16	16	16	6	PKZMC-16 225395

8.2.5　接触器选型

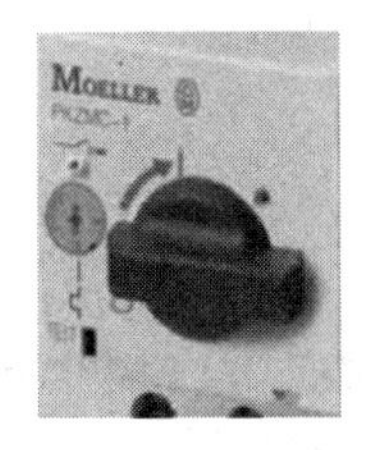

图 8-4　电机保护开关额定电流设置

接触器选型相对简单，需要考虑以下因素：

- 触点容量：选择触点容量要大于设计计算的电流。
- 触点数量：除主触点外，还需要多少辅助常开触点和辅助常闭触点。
- 控制线圈电气参数：控制线圈的电压等级和频率。

"—10M3"电机容量为 7.5 kW，其额定电流为 16 A；"—11M3"电机容量为 0.75 kW，其额定电流为 2.5 A。

在考虑触点容量时，大容量接触器的成本要高于小容量成本，如果成本差别不大，考虑到采购、备件的原因，一般在同一套系统中接触器品种规格尽量少。

有关触点数量，在回路中除了使用 3 组主触点外，还要用一组辅助触点用于状态显示。

控制线圈要求为 220 V AC 50 Hz。

根据以上技术要求，查找伊顿穆勒产品样品，为项目 CHP08 "－10KM7"选择型号为 DILM17－10C(220～230 V 50 Hz)。为"－11KM7"选择型号为 DILM7－10C(220～230 V 50 Hz)"。两只接触器本体都带有 4 个触点，需要选择额外的辅助触点。

注意：

- 对接触器标识字母的定义，工程师习惯使用字母 K 作为继电器标识字母，用常用字母组合 KM 代表接触器。
- 国标 GB 目前使用的是 GBT5904(等同于 IEC61346)和 IEC81346，对接触器标识字母的定义为 Q，如果图纸要求使用 GBT5904、IEC61346 和 IEC81346 的标准，则要注意标识字母的变化。
- EPLAN 可以通过选择"工具"→"主数据"→"标识字母"菜单项来查看不同标准对"标识字母"的定义，如图 8－5 所示。
- EPLAN 提供的标识字母可以通过菜单进行查看，接触器部分如图 8－6 所示。

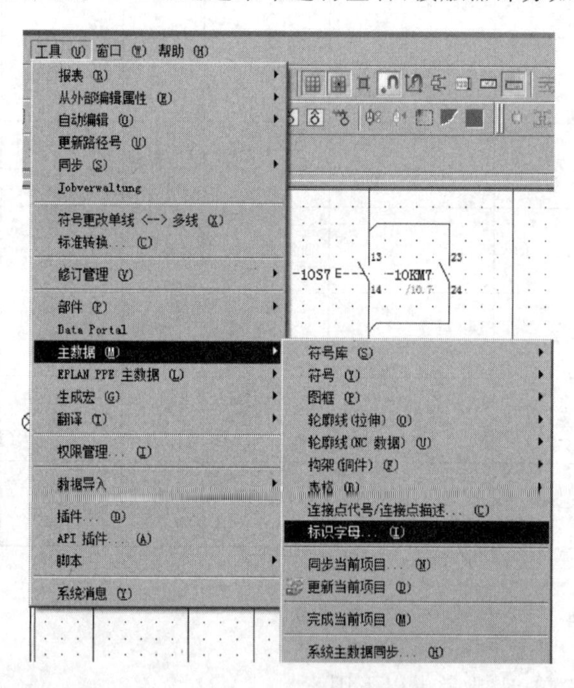

图 8－5 标识字母查看

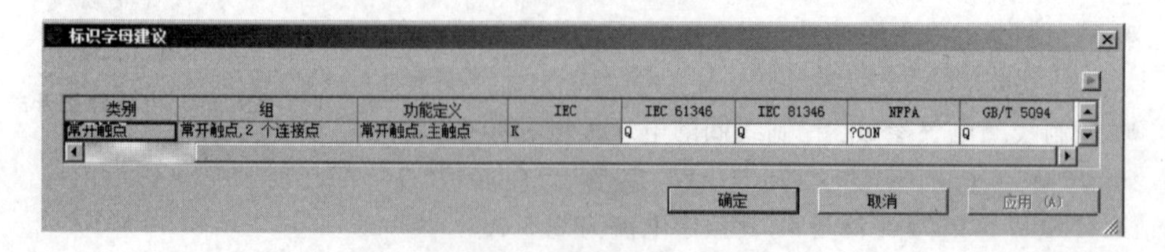

图 8－6 接触器标识字母

8.2.6　端子选型

端子选型需要考虑如下因素：

- 端子形式：使用螺钉端子还是选用弹簧端子，进线出线分别有几个连接点，是否需要鞍形跳线。
- 接线线径：端子定义了进线和出线的线径，一般软线和硬线的线径是不同的。
- 端子附件：做端子部分设计时，在生产层面考虑，应该考虑端子使用的标号、标牌、导轨、固定件等附件。如果只是原理图设计，则相关附件的选择也可由电柜厂完成。

项目 CHP08 中，端子选用弹簧端子，参考如表 8 - 6 所列，其通过能力按 IEC60947 - 7 - 1 标准可以通过 40 A，主断路器“－10Q0”容量为 25 A，可以选择 ST4 系列端子。

表 8 - 6　ST4 端子技术参数

端子厚度 6.2(IEC)/mm^2	刚性实心	柔性多芯	AWG	I/A	U/V
IEC 60 947 - 7 - 1	0.2～6	0.2～4	24～10	40	800
EN 50019	0.2～6	0.2～4	24～10	34/30	550

注意：

- 选择端子时要考虑不同端子的功能和分色。
- 接地端子 PE 接线连接点会通过端子内部金属和端子导轨连通到安装板上。
- 接地端子用黄色和绿色混合进行标识。
- 中线 N 会用蓝色进行标识，中线端子也要求使用蓝色端子。

普通 ST4 端子选择 3031364，中线 N 端子选择 3031377，PE 端子选择 3031380，如图 8 - 7 所示。

为项目 CHP09 分配端子：

选择“项目数据”→“端子排”→“导航器”菜单项，弹出“端子排”导航器。

分别单击“－10X0”、“－10X3”和“－11X3”展开端子排，按住键盘 Ctrl 键的同时用鼠标单击“－10X0”的“1、2、3”、“－10X3”的“1、2、3”和“－11X3”的“1、2、3”，如图 8 - 8 所示。

图 8 - 7　ST 端子

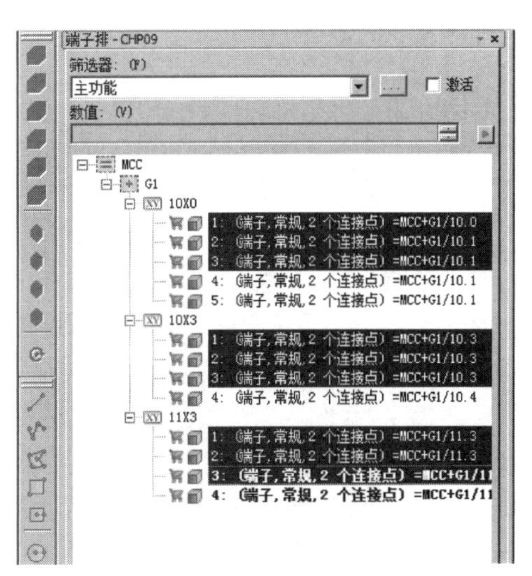

图 8 - 8　选择端子

右击选中端子，弹出快捷菜单，选择“属性”，进入“属性(元件)：端子”对话框。单击“部件”选项卡，进入部件选择。单击“部件编号”，查找 ST 4，单击选择 3031364 端子，单击“确定”按钮，完成部件选择并回到“属性(元件)：端子”对话框，如图 8-9 所示。

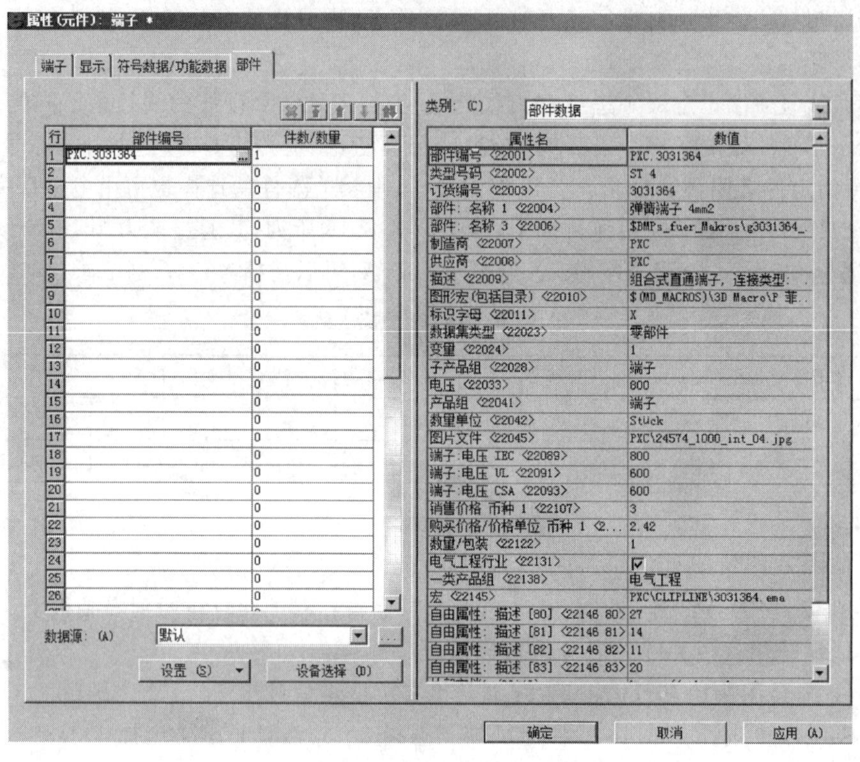

图 8-9　普通端子选型

单击“确定”按钮，回到“端子排”导航器，所选择编辑的端子符号显示为已完成(三角形+方形)，如图 8-10 所示。

按照普通端子选型方法，为“-10X0:4”选型 N 线端子 PXC.3031377。

按照普通端子选型方法，为“-10X0:5”、“-10X3:4”和“-10X3:4”选型 PXC.3031380，完成后如图 8-11 所示。

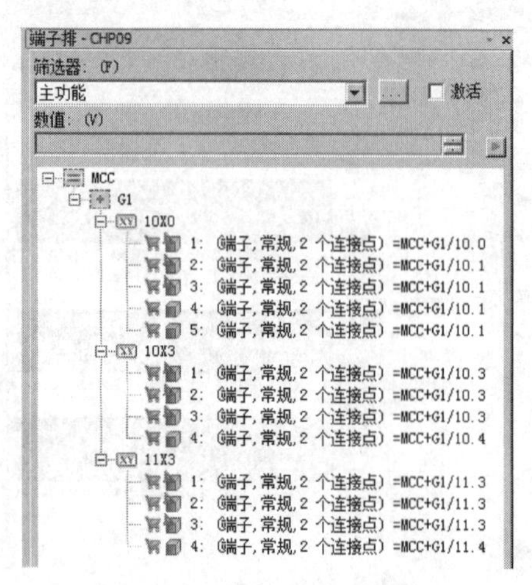

图 8-10　完成普通端子选型

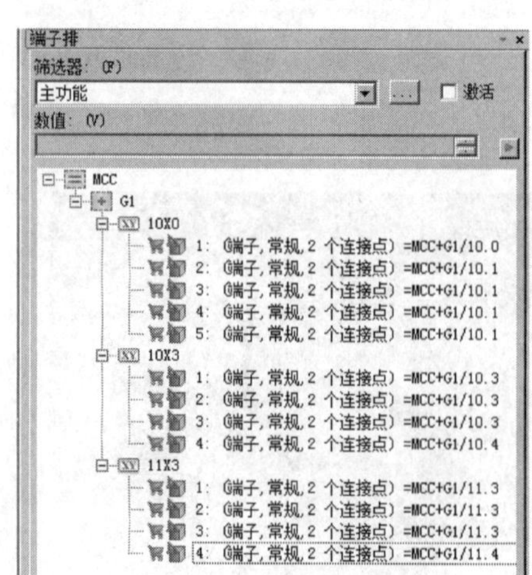

图 8-11　完成端子选型

每个端子排还要有如下附件：

- 端子排标记 KLM+ES/KLM(1005322)，如图 8-12 所示。
- 导轨：NS35/7.5 (0801733)如图 8-13 所示。
- 端子固定件(1201442)如图 8-14 所示。
- 快速标记条：ZB4(0805001)，如图 8-15 所示。
- 端板：DST4(3030420)。

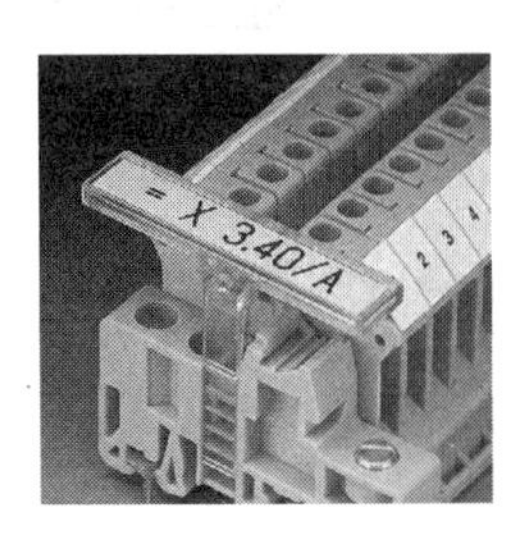

图 8-12　端子排标记

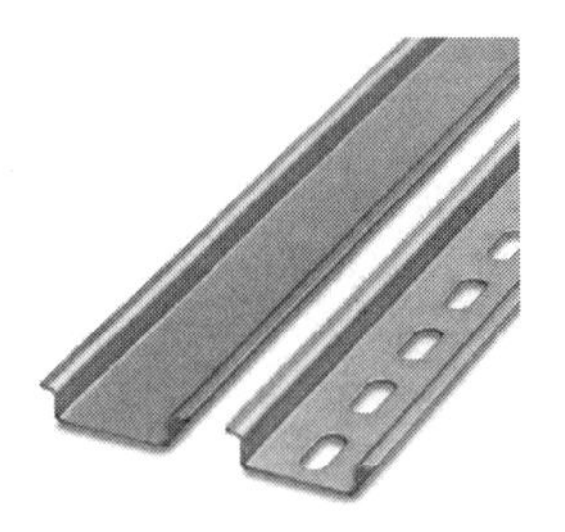

图 8-13　35 mm 导轨

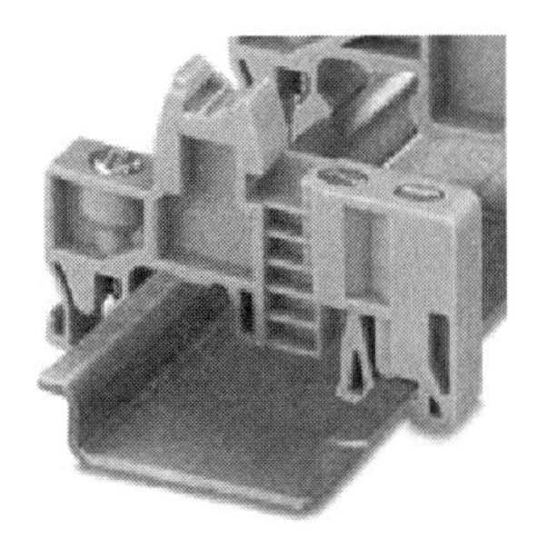

图 8-14　端子固定件

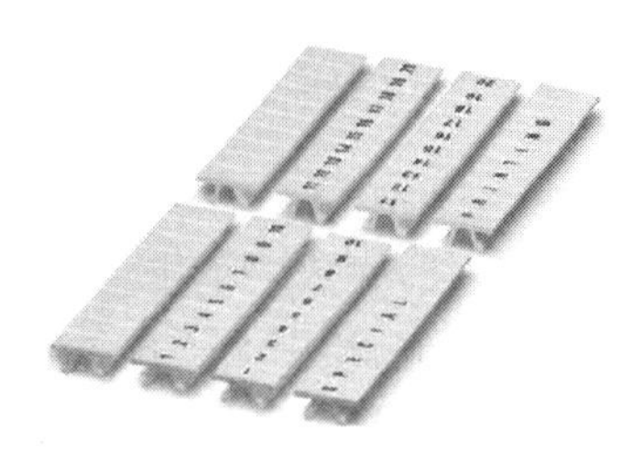

图 8-15　快速标记条

注意：整端子排的附件(一排端子需要的附件)可以在“端子排”导航器中生成端子排定义，为该定义端子排进行部件设计。

在“端子排”导航器中对项目 CHP08 中“-10X0”端子排进行定义。

右击“-10X0”，从弹出的快捷菜单中选择“生成端子排定义”，弹出“属性(元件)：端子排定义”对话框，选择“部件”属性栏，单击“设备选择”，弹出“设备选择”对话框，如图 8-16 所示。

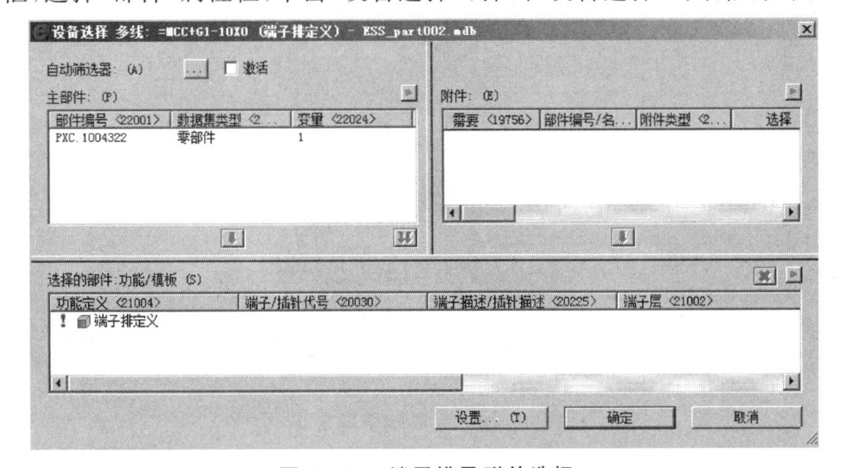

图 8-16　端子排及附件选择

单击 PXC.1004322 部件，附件栏会出现 PXC.1004322 部件定义“必选”及“可选”附件，除默认选择外，选择 PXC.0805001 附件，如图 8-17 所示。

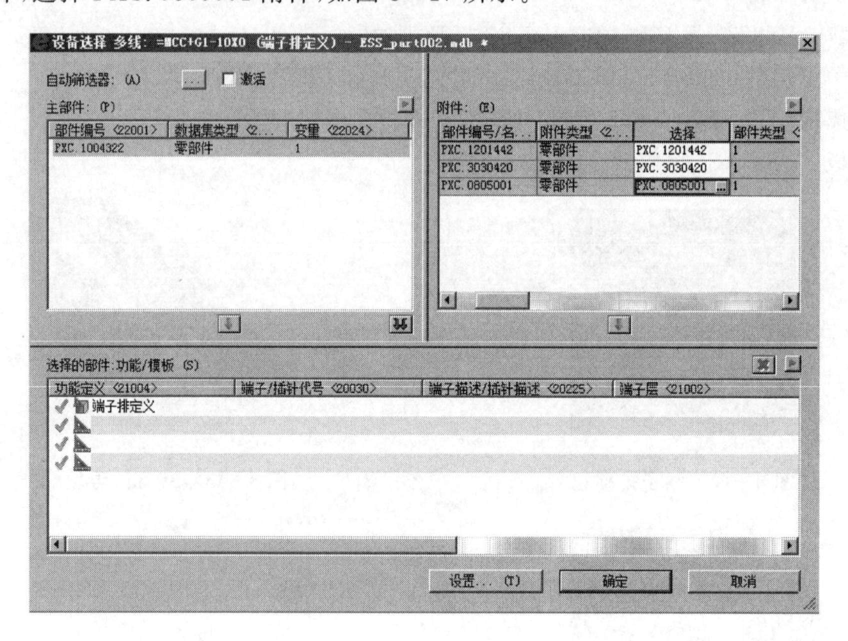

图 8-17 完成端子排附件选择

单击“确定”按钮，完成端子排定义，回到“属性(元件)：端子排定义”对话框，如图 8-18 所示，单击“确定”按钮，绘图端子排导航器。

用相同的方法完成“-10X3”和“-11X3”端子排定义。关闭“端子排”导航器。

注意：端子排部件可以从本书附带资料(见 www.xtreme-tek.com，www.buaapress.com.cn)CHP09 中“端子排.xml”文件导入到部件库。

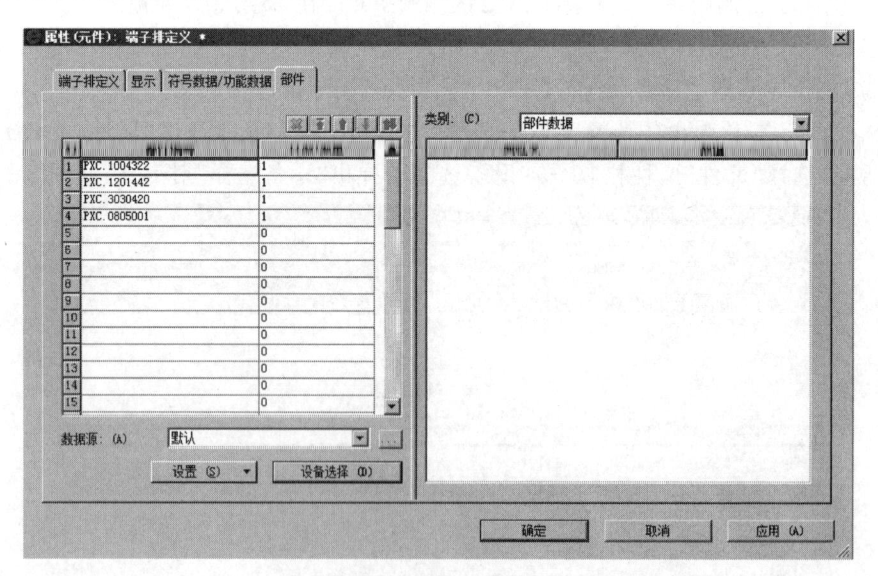

图 8-18 完成端子排定义

8.2.7 导线选择

在为电气设备选择导线时，不但要按标准选定导线的规格和颜色，还要根据使用情况选择正确的线径。

导线和电缆有多种布放情况，导线的载流除了和导线截面有关系外，也受到导线布放的影响，GT 5226 对导线部分归纳为 B1、B2、C 和 E 四种方式，如图 8-19 所示。

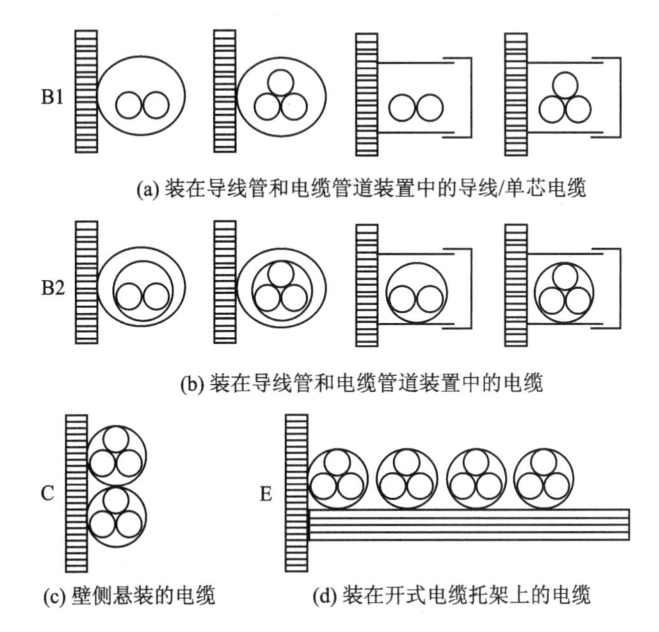

(a) 装在导线管和电缆管道装置中的导线/单芯电缆

(b) 装在导线管和电缆管道装置中的电缆

(c) 壁侧悬装的电缆

(d) 装在开式电缆托架上的电缆

图 8-19 不受导线/电缆数量限制的导线和电缆安装方法

在计算电柜内部导线载流量时，可以采用 C 条件，参照 GB 5226 给出了载流与 PVC 绝缘铜导线线径对照表，如表 8-7 所列。

表 8-7 PVC 绝缘铜导线或电缆的载流容量对照表

截面积/mm^2	敷设方法			
	B1	B2	C	E
	三相电路用载流容量 I_t/A			
0.75	8.6	8.5	9.8	10.4
1.0	10.3	10.1	11.7	12.4
1.5	13.5	13.1	15.2	16.1
2.5	18.3	17.4	21	22
4	24	23	28	30
6	31	30	36	37
10	44	40	50	52
16	59	54	66	70
25	77	70	84	88
35	96	86	104	110

续表 8－7

截面积/mm²	敷设方法			
	B1	B2	C	E
	三相电路用载流容量 I_t/A			
50	117	103	125	133
70	149	130	160	171
95	180	156	194	207
120	208	179	225	240

在计算载流量时，还需要参考负载导线或线对数对载流量的影响，如表 8－8 所列。

表 8－8　10 mm² 及以下（含 10 mm²）多芯电缆减额系数

负载导线或线对数	导线（>1 mm²）	线对（0.25～0.75 mm²）
1	—	1.0
3	1.0	—
5	0.75	0.39
7	0.65	0.3
10	0.55	0.29
24	0.40	0.21

为 CHP08 导线进行定义：

选择“插入”→“连接定义点”菜单项，连接定义点符号跟随鼠标移动，EPLAN 默认设置“连接定义点”符号是 CDPNG2 为隐含，第一次使用时需要修改为 CDP 符号。

在定义点符号跟随鼠标移动时按下 Backspace 键进入“符号选择”对话框，单击 CDP，以后再次使用将默认使用 CDP，单击“确定”按钮完成符号选择。

移动鼠标在“－10X0：1”上方导线单击鼠标，弹出“属性（元件）：连接定义点”对话框，如图 8－20 所示。

在“电气连接点”对话框定义导线的一些基本信息：

线径：塑壳断路器额定电流为 25 A，由表 8－7 查到 4 mm² 导线可以满足要求。

颜色选择：单击“颜色/编号”文本框，根据 IEC 要求选择动力线颜色为黑色，如图 8－21 所示。按此方法定制其余导线。

注意：EPLAN 除了支持从“位置面”和“产品面”描述电气连接点外，也支持“线号”对电气连接点的描述。在“电气连接点”对话框中，“连接代号”可以作为常用的“线号”来使用。

GB 5226.1—2008 的 13.2.2 对保护导线约定：

● 从颜色约定保护导线：采用专用色标“黄绿”。

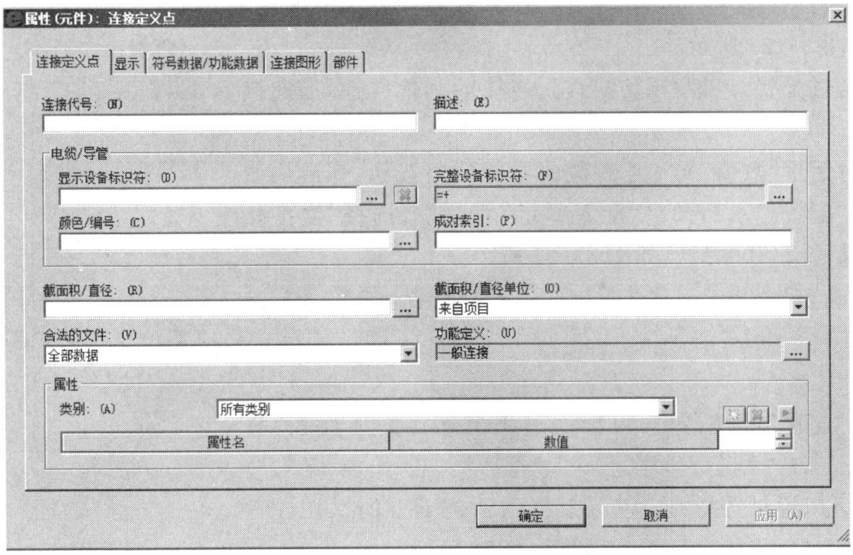

图 8-20　"属性(元件)：连接定义点"对话框

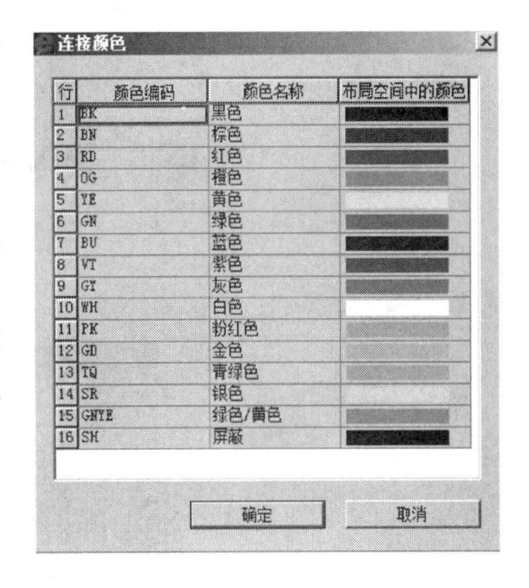

图 8-21　导线颜色选择

- 从形状位置和结构约定保护导线：可在端头或易接近的位置上标识或者用黄绿组合标记。

GB 5226.1—2008 的 13.2.3 对中线约定：

- 使用不饱和蓝色"浅蓝"作为唯一颜色标识中线。EPLAN 中，用 TQ 标注中线(EPLAN 颜色选择中对 TQ 的中文描述是"青绿色")。

GB 5226.1—2008 的 13.2.5 对颜色标识导线的约定是，当使用颜色代码标识导线时，建议使用下列颜色代码：

- 黑色：交流和直流动力回路。
- 红色：交流控制回路。
- 蓝色：直流控制回路。
- 橙色：按 GB5226.1—2008 的 5.3.5"例外电路"。

这里提到的"例外电路"是指不报警电源切断开关切断的回路，有以下几种：

- 维修时需要的照明电路；
- 供给维修工具和设备(如手电钻、试验设备)专用链接的插头/插座电路；
- 仅用于电源故障时自动脱扣的欠压保护电路；
- 为满足操作要求而经常保持通电的设备电源电路(如温度控制测量器件、加工中的产品加热器、程序存储器)；
- 连锁控制电路。

导线绘制的结果如图 8-22 所示。

EPLAN 提供"连接"导航器方便从整个项目来编辑和检查连接。

选择“项目数据”→“连接”→“导航器”菜单项，打开“连接”导航器，如图 8-23 所示。

可以通过配置“连接”导航器查看连接的其他属性，如连接的颜色。

单击对话框“数值”文本框右侧向右的三角按钮，弹出快捷菜单，选择“配置显示”，弹出“配置显示”对话框，选择“连接颜色或连接编号＜31004＞”，如图 8-24 所示。

单击“确定”按钮，完成“连接”的显示配置，如图 8-25 所示。

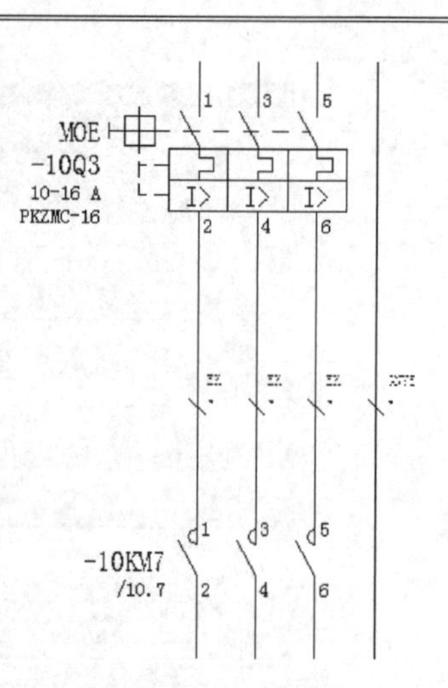

图 8-22　标准导线

注意：

- 在“连接”导航器中，可以通过单击连接的属性如“源＜31019＞”进行排序。
- 也可以通过选择“连接”导航器对话框下方的“树”或者“列表”对连接进行查看，如图 8-26 所示。

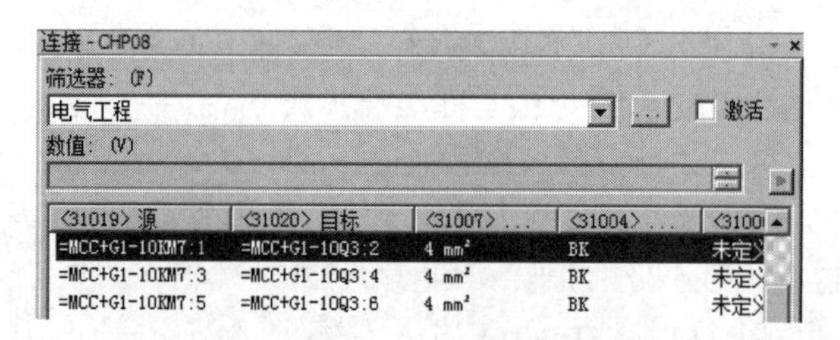

图 8-23　“连接”导航器

图 8-24　配置连接显示

8.2.8　电缆设计

项目 CHP09 中一共使用 3 组电缆，分别是：

- 外部电源供电到电柜“+G1”的动力电缆命名为“-10W0”；
- 电柜“+G1”到现场“+W01”的“-10M3”电机的电缆“-10W3”；

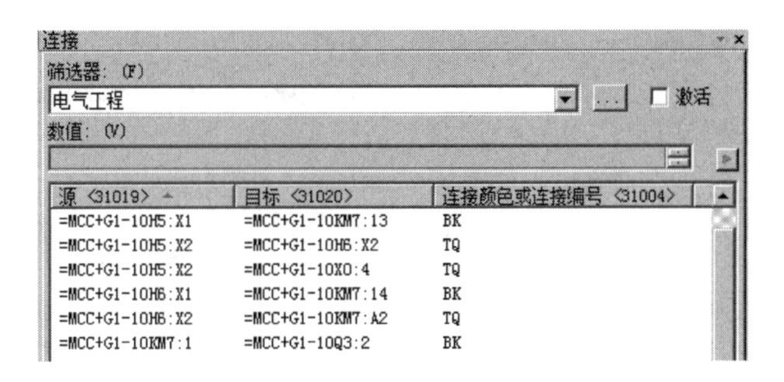

图 8-25　更新后的连接显示

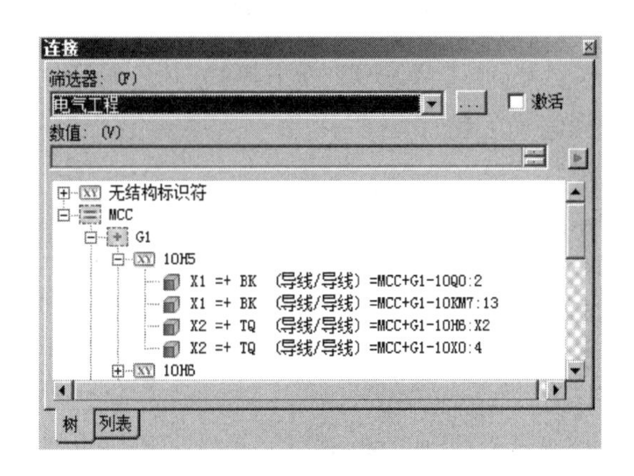

图 8-26　以树的方式显示连接

● 电柜“＋G1”到现场“＋W01”的“－11M3”电机的电缆“－11W3”。

1. 定义电缆

选择“插入”→“电缆定义”菜单项，电缆定义符号附着在鼠标上，单击需要定义电路导线的左侧，移动鼠标，绘制一条以该点为固定点的线段，线段覆盖需要定义电缆线段后再次单击完成电缆定义，如图 8-27 所示。

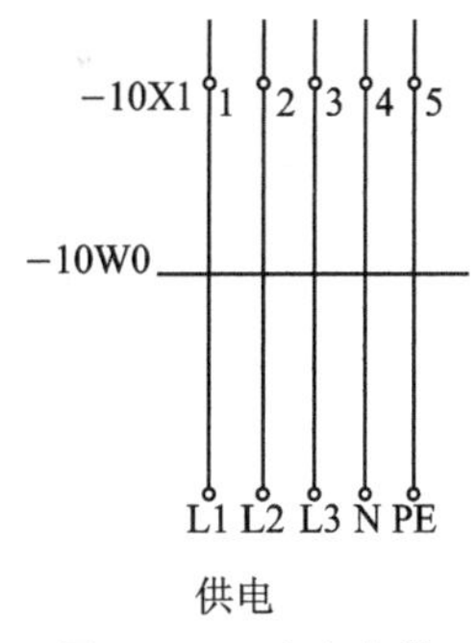

图 8-27　定义电缆

此时，完成的电路定义只是在“基于符号设计”的层面完成了电缆设计，图纸设计如果不关注外部电路的施工，电缆设计深度到此即可。

如果需要按照图纸进行电缆的采购、生产、安装，则还要在“基于部件设计”的层面深化设计。

2. 编写电缆部件

选择“工具”→“部件”→“管理”菜单项进入“部件管理”对话框。

单击“树”可以以“树”形式查看部件库部件，在“电气工程”→“零部件”上右击弹出“快捷菜单”，选择“新建”，在“零部件”→“未定义”下出现“新建_1”的部件，如图 8-28 所示。

在“常规”选项卡中填写定义电缆需要的信息：

“＋G1”电柜需要 4 mm^2 的进线，选择聚氯乙烯绝缘护套 5 芯，每芯 4 mm^2 的电缆 RVV-4G4；

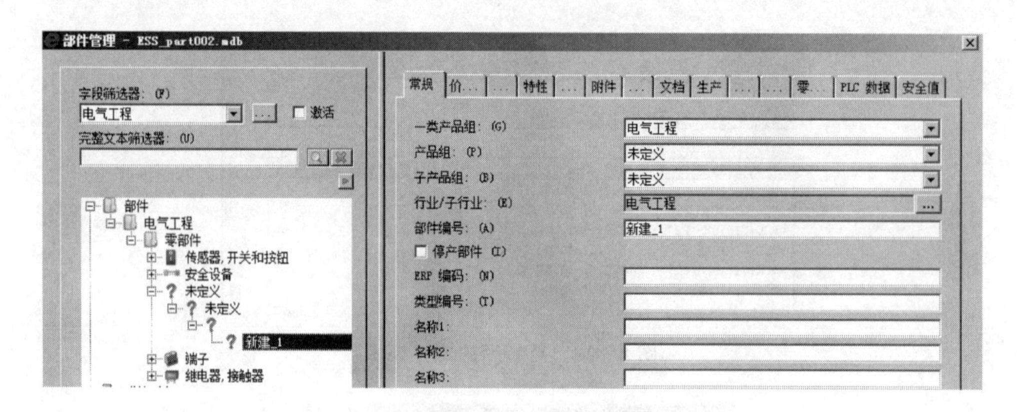

图 8-28　新建部件

- "一类产品组"选择"电气工程"；
- "产品组"选择"电缆"；
- "子产品组"选择"未定义"；
- "部件编号"填写 RVV-5G4；
- "类型编号"填写 RVV-5G4；
- "名称 1"填写"电缆,RVV-5G4"；
- "订货编号"填写"RVV-5G4"；
- 根据实际情况填写"制造商"和"采购商"。

完成后如图 8-29 所示。

图 8-29　电缆"常规"选项卡

在"技术数据"选项卡中,"标识字母"填写"W"。

完成后如图 8-30 所示。

在"功能模板"选项卡中,"符号库"填写 IEC_SYMBOL。

在"设备选择(功能模板)"中填写电缆的定义和每芯导线的技术数据,如图 8-31 所示。

注意：电位类型要正确填写,需要与图纸中定义的电位类型匹配,如图 8-32 所示,否则无法正确地分配电缆芯线。

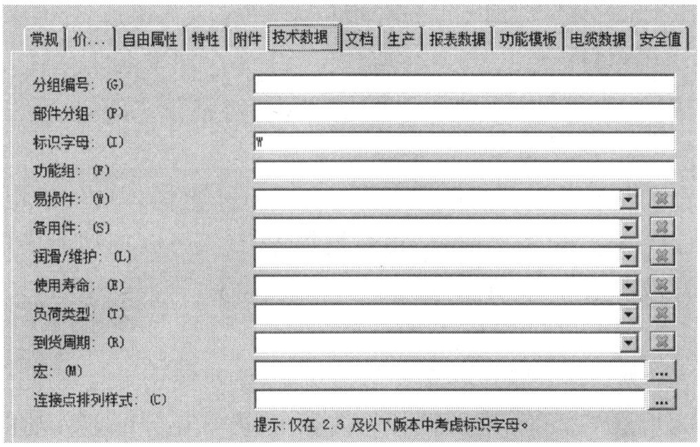

常规 | 价... | 自由属性 | 特性 | 附件 | 技术数据 | 文档 | 生产 | 报表数据 | 功能模板 | 电缆数据 | 安全值

分组编号：(G)

部件分组：(P)

标识字母：(I) W

功能组：(F)

易损件：(W)

备用件：(S)

润滑/维护：(L)

使用寿命：(E)

负荷类型：(T)

到货周期：(R)

宏：(M)

连接点排列样式：(C)

提示：仅在 2.3 及以下版本中考虑标识字母。

图 8-30 电缆“技术数据”选项卡

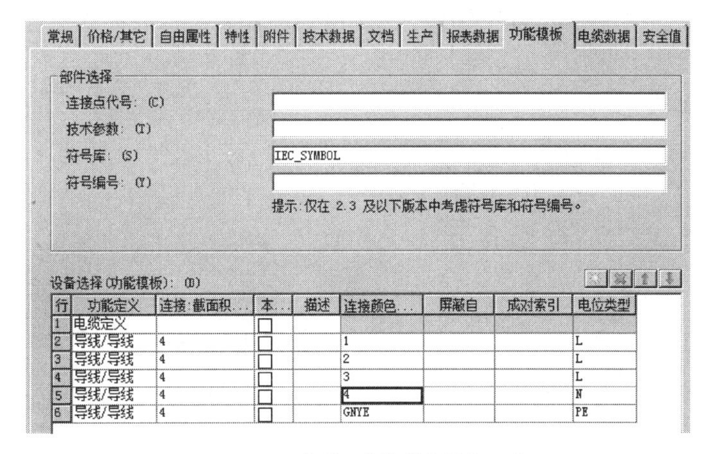

图 8-31 电缆“功能模板”选项卡

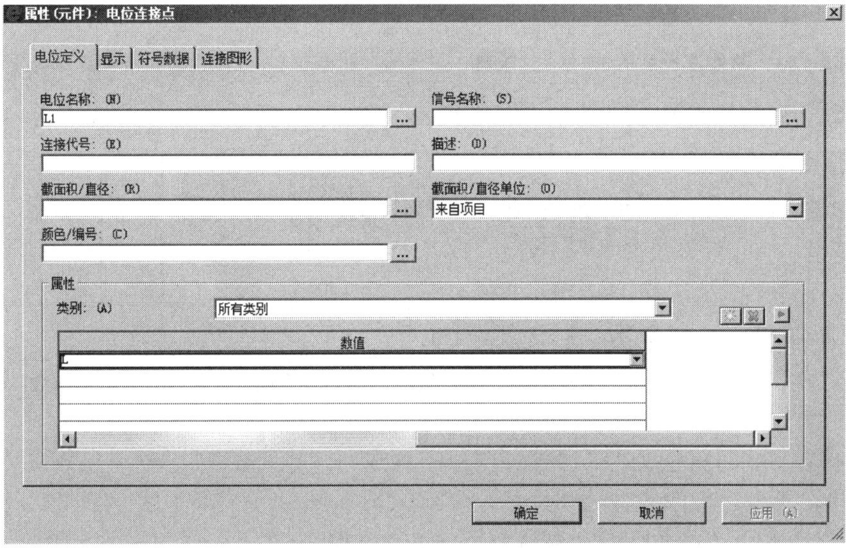

属性(元件)：电位连接点

电位定义 | 显示 | 符号数据 | 连接图形

电位名称：(N) L1

信号名称：(S)

连接代号：(E)

描述：(D)

截面积/直径：(R)

截面积/直径单位：(U) 来自项目

颜色/编号：(C)

属性

类别：(A) 所有类别

数值

L

确定 取消 应用(A)

图 8-32 原理图定义电位

单击“确定”按钮，完成 RVV－5G4 电缆部件的建立。

3. 基于部件的电缆设计

双击图纸“－10WM0”，弹出“属性(元件)：电缆”对话框，单击“部件”选项卡进行部件选择。

在“部件编号”表格内单击“…”按钮，选择 RVV－5G4 电缆，单击“确定”按钮，回到“电缆”导航器，在进行部件设计后，“电缆”导航器窗口增加了 RVV－5G4 功能模板设计的内容，内容前以三角形符号标识，如图 8－33 所示。

注意：

- 小三角形符号“”表示部件设计具备的功能，该功能还未与图纸的符号结合。
- 小立方体符号“”表示原理图设计的内容，该内容还分配部件功能。
- 小三角和小立方结合符号“”表示经过了部件设计的设备。

分别拖拽“1”、“2”、“3”、“4”和“GNYE”五个电缆的功能模板到图纸“－10WM0”电缆芯线上，完成电缆芯线分配。

分配完成的“电缆”导航器如图 8－34 所示。

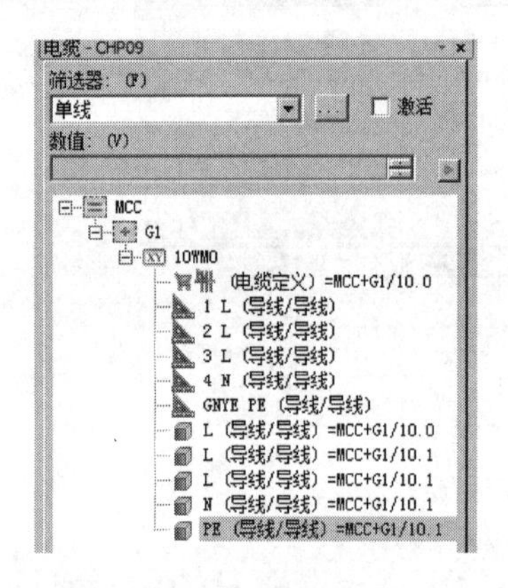

图 8－33　部件设计后的“电缆”导航器

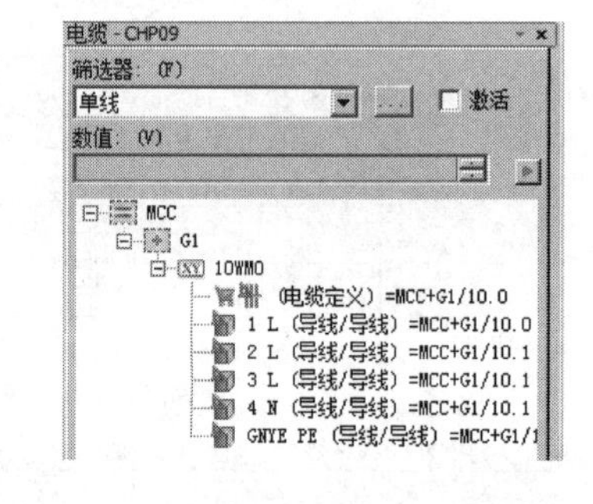

图 8－34　分配完成的“电缆”导航器

分配完成的“－10WM0”如图 8－35 所示。

4. 完善电缆参数

如果有电缆的长度等信息，如“－10WM0”电缆的长度是 10 m，可以双击“－10WM0”进入“属性(元件)：电缆”对话框，在“长度”文本框中填写“10”，如图 8－36 所示。同样地，设定“－10WM3”为 20 m”，设定“－11WM3”长度为 30 m。

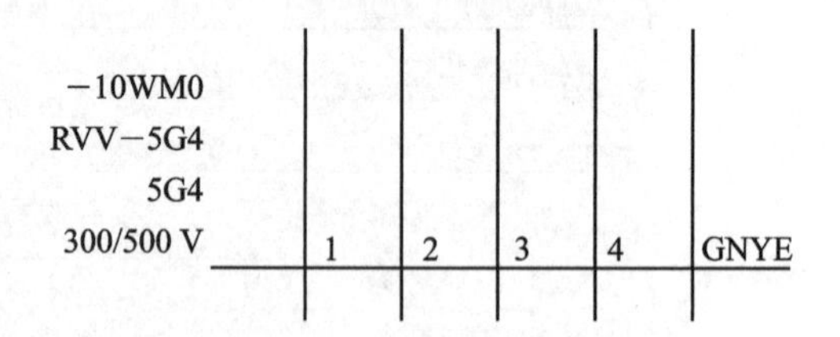

图 8－35　分配完成电缆

按“－10WM0”的方法为“－10WM3”分配电缆“RVV－4G4”，为“－11WM3”分配电缆“RVV－4G2.5”。

3 组电缆分配完成后的“电缆”导航器如图 8－37 所示。

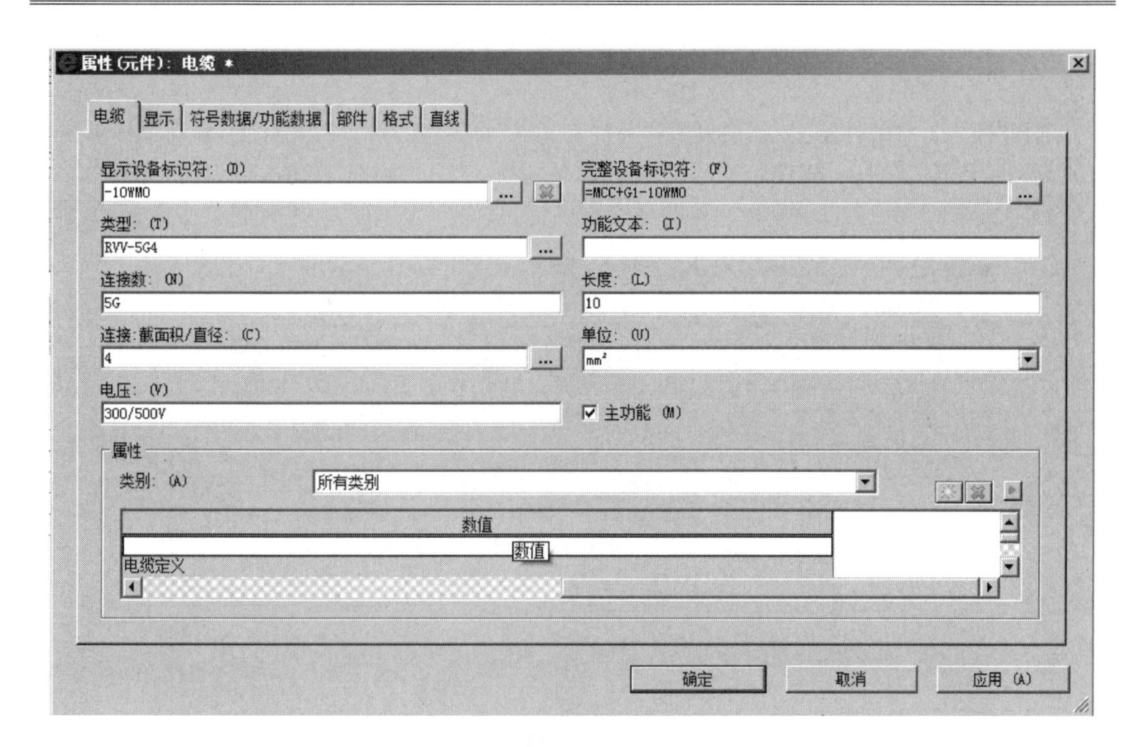

图 8-36　电缆长度信息

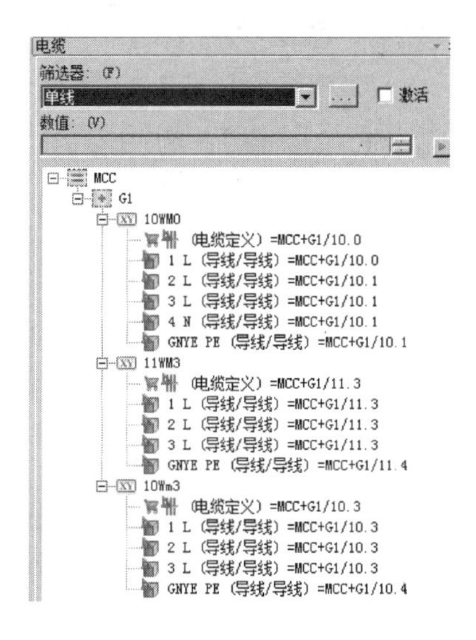

图 8-37　分配完成后的 3 组电缆

8.2.9　未出现在图纸中的部件设计

设计图纸时会出现一些部件，这些部件没有明显的电气连接，没有必要绘制在图纸中，但是通过图纸生成的报表又需要这些部件提供给采购或进行成本核算，例如电柜的柜体、进线的挡板或者用户要求的防雨罩。出现这种情况有两种解决方法：

方法一：在相关图纸页绘制“黑盒子”，在部件库中查找这个部件并为该“黑盒子”定义这个部件。

方法二：在相关图纸页插入"部件定义点"，为该"部件定义点"设定部件编号并进行部件设计。

选择"插入"→"部件定义点"菜单项，"部件定义点"符号（䷀）附着在光标上，移动鼠标单击第10页，弹出"属性（元件）：部件定义点"对话框，填写"－10U0"到显示设备标识符，如图8-38所示。

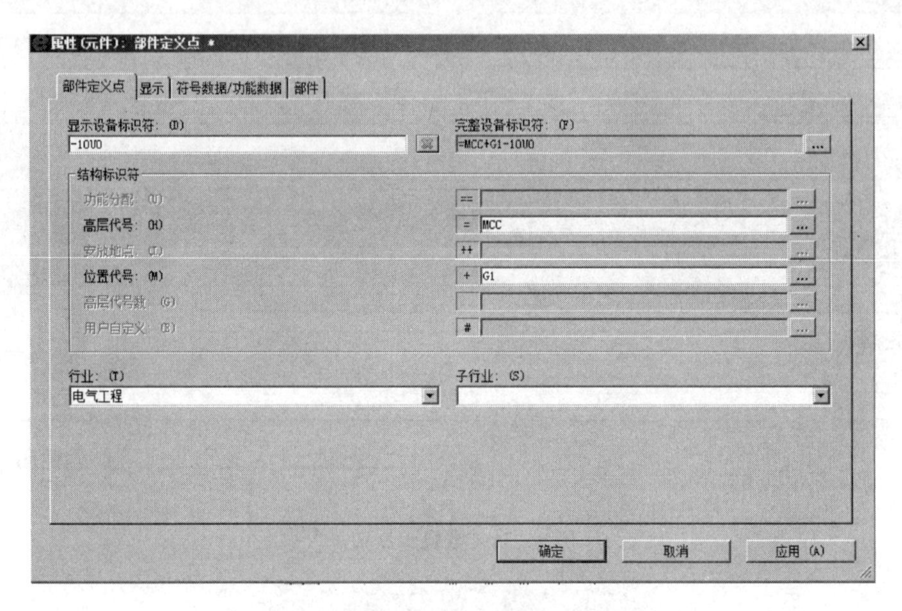

图8-38 "属性(元件)：部件定义点"对话框

单击"部件"选项卡，选择AE 1050.500部件作为"＋G1"的箱体，如图8-39所示。

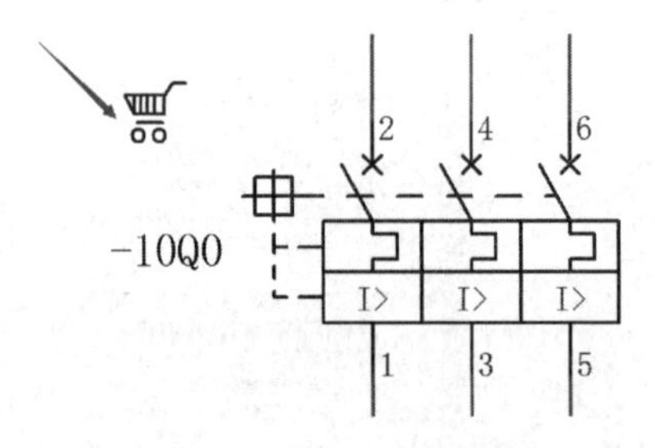

图8-39 通过部件定义点定义柜体

第 9 章　PLC 设计

9.1　学习目标

本章学习目标如下：

通过本章实例学习直流回路电源设计、PLC 布局、模块电源、IO 点设计和 PLC 总览的知识。

9.2　实例教学

9.2.1　PLC 直流电源

复制项目 CHP08，保存为项目 CHP09 进行 PLC 内容的编辑。

前文提到过有关控制电源的选择，如果只有简单的交流电机的启停，则可以直接使用 L 和 N 进行控制，如果控制功能较多，则要求必须使用变压器。

在"+G1"内绘制 20 页控制变压器回路。

新建"页"，完整页名为"=MCC+G1/20"，页属性为"控制电源 220 V"。

1. 380 V 电源

从 11 页用"中断点"引入"L1"和"L3"，如图 9-1 所示。

2. 绘制变压器

为控制系统选择 1 kVA 变压器，进线 380 V AC，出线 220 V AC。

选择单相变压器符号，有一个接地点变压器符号。

为该变压器选择"JBK5-1000VA"部件，如图 9-2 所示。

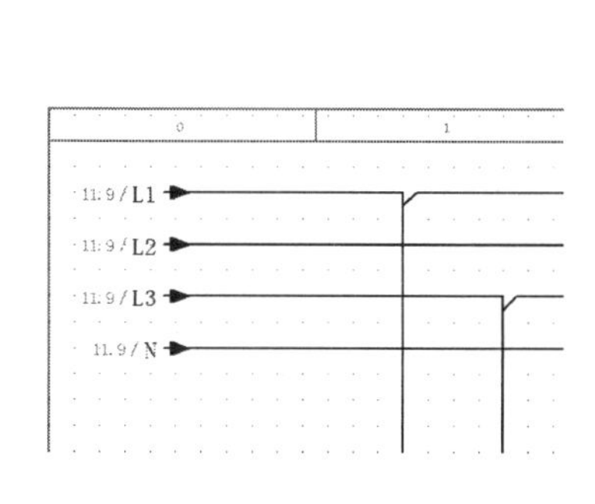

图 9-1　控制变压器进线电源

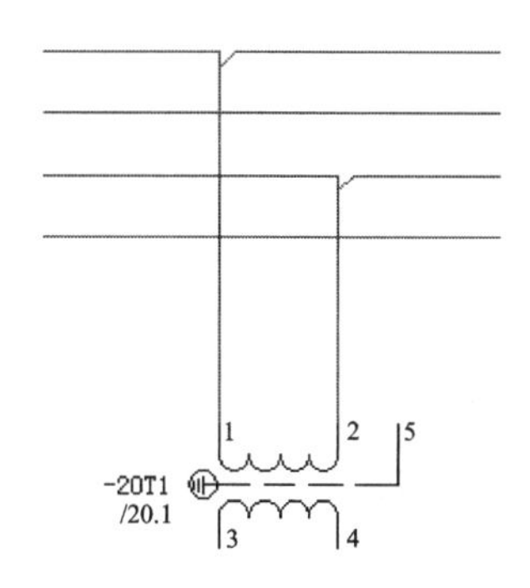

图 9-2　控制变压器

3. 变压器保护

控制变压器保护与前文讲述的塑壳断路器以及微型断路器类似，但是不能简单地用"D 曲线”的微型断路器去保护变压器，因为微型断路器额定电流是按照整数级别划分的，变压器的额定电流是需要精确保护的。不当的选型会造成变压器的保护不到位或者无法完成额定功能。

经常见到的用微型断路器保护变压器，实际上是使用微型断路器的隔离开关和短路保护的功能，并没有对变压器的过载提供有效的保护。

有一些图纸是用电机保护开关来保护变压器的，这种应用比微型断路器的保护要好得多，基本上实现了变压器的隔离功能、短路功能和部分过载保护。但是电机保护开关在小电流过载的保护方面无法满足变压器保护的要求。为“－20Q1”选择部件型号 MOE. 88914，控制变压器保护回路如图 9－3 所示。

变压器输出端保护如下：

① GB5226.1—2008 对控制变压器的等电位连接有以下要求：电气设备外露可导电部分和可导电结构进行保护连接电路连接。图 9－4 中箭头所指虚线为可选择连接。

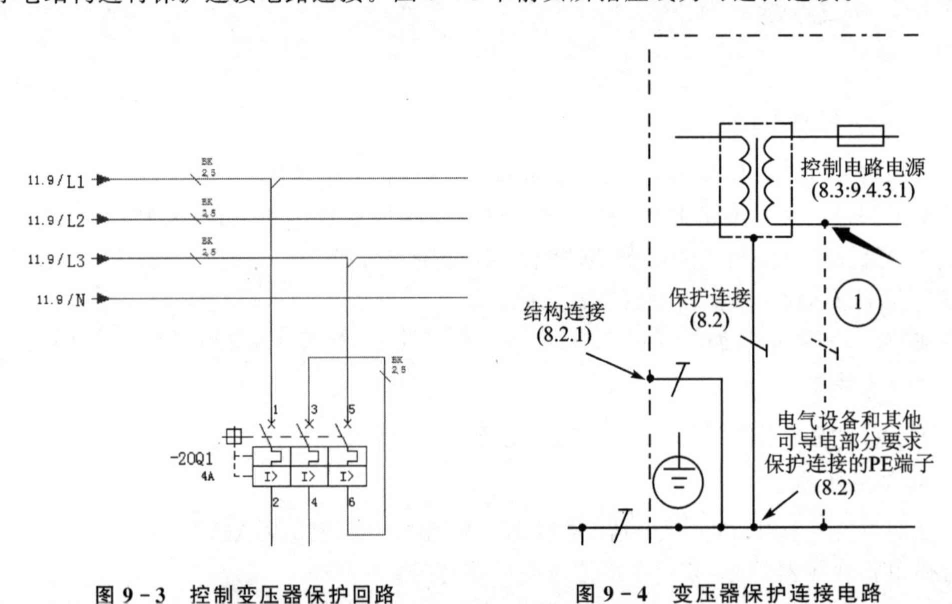

图 9－3　控制变压器保护回路　　**图 9－4　变压器保护连接电路**

② 选择 SIEMENS 的 C 曲线 4A1P 的断路器 SIE. 5SX2 104－7 作为变压器输出端的保护，为输出的 220 V 提供 2 组端子供其他电源使用，如图 9－5 所示。

③ 为导线定义颜色和线径：220 V 变压器出线用红色线，线径选择 1 mm^2。220 V 单侧接地，接地侧 220 V 使用白色。

4. 直流电源

新建“页”，完整页名为“＝MCC＋G1/25”，页描述为“控制电源 DC 24 V”。

电源“－25T1”使用 SIEMENS 的 PS307 的 5 A 电源，其订货号为 SIE. 6ES7307－1EA00－0AA0。

24 V DC 电源使用深蓝色，如果 24 V 的 0 V 端接地，则接地端使用白色导线。

20 V DC 电源连接到 2 组端子，给 PLC 和其他控制设备提供直流电源，完成后如图 9－6 所示。

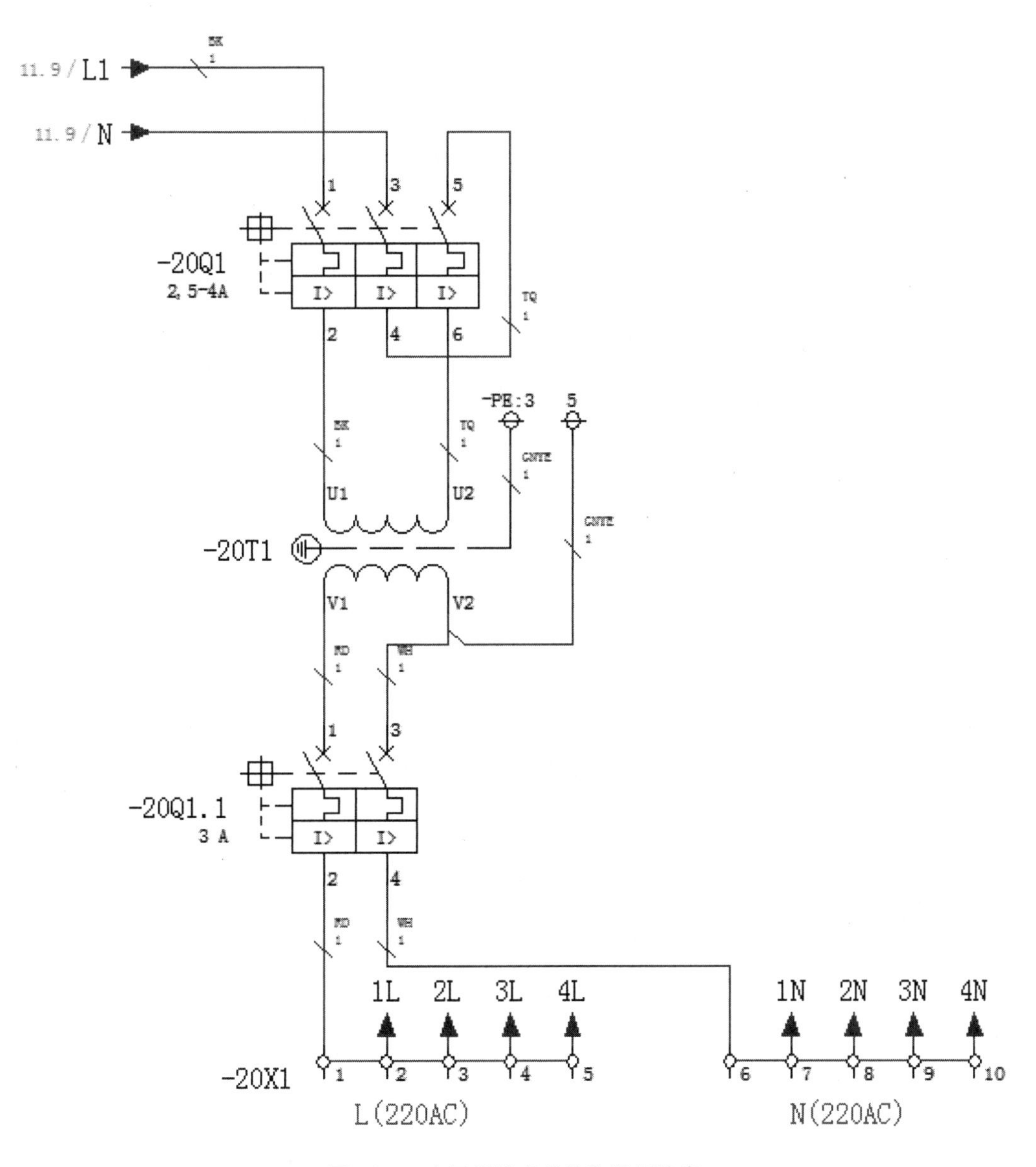

图 9-5　变压器输出保护和端子输出

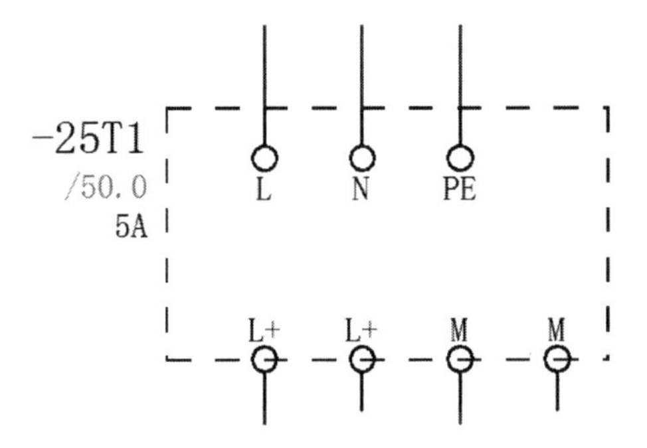

图 9-6　PLC 直流电源

9.2.2 PLC 布局

PLC 系统选取比较常用的西门子 S7300 的 PLC 系统，与其他品牌的 PLC 类似。

PLC 在 EPLAN 中的使用知识点很多，这些知识点更多的是方便 EPLAN 在高端应用（如在 EEC 中自动化设计），在图纸设计阶段用“黑盒子”的概念去理解即可，“PLC 盒子”就是比黑盒子多了地址的信息，这样更便于初学者理解。

PLC 相关的模块全部由“PLC 盒子”构成，EPLAN 定义可以在图纸中放置以下 PLC 相关内容：

- PLC 盒子；
- PLC 连接点（数字量输入）；
- PLC 连接点（数字量输出）；
- PLC 连接点（模拟量输入）；
- PLC 连接点（模拟量输出）；
- PLC 卡电源；
- PLC 连接点电源；
- 总线端口。

可以多页设计同一个 PLC 的模块，也就是说，某一个 PLC 的模块可以拆分成很多个小的 PLC 盒子，放在 1 页或者多页内。在方便绘图的同时会出现一个问题，即相同设备标识符标识相同的设备，但是一定会有一个是“主功能”来代表其他“功能”的设备。

任何一个功能都可以定义为主功能，但是只能有一个主功能。为避免主功能重复定义，一般建议在 PLC 布局图中绘制 PLC 布局并定义布局图中的 PLC 盒子作为“主功能”，其他图纸区一般不做定义。

1. 布局图的作用

在 PLC 布局图中，不但说明各个 PLC 模块的主功能，还对整个 PLC 结构和组态有一个整体的描述。

2. PLC 系统的构成

为方便读者了解 PLC 的设计方法，项目 CHP10 设计的 PLC 为西门子 S7300 的 PLC，选择最常用的模块，搭建具有数字量输入/输出、模拟量输入/输出的 PLC 系统。具体模块如下：

导轨	SIE. 6ES7 390 - 1AE80 - 0AA0
电源模块	SIE. 6ES7307 - 1EA00 - 0AA0
CPU	SIE. 6ES7 315 - 2AG10 - 0AB0
存储卡	SIE. 6ES7 953 - 8LJ20 - 0AA0
ProbusDP 接头	SIE. 6ES7 972 - 0BA12 - 0XA0
ProbusDP 电缆	SIE. 6XV1830 - 3EH10
数字量输入模块	SIE. 6ES7 321 - 1BH02 - 0AA0
20 针前连接器	SIE. 6ES7 392 - 1AJ00 - 0AA0
数字量输出模块	SIE. 6ES7 322 - 1BH01 - 0AA0
20 针前连接器	SIE. 6ES7 392 - 1AJ00 - 0AA0

模拟量输入模块　　SIE. 6ES7331 - 7KF02 - 0AB0
20 针前连接器　　SIE. 6ES7 392 - 1AJ00 - 0AA0
模拟量输出模块　　SIE. 6ES7332 - 5HD01 - 0AB0”
20 针前连接器　　SIE. 6ES7 392 - 1AJ00 - 0AA0

3. PLC 布局图的绘制

新建“页”，完整页名为“＝MCC＋G1/50”，页描述为“PLC 布局图”。

4. 布局图的简单画法

（1）电　源

选择“插入”→“盒子/连接点/安装板”→“黑盒”菜单项，“黑盒”符号附着在鼠标上，移动鼠标单击放置位置，移动鼠标到第二点单击放置结束，弹出“属性(元件)：黑盒”对话框。

在“黑盒”选项卡单击“显示设备标识符”内的“…”按钮，选择“－25T1”设备，确定后回到“黑盒”选项卡，此时“主功能”选项取消，如图 9－7 所示。

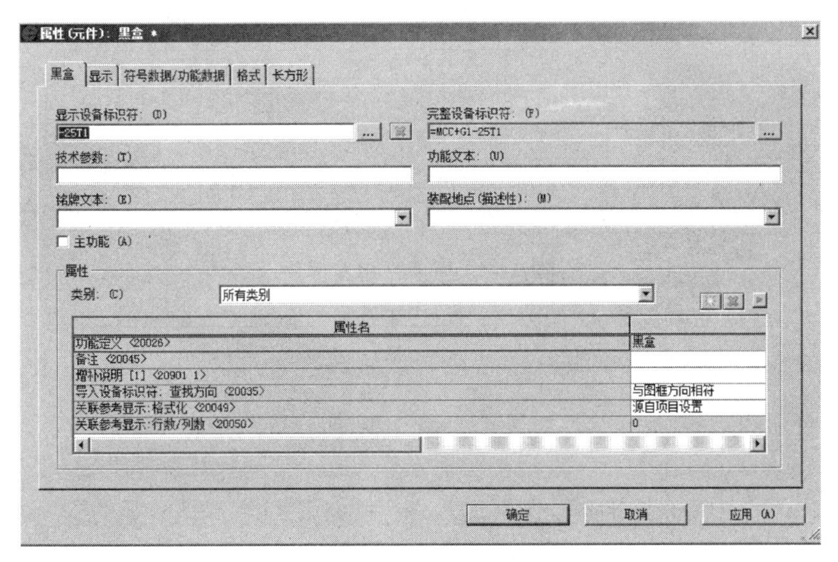

图 9－7　PLC 电源的简单表示

电源在 25 页已经出现过并被定义为“主功能”，因此此处再次出现一定不要选中“主功能”选项。单击“确定”按钮，完成 PLC 电源布局的放置。

（2）CPU

选择“插入”→“盒子/连接点/安装板”→“PLC 盒子”菜单项，“PLC 盒子”符号附着在鼠标上，移动鼠标单击放置位置，移动鼠标到第二点单击放置结束，弹出“属性(元件)：PLC 盒子”对话框。

在“PLC 盒子”选项卡修改“显示设备标识符”为“－50A0”，单击“部件”选项卡为“－50A0”分配以下部件：

导轨　　SIE. 6ES7 390 - 1AE80 - 0AA0
CPU　　SIE. 6ES7 315 - 2AG10 - 0AB0
存储卡　　SIE. 6ES7 953 - 8LJ20 - 0AA0

ProbusDP 接头　　SIE. 6ES7 972－0BA12－0XA0

ProbusDP 电缆　　SIE. 6XV1830－3EH10

分配完成后如图 9－8 所示。

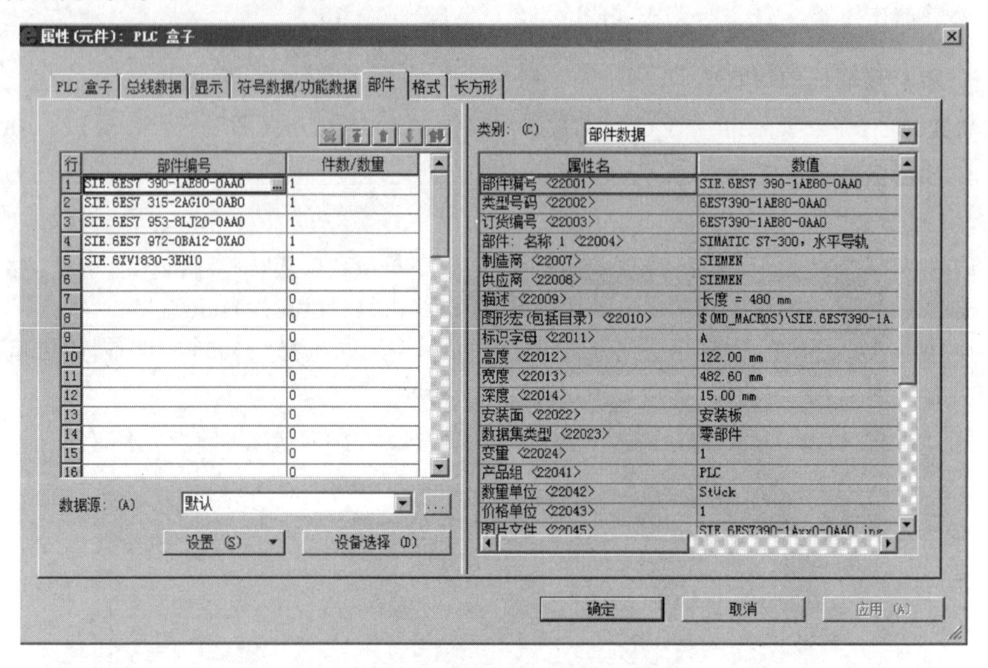

图 9－8　简单的 PLC 部件

“－50A0” CPU 需要设定为“CPU”并为“CPU”命名为 PLC_Station1，如图 9－9 所示。

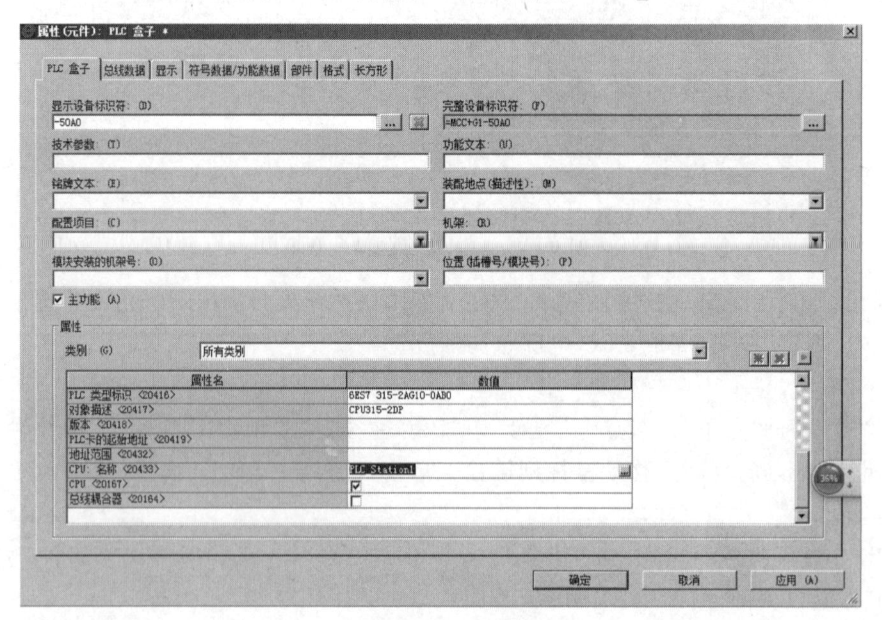

图 9－9　PLC 定义和名称定义

(3) 模　块

选择“插入”→“盒子/连接点/安装板”→“PLC 盒子”菜单项，“PLC 盒子”符号附着在鼠标上，移动鼠标单击放置位置，移动鼠标到第二点单击放置结束，弹出“属性(元件)：PLC 盒子”对话框。

在“PLC 盒子”选项卡修改“显示设备标识符”为“－50A1”，单击“部件”选项卡为“－50A1”分配以下部件：

数字量输入模块　SIE.6ES7 321－1BH02－0AA0
20 针前连接器　SIE.6ES7 392－1AJ00－0AA0

用相同的方法为“－50A2”、“－50A3”和“－50A4”分配以下模块：

“－50A2”
数字量输出模块　SIE.6ES7 322－1BH01－0AA0
20 针前连接器　SIE.6ES7 392－1AJ00－0AA0
“－50A3”
模拟量输入模块　SIE.6ES7331－7KF02－0AB0
20 针前连接器　SIE.6ES7 392－1AJ00－0AA0
“－50A4”
模拟量输出模块　SIE.6ES7332－5HD01－0AB0
20 针前连接器　SIE.6ES7 392－1AJ00－0AA0

(4) 修改标识显示位置

因为“标识符”显示在设备左侧，当两个设备并排时，文字会和其他设备重合，需要修改文字显示位置。

全部选中本页设备，右键打开快捷菜单，编辑属性。

在“显示”选项卡中单击第一行“设备标识符”，在右侧属性对话框“位置”处选择“上居中”，“X 坐标”、“Y 坐标”均填写“0.00 mm”，如图 9－10 所示。

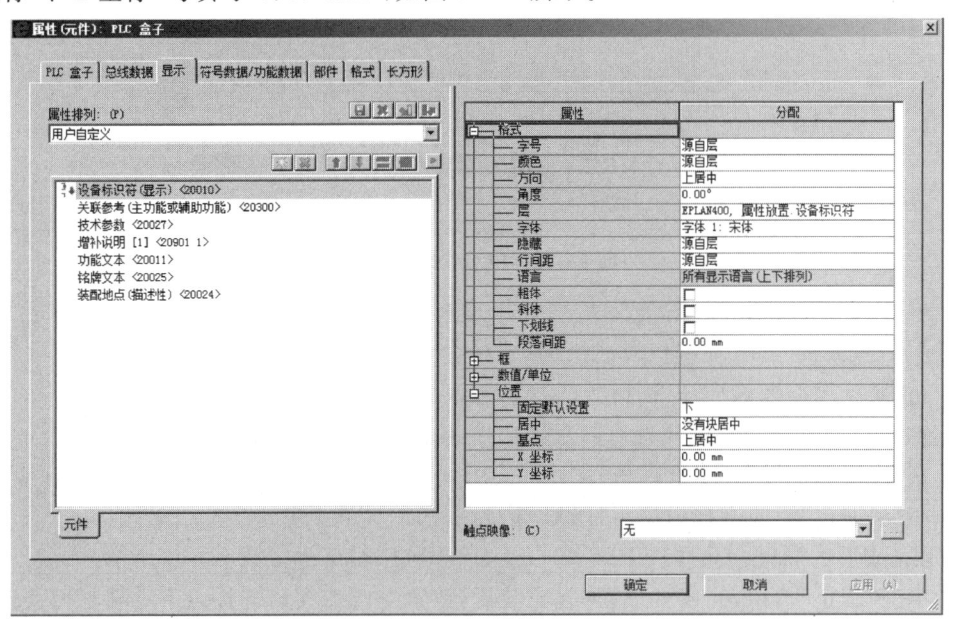

图 9－10　调整显示标识符位置

完成调整后如图 9－11 所示。

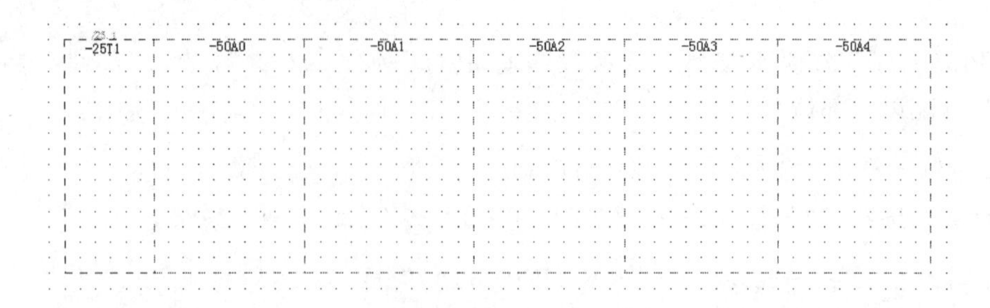

图 9－11　简单的 PLC 布局图

从 EPLAN 电气设计角度看，“黑盒”和“PLC 盒子”表达的电气设计的信息已经满足设计要求，从图纸美观和看图的角度出发，可以在 50 页设计的“黑盒”和“PLC 盒子”内部绘制一些图形方面的内容。

有产品厂家为自己的产品绘制图形或者图片到黑盒和 PLC 盒子上，并保存为“图形宏”供用户使用。

9.2.3　PLC 及模块供电

新建“页”，完整页名为“＝MCC＋G1/51”，页描述为“PLC 及模块供电”。

EPLAN 有关供电的方式有 2 种：

- PLC 卡电源()：PLC 作为用电设备，从外部得到电力的电源接口。
- PLC 电源()：PLC 提供电源给其他模块或者传感器的电源接口。

绘制“－50A0”的电源接线端“L＋”步骤如下：

① 双击“＝MCC＋G1/51”进入 51 页。

② 选择“插入”→“符号”菜单项，弹出“符合选择”对话框，选择 PLC_CBOX 符号，如图 9－12 所示。

图 9－12　PLC 卡电源 L＋

③ 单击“确定”按钮，“PLC 连接点，I/O，1 连接”符号附着在鼠标上，移动鼠标单击放置位置，弹出“属性(元件)：PLC 端口及总线端口”对话框，如图 9－13 所示。

④ 在“显示设备标识符”内选择“－50A0”或者填写“－50A0”(如果在 PLC 部件库中编写了对应连接点的功能模板，则此处可以直接选择，本例程示例逐项填写)。

⑤ 在“连接点代号”文本框内填写“L＋”。

⑥ 在“功能定义”文本框内填写“PLC 连接点，PLC 卡电源(＋)”。

填写完成后的“属性(元件)：PLC 端口及总线端口”对话框如图 9－14 所示。

⑦ 单击“确定”按钮，完成“L＋”连接点放置，放置完成后在该连接点下方填写相关说明的路径文本“PLC L＋ 电源”，“－50A0：L＋”的连接点绘制完成，如图 9－15 所示。

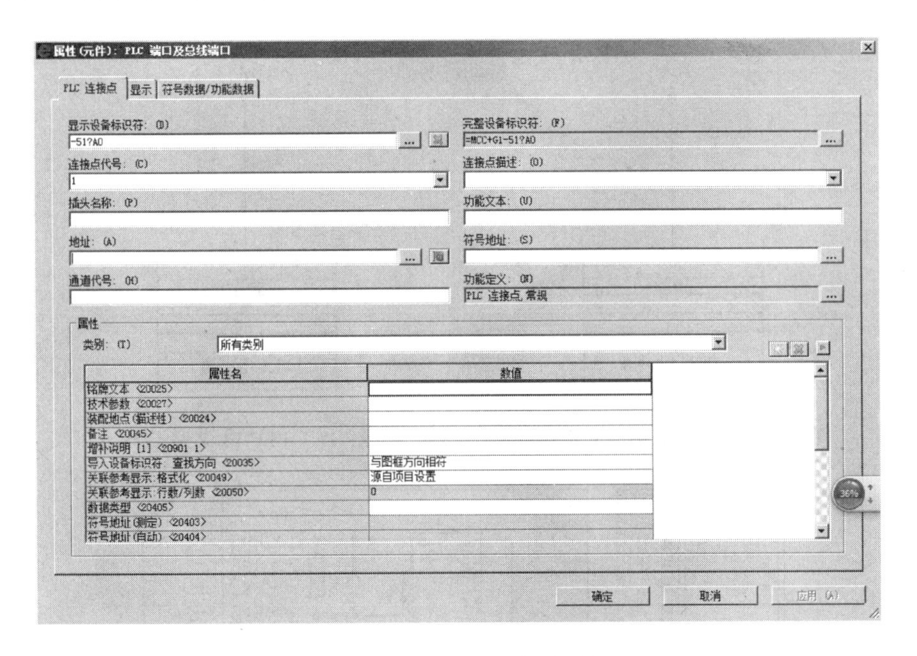

图 9－13　PLC 连接点对话框

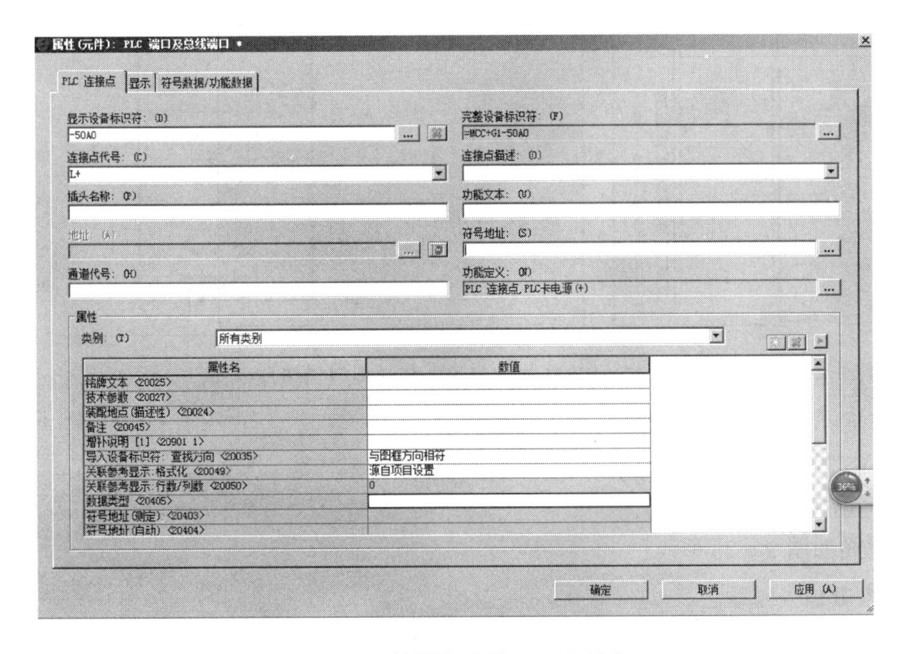

图 9－14　填写完成的 PLC 连接点

用相同的方法绘制如下连接点“－50A0：M”，功能定义选择“PLC 连接点，PLC 卡电源(M)”，完成后如图 9－16 所示。

“－50A1”的电气连接图如图 9－17 所示。

和电源有关的连接点为“－50A1：20”，功能定义选择“PLC 连接点，PLC 卡电源(M)”，完成后如图 9－18 所示。

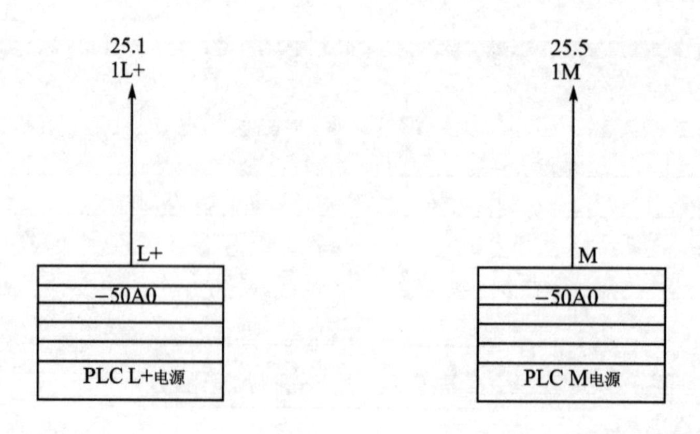

图 9-15　PLC 电源 L+连接点　　　　图 9-16　PLC 电源 M 连接点

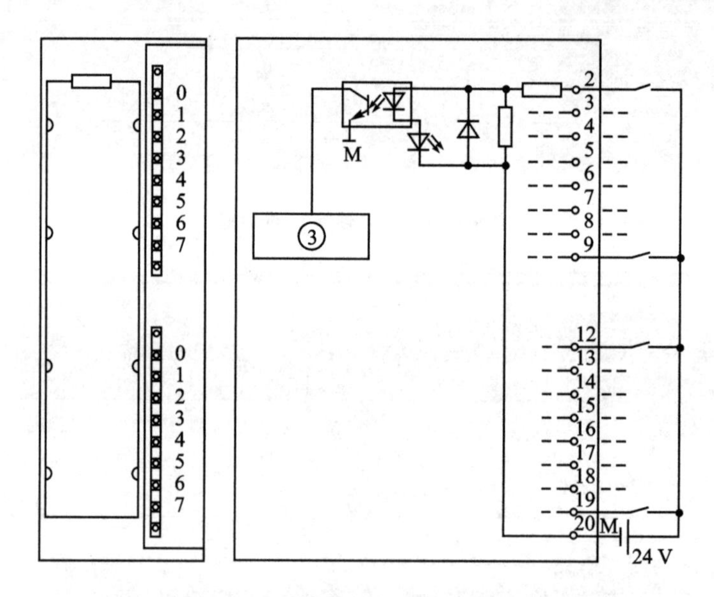

图 9-17　S7321 数字量输入模块电气连接原理图

数字量输出模块接线原理图如图 9-19 所示。

“-50A2”模块的 1 和 11 连接点需要连接 L+，10 和 20 引脚需要连接到 M。

绘制完成如图 9-20 所示。

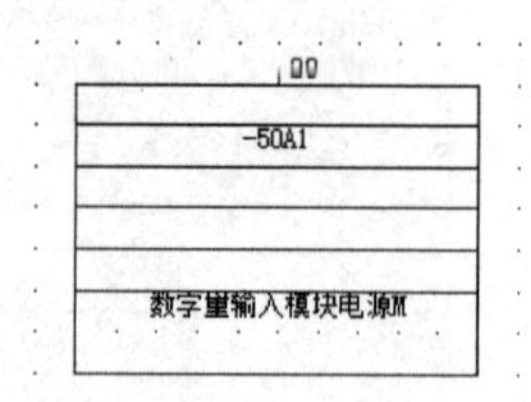

图 9-18　数字量输入模块电源 M

1. 模拟量输入模块

模拟量输入模块 3317KF02 的接线原理图如图 9-21 所示。有关电源部分使用了连接点 1(L+)和 20(M)，如图 9-21 所示。

新建 52 页，“页描述”为“PLC 及模块供电 2”。

绘制“-50A3”电源回路如图 9-22 所示。

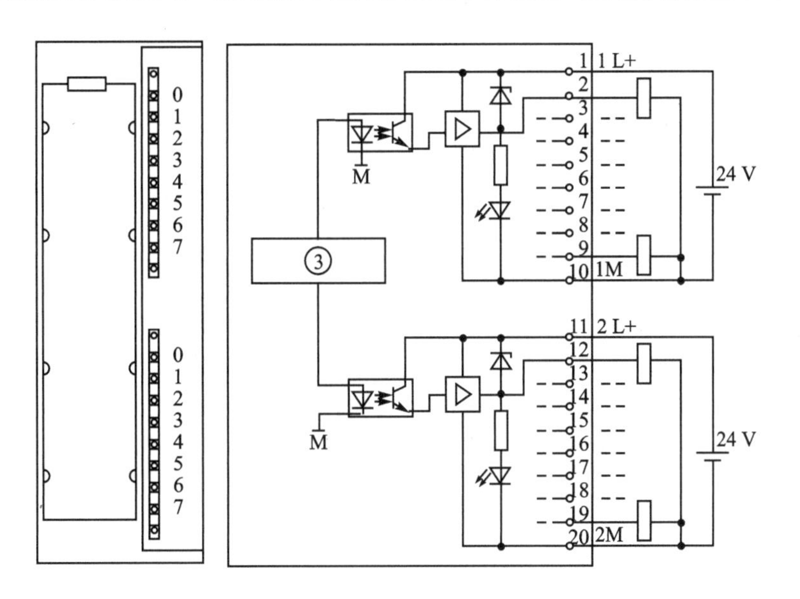

图 9-19 数字量输出模块接线原理图

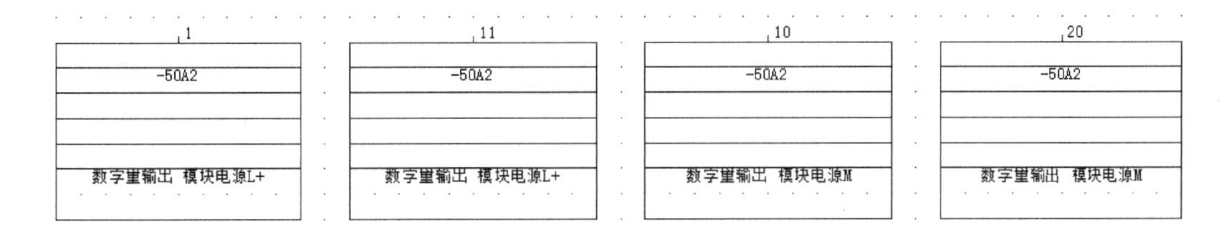

图 9-20 “—50A2”电源连接点

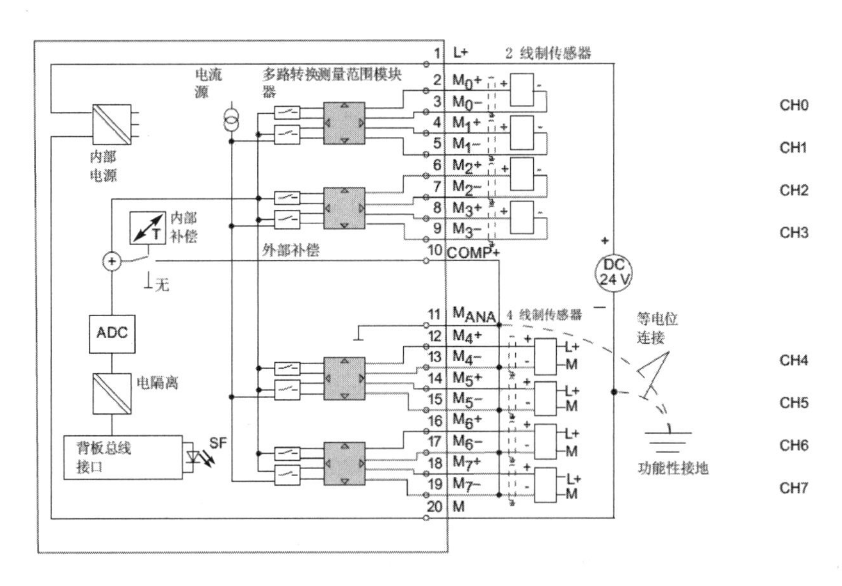

图 9-21 模拟量输入模块 2/4 线制原理图

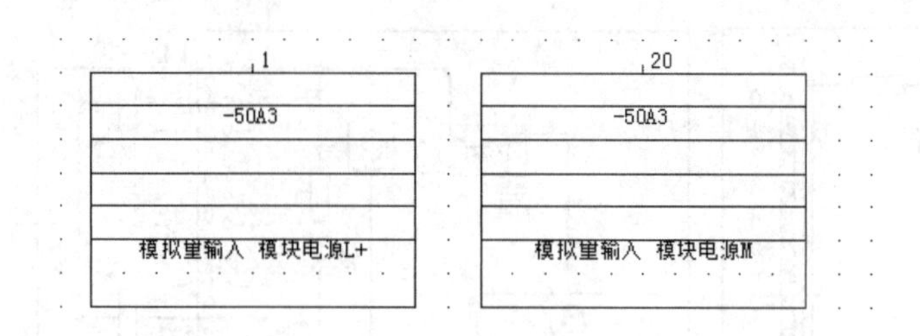

图 9-22 模拟量输入模块电源

2. 模拟量输出模块

模拟量输出模块 6ES7332-5HD01-0AB0 的接线原理图如图 9-23 所示。有关电源部分使用了连接点 1(L+)和 20(M),如图 9-23 所示。

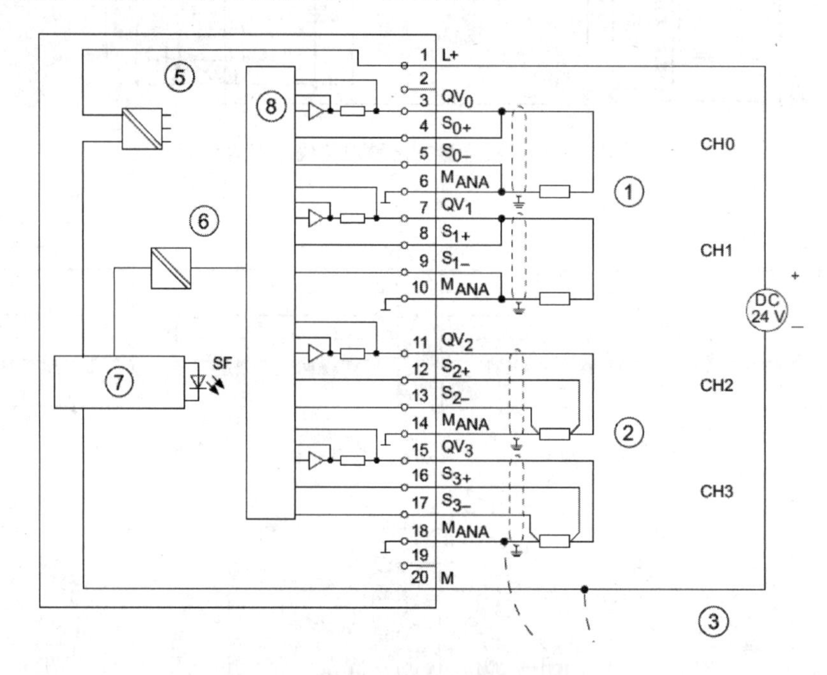

图 9-23 模拟量输出模块原理图

使用电源连接点 1(L+)和连接点 20(M)。绘制"-50A4"电源回路如图 9-24 所示。

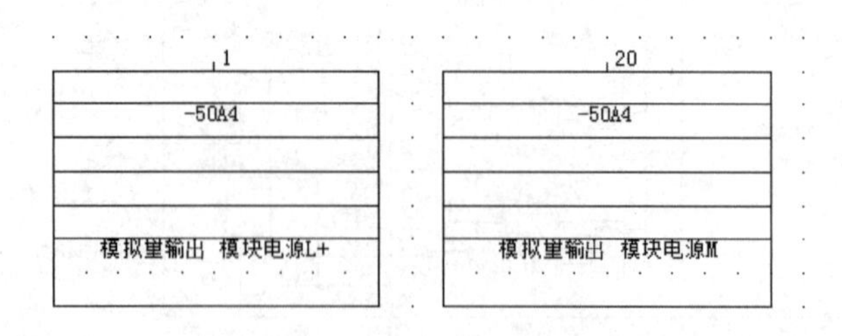

图 9-24 模拟量输出模块电源连接点

从 25 页 24 V 电源通过"中断点"方式接入 51 页和 52 页模块,如图 9-25 所示。

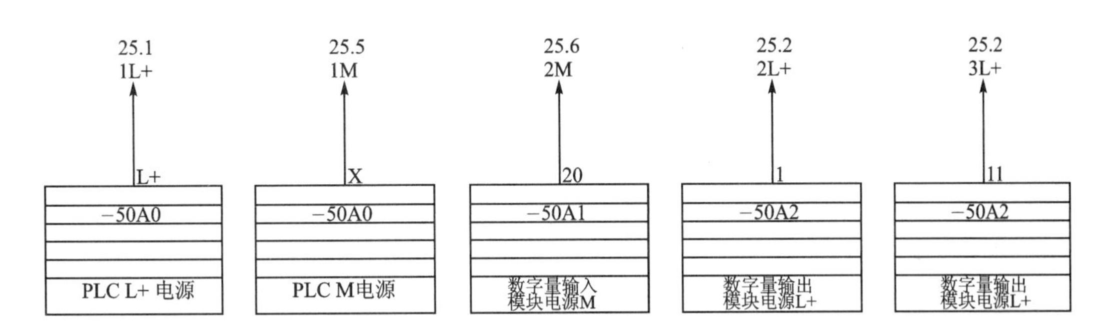

图 9－25 为 PLC 模块接入电源

9.2.4 PLC 输入/输出点

1. 数字量输入连接点

新建 65 页“页描述”为“PLC 数字量输入模块 1_1”；新建 66 页“页描述”为“PLC 数字量输入模块 1_2”。

选择“插入”→“符号”菜单项，弹出“符合选择”对话框，选择 PLC_CBOX 符号。

单击“确定”按钮，“PLC 连接点，I/O，1 连接”符号附着在鼠标上，移动鼠标单击放置位置，弹出“属性(元件)：PLC 端口及总线端口”对话框，填写如下信息：

- 填写“－50A1”到“显示设备标识符”；
- 填写“2”到“连接点代号”；
- 填写“I0.0”到“地址”；
- 填写“CH0”到“通道代号”；
- 选择“PLC 连接点，数字输入”到“功能定义”。

数字量输入连接点定义如图 9－26 所示。

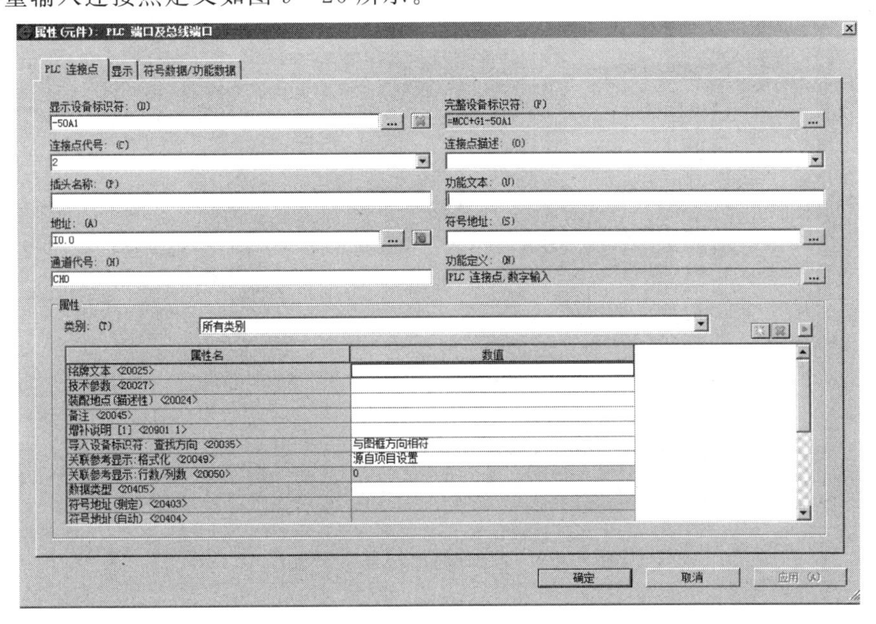

图 9－26 数字量输入连接点定义

单击“确定”按钮，完成连接点定义，如图 9－27 所示。

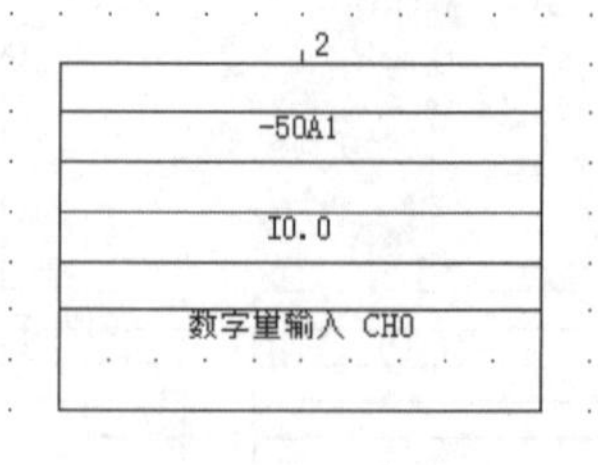

依次用同样的方法放置 I0.1～I1.7 其余 15 个数字量输入连接点，如图 9－28 所示。

注意： PLC 模块中 I/O 地址使用的是 E/A 符号标识的地址，通过项目设置可修改为 S7 的 I/O 格式，如图 9－29 所示。

2
-50A1
I0.0
数字量输入 CH0

图 9－27　数字量输入连接点

2. 数字量输出连接点

新建 75 页“页描述”为“PLC 数字量输出模块 1_1”；新建 76 页“页描述”为“PLC 数字量输出模块 1_2”。

选择“插入”→“符号”菜单项，弹出“符合选择”对话框，选择 PLC_CBOX 符号。

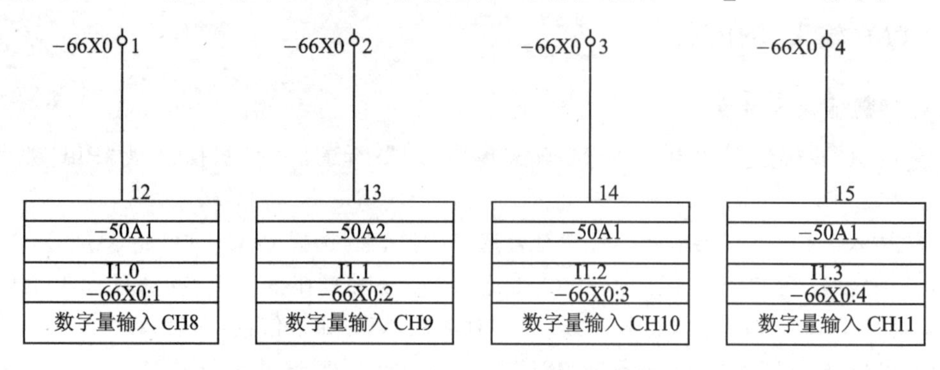

图 9－28　完成放置的数字量输入连接点

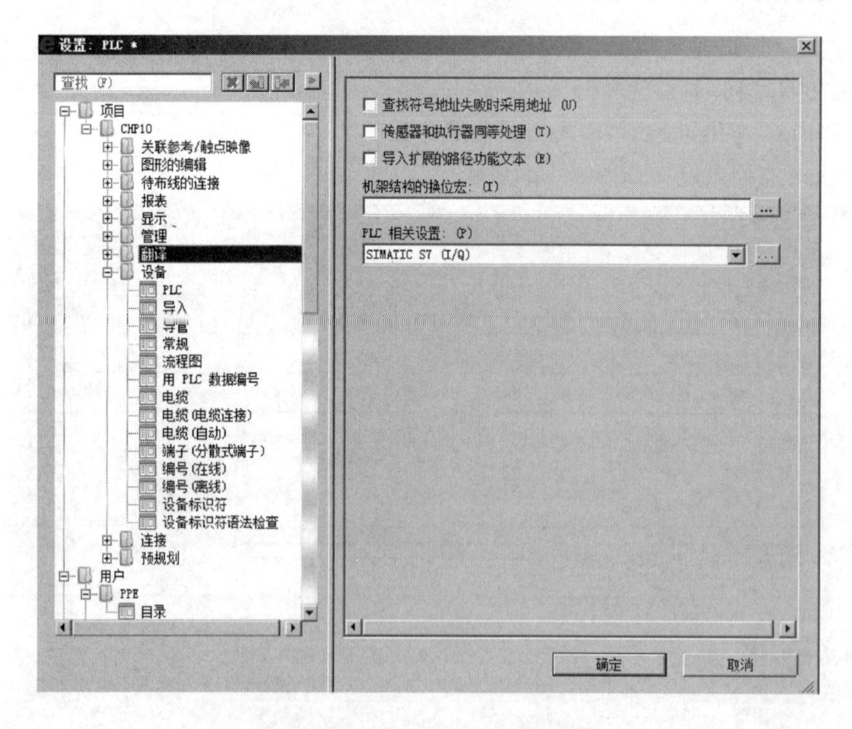

图 9－29　输入/输出符号字母设置

单击“确定”按钮，“PLC 连接点，I/O，1 连接”符号附着在鼠标上，移动鼠标单击放置位置，弹出“属性(元件)：PLC 端口及总线端口”对话框，填写如下信息：

- 填写“−50A2”到“显示设备标识符”；
- 填写“2”到“连接点代号”；
- 填写“Q4.0”到“地址”；
- 填写“CH0”到“通道代号”；
- 选择“PLC 连接点，数字输出”到“功能定义”。

数字量输出连接点设置如图 9－30 所示。

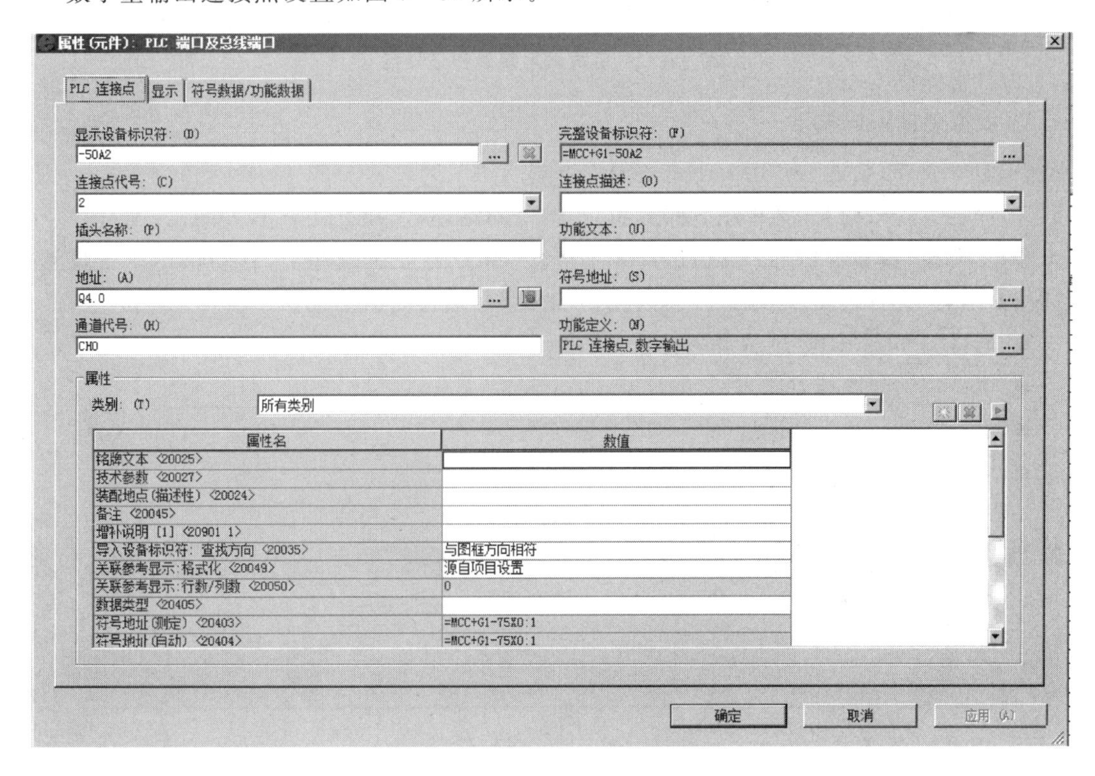

图 9－30 数字量输出连接点设置

单击“符号数据/功能数据”选项卡，选择变量为“变量 C”，调整符号方向向下，满足工程师数字量输出的绘制习惯，如图 9－31 所示。

图 9－31 数字量输出符号方向修改

依次用同样的方法放置 Q4.1～Q5.7 其余 15 个数字量输出连接点，如图 9－32 所示。

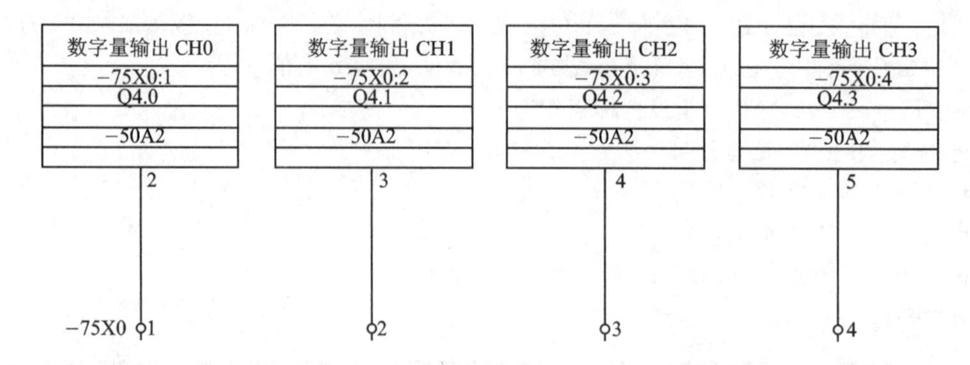

图 9-32 完成数字量输出连接点

3. 模拟量输入连接点

新建 90 页“页描述”为“PLC 模拟量输入模块 1_1”。

选择“插入”→“符号”菜单项，弹出“符合选择”对话框，选择 PLC_CBOX_LEFT 符号。

单击“确定”按钮，“PLC 连接点，I/O，1 连接”符号附着在鼠标上，移动鼠标单击放置位置，弹出“属性(元件)：PLC 端口及总线端口”对话框，填写如下信息：

- 填写“－50A3”到“显示设备标识符”；
- 填写“2”到“连接点代号”；
- 填写“PIW256”到“地址”；
- 填写“CH0”到“通道代号”。

选择“PLC 连接点，模拟输入”到“功能定义”，如图 9-33 所示。

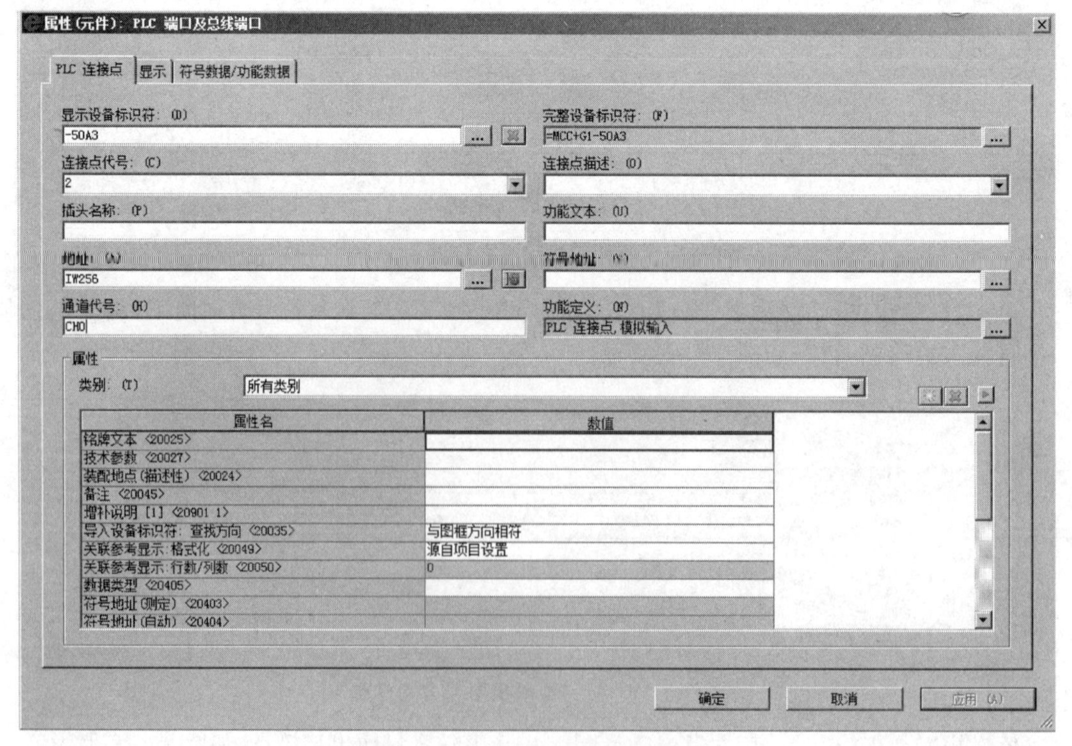

图 9-33 模拟量输入第一段配置

单击“确定”按钮，完成对话框设置，回到图纸界面，如图 9－34 所示。

模拟量还要在符号上设置第二个连接点，其步骤如下：

选择“插入”→“符号”菜单项，弹出“符合选择”对话框，选择 PLC_CBOX_CON 符号。

单击“确定”按钮，PLC_CBOX_CON 符号附着在鼠标上，移动鼠标单击放置位置，弹出“属性(元件)：PLC 端口及总线端口”对话框，填写如下信息：

- 填写“－50A3”到“显示设备标识符”；
- 填写“3”到“连接点代号”；
- 填写“PIW256”到“地址”；
- 填写“CH0”到“通道代号”；
- 填写“M0－”到“连接点描述”。

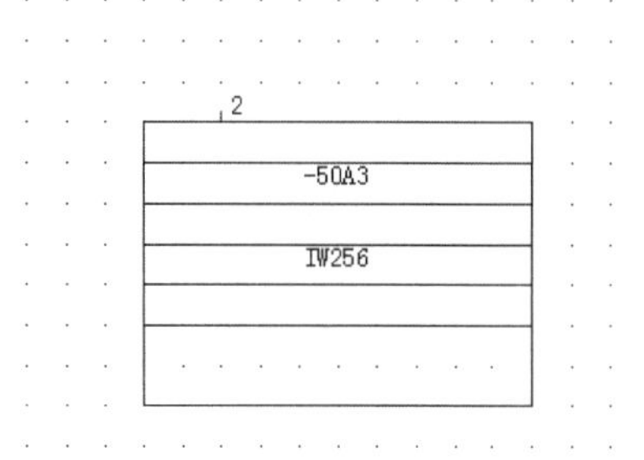

图 9－34　模拟量输入第一点

选择“PLC 连接点，模拟输入”到“功能定义”，如图 9－35 所示。

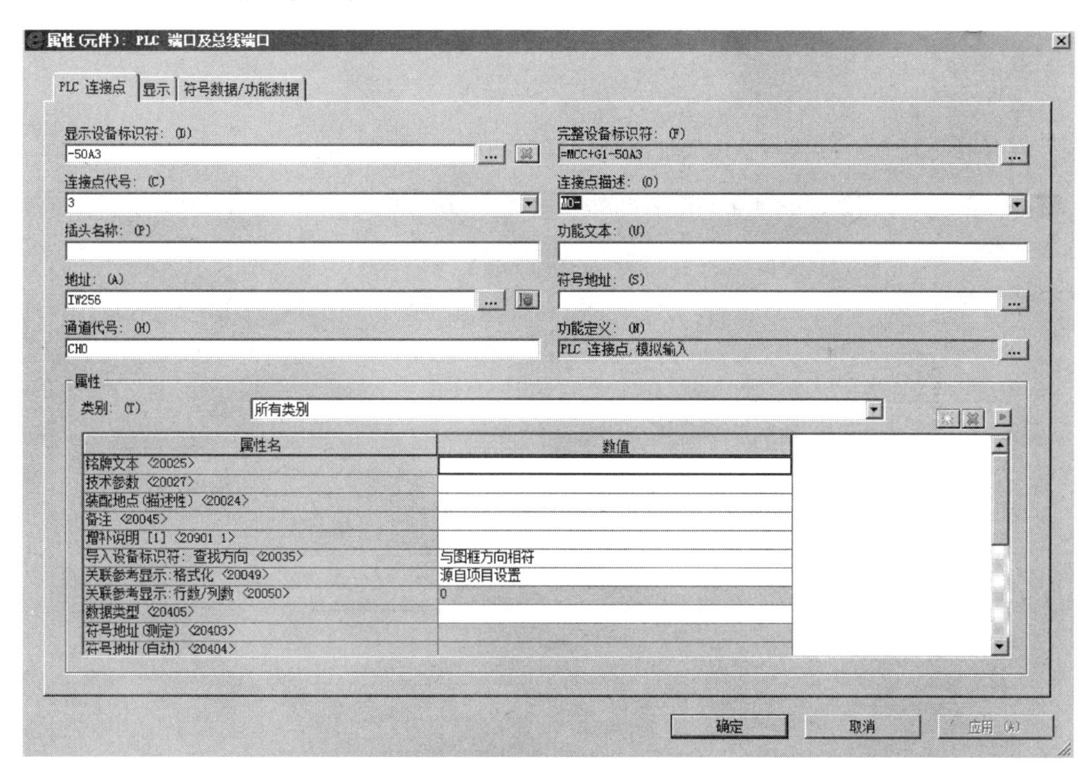

图 9－35　模拟量输入第二连接点

单击“确定”按钮，完成模拟量输入第一通道的绘制，编写路径文本。

用同样的方法绘制其余 7 个通道，完成后连接点接到端子排，如图 9－36 所示。

4. 模拟量输出连接点

新建 94 页“页描述”为“PLC 模拟量输出模块 1_1”；新建 95 页“页描述”为“PLC 模拟量输出模块 1_2”。

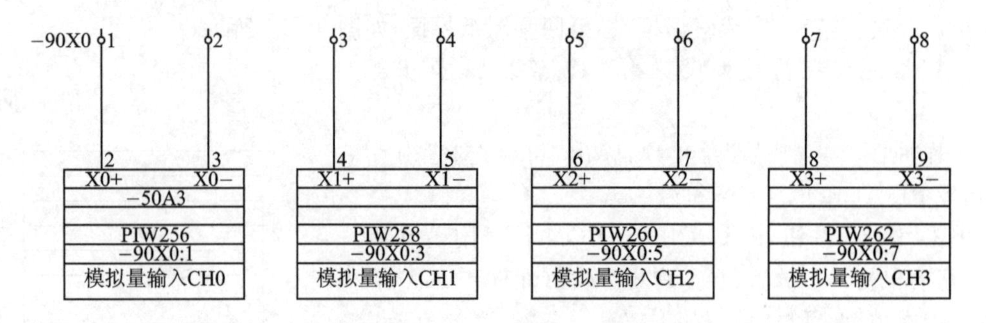

图 9-36　完成模拟量输入连接点

选择“插入”→“符号”菜单项，弹出“符合选择”对话框，选择 PLC_CBOX_LEFT 符号。

单击“确定”按钮，“PLC 连接点，I/O，1 连接”符号附着在鼠标上，移动鼠标单击放置位置，弹出“属性(元件)：PLC 端口及总线端口”对话框，填写如下信息：

- 填写“－50A4”到“显示设备标识符”；
- 填写“3”到“连接点代号”；
- 填写“PQW292”到“地址”；
- 填写“CH0”到“通道代号”；
- 填写“QV0”到“连接点描述”。

选择“PLC 连接点，模拟输入”到“功能定义”，如图 9-37 所示。

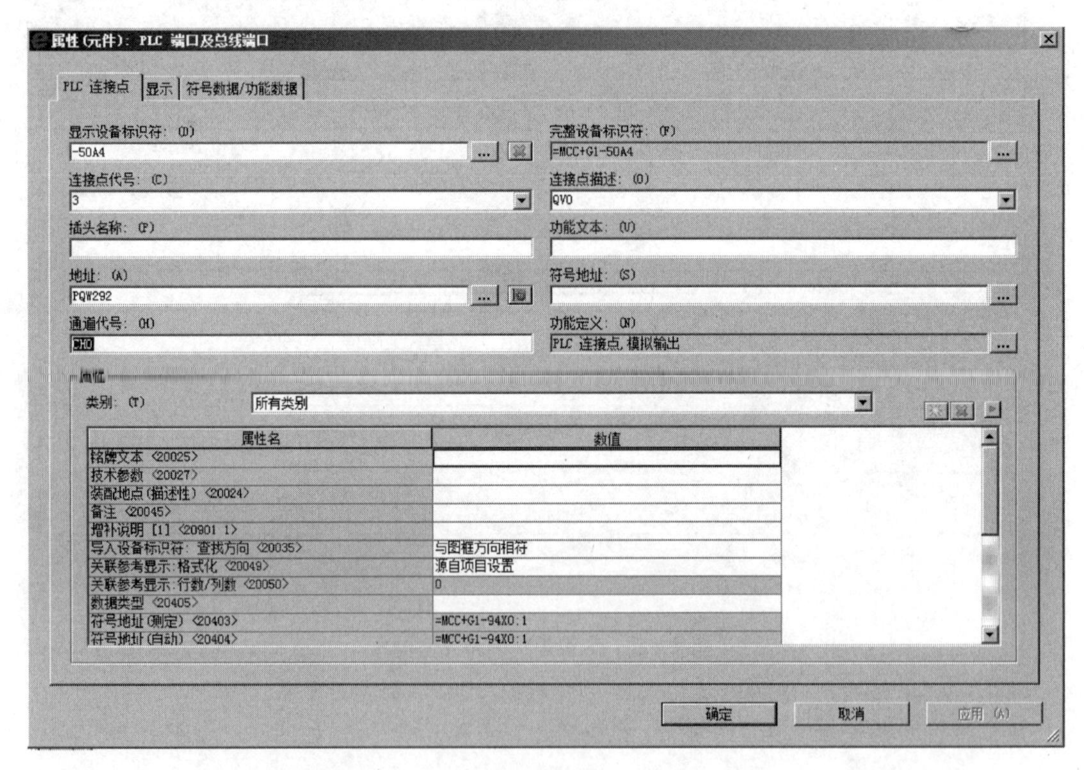

图 9-37　模拟量输出第一点配置

"－50A4"的"3"、"4"、"5"、"6"共同构成第一通道 CH0。

4 组连接点除"连接点代号"和"连接点描述"不同外，其他相同，其连接点描述分别为 QV0、S0＋、S0－和 MANA，完成后如图 9－38 所示。

图 9－38　模拟量输出第一通道

绘制其他 3 组模拟量输出通道，结果如图 9－39 所示。

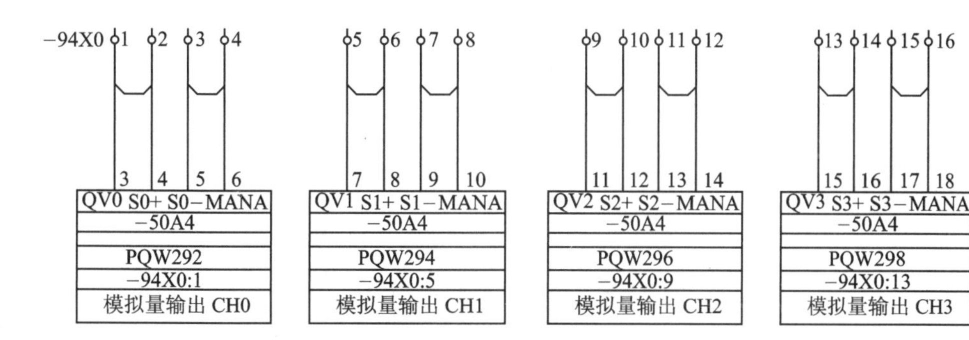

图 9－39　完成模拟量输出通道

9.2.5　PLC 总览

项目 CHP10 的 I/O 点整体按顺序放置，容易查找，有设计需求需要在不同的页面分散放置输入和输出的 I/O 点，统计和查找非常麻烦，EPLAN 为了解决这个问题，提供了 PLC 模块总览的功能。

选择"工具"→"报表"→"生产"菜单项，弹出"报表"对话框，如图 9－40 所示。

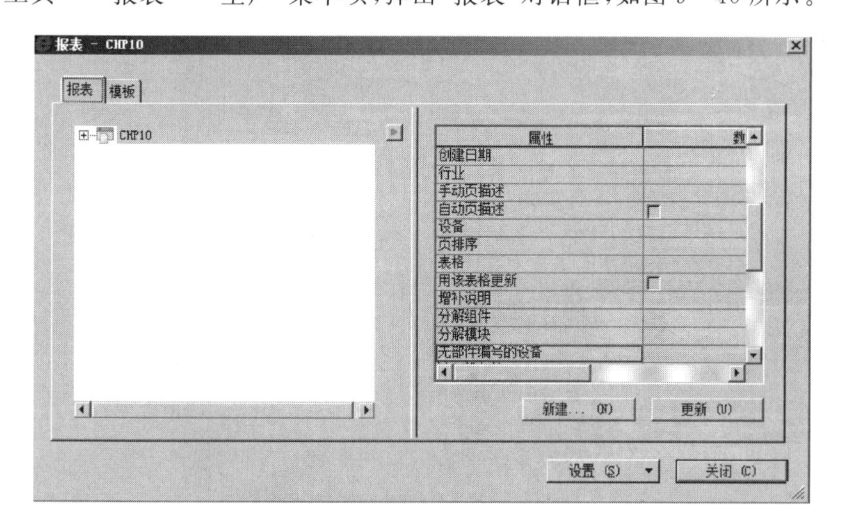

图 9－40　"报表"对话框

单击"新建"按钮，弹出"确定报表"对话框，如图 9－41 所示。

单击选择“PLC 卡总览”，然后单击“确定”按钮，弹出“筛选/排序 - PLC 卡总览”对话框，如图 9 - 42 所示。

单击“确定”按钮，弹出“PLC 卡总览（总计）”对话框，选择把 PLC 卡总览的报表放置在“=MCC+G1/320”，如图 9 - 43 所示。

单击“确定”按钮，单击“关闭”回到图纸页面，查看 320 页生成的“PLC 卡总览”，图表把出现在项目中的 I/O 点按顺序整理排列，如图 9 - 44 和图 9 - 45 所示。

PLC 总览除了使用 PLC 卡总览的报表方式外，也可以由设计者自己新建总览页进行 PLC 总览的显示。

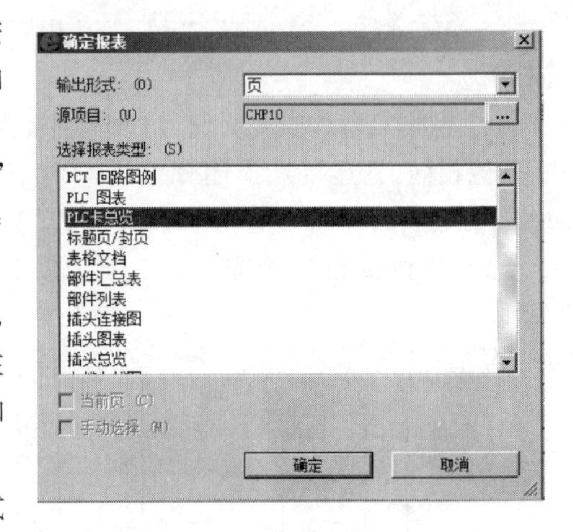

图 9 - 41 “确定报表”对话框

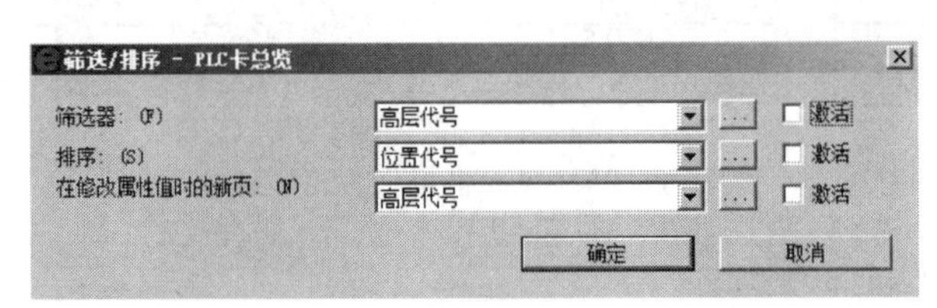

图 9 - 42 “筛选/排序 - PLC 卡总览”对话框

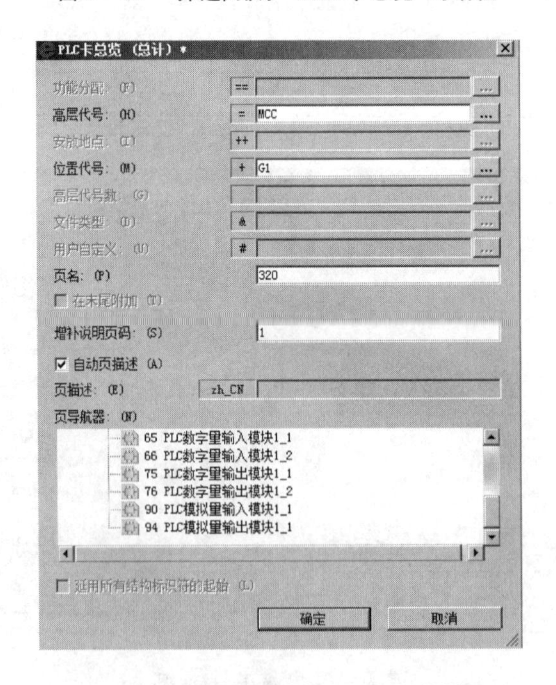

图 9 - 43 “PLC 卡总览（总计）”对话框

注意：建立总览页时，记得页属性要选择“总览（交互式）＜ 3＞”页类型，这样绘制出的部件总览是以信息汇总的形式出现的，不作为实际电气接点应用。

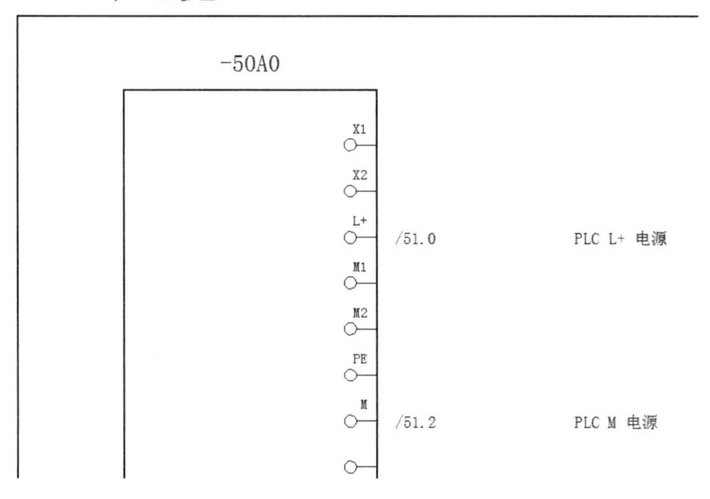

图 9－44　PLC 卡总览

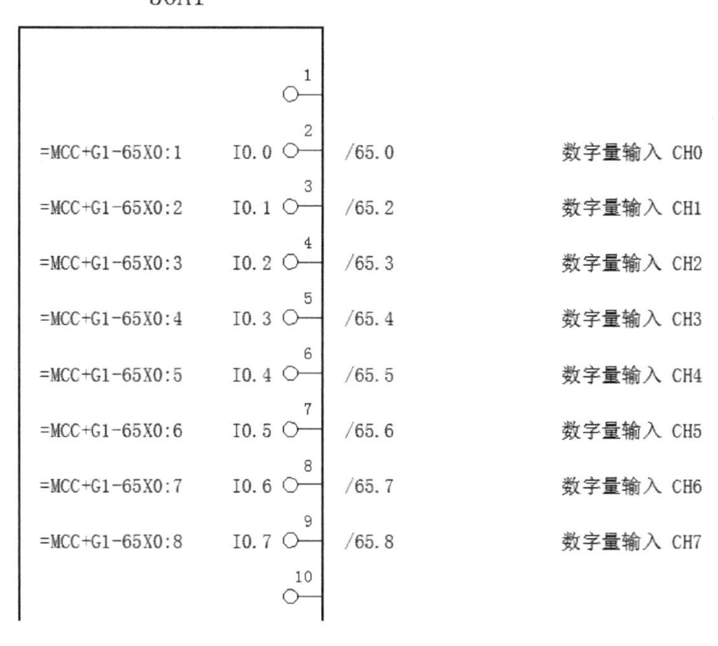

图 9－45　PLC 卡总览细节

第10章　报　表

10.1　学习目标

本章学习目标如下：

本章通过“报表格式设置”、“报表输出”学习表格的设计方法，并用项目 CHP10 实例学习图纸中常用到的封页、目录、部件列表、部件汇总表、端子图表、连接列表、电缆图表。

10.2　实例教学

10.2.1　报表的作用

EPLAN 的强大功能体现在设计过程的各个方面，但是从设计理念和工作效率方面考虑，最突出的功能就是报表的功能。

EPLAN 工作分为 2 个层面：

- 设计层面：包含基于符号的设计和基于部件的设计。
- 展示层面：经过设计的项目包含很多信息，展示层面的工作通过报表、图表等工作筛选项目信息，按要求显示在图纸上。例如：在报价阶段，关注项目设计成本，报表可以汇总项目内部件的价格信息，汇总表格方便项目成本核算；在采购阶段，采购需要各个部件的汇总清单；在生产时，要想知道每个部件的型号和图纸中的位置就需要部件列表。所有这些展示的信息都基于项目数据。

2 个层面的工作相辅相成：正确的设计是基础，只有正确的设计才能生产正确的报表；清晰的报表是设计的结果。

10.2.2　报表工作流程

EPLAN 报表的工作流程分为 2 个步骤，即选择和配置模板、报表输出。

复制项目 CHP09 到 CHP10。

1. 选择配置模板

选择“工具”→“报表”→“生成”菜单项，弹出“报表”对话框，如图 10－1 所示。

单击“设置”按钮，展开扩展按钮，分别为“输出为页”、“部件”和“显示/输出”，如图 10－2 所示。

- “输出为页”：主要为输出到图纸的报表选择使用的表格、排序等进行设置。
- “部件”：主要为与部件有关的报表进行设置，如是否分解组件、是否统计和显示端子母线等。
- “显示/输出”：用于设置报表显示、排序的一些配置。

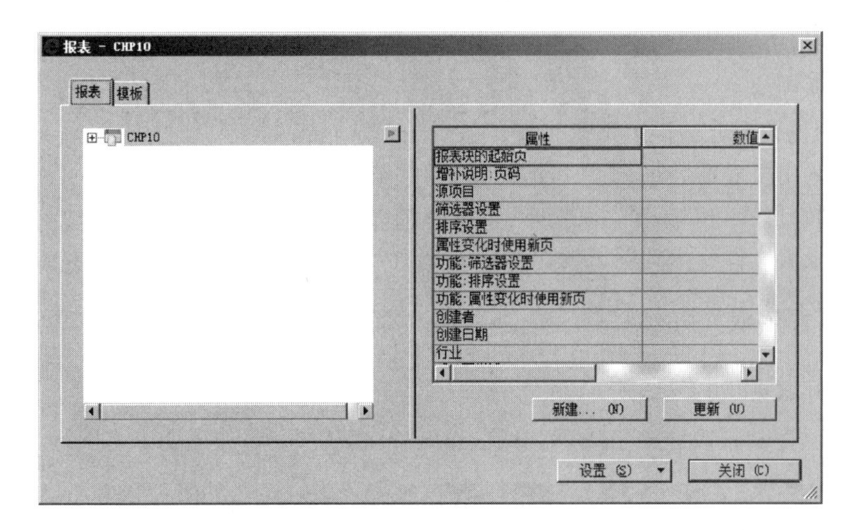

图 10 - 1　"报表"对话框

说明：

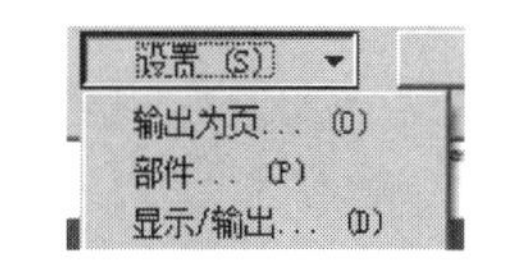

图 10 - 2　三种设置内容

- 从 EPLAN 初学入门的角度考虑，在报表配置方面尽量采用默认配置。
- 基本熟悉报表生成工作后，若有特殊报表要求，则可以参考此处配置的内容调整报表。
- 本章主要讲解"输出为页"的配置。

输出为页的设置如下：

选择"工具"→"报表"→"生成"菜单项，弹出"报表"对话框，单击"设置"按钮，展开扩展按钮，分别为"输出为页"、"部件"和"显示/输出"，单击"输出为页"，弹出"设置：输出为页"对话框，如图 10 - 3 所示。

行	报表类型	表格	页排序	部分输出	合并	报表行的最小数量	子页面	字符	留...	取整	隐藏相同的...	同步	后续表格
1	部件列表	F01_001	总计				☑	按字母顺序...	0	1	请对页进行检查	☑	
2	部件汇总表	F02_001	总计				☑	按字母顺序...	0	1	请对页进行检查	☑	
3	设备列表	F03_001	总计				☑	按字母顺序...	0	1	请对页进行检查	☑	
4	表格文档	F04_001	总计				☑	按字母顺序...	0	1		☑	
5	设备连接图	F05_001	总计		☐	1	☑	按字母顺序...	0	1	请对标题对...	☑	
6	目录	F06_001	总计				☑	按字母顺序...	0	1		☑	
7	电缆连接图	F07_001	总计		☐	1	☑	按字母顺序...	0	1	请对标题对...	☑	
8	电缆布线图		总计				☑	按字母顺序...	0	1	请对页进行检查	☑	
9	电缆图表	F09_001	总计		☐	1	☑	按字母顺序...	0	1	请对标题对...	☑	
10	电缆总览	F10_001	总计				☑	按字母顺序...	0	1	请对页进行检查	☑	
11	端子连接图	F11_001	总计		☐	1	☐	按字母顺序...	0	1	请对标题对...	☑	
12	端子排列图	F12_001	总计		☐	1	☑	按字母顺序...	0	1	请对标题对...	☑	
13	端子排总览	F14_001	总计				☑	按字母顺序...	0	1	请对页进行检查	☑	
14	端子图表	F13_001	总计		☐	1	☑	按字母顺序...	0	1	请对标题对...	☑	
15	图框文档	F15_001	总计				☑	按字母顺序...	0	1		☑	
16	电位总览	F16_001	总计				☑	按字母顺序...	0	1	请对页进行检查	☑	
17	修订总览	F17_001	总计				☑	按字母顺序...	0	1		☑	
18	箱柜设备清单	F18_001	总计		☐	1	☑	按字母顺序...	0	1	请对标题对...	☑	
19	PLC 图表	F19_001	总计		☐	1	☑	按字母顺序...	0	1	请对标题对...	☑	
20	PLC卡总览	F20_001	总计				☑	按字母顺序...	0	1	请对页进行检查	☑	
21	插头连接图	F21_001	总计		☐	1	☑	按字母顺序...	0	1	请对标题对...	☑	
22	插头图表	F22_001	总计		☐	1	☑	按字母顺序...	0	1	请对标题对...	☑	
23	插头总览	F23_001	总计				☑	按字母顺序...	0	1	请对页进行检查	☑	
24	结构标识符总览	F24_001	总计				☑	按字母顺序...	0	1		☑	
25	符号总览	F25_001	总计		☐	1	☑	按字母顺序...	0	1		☑	
26	标题页/封页	F26_001	总计				☑	按字母顺序...	0	1		☑	
27	连接列表	F27_001	总计				☑	按字母顺序...	0	1	请对页进行检查	☑	
28	占位符对象总览	F30_001	总计				☐	按字母顺序...	0	1	请对页进行检查	☑	
29	项目选项总览	F29_001	总计				☐	按字母顺序...	0	1		☑	
30	制造商/供应...	F31_001	总计				☐	按字母顺序...	0	1		☑	
31	装箱清单		总计		☐	1	☐	按字母顺序...	0	1	请对标题对...	☑	

图 10 - 3　报表输出设置为"输出为页"

由配置对话框可以看到，不同的报表采用不同的表格，表格的文件名和后缀都以 Fxx 来表示。

2. 报表输出

报表输出的流程分为以下几个步骤：

① 选择输出报表的“源项目”、“输出形式”和“选择报表类型”。

② 利用“筛选器”和“排序”设置进行目标条目的选择和排序。

③ 选择报表文件输出到图纸的保存位置。

10.2.3 报表生成

1. 生成标题页

选择“工具”→“报表”→“生成”菜单项，弹出“报表”对话框，如图 10-4 所示。

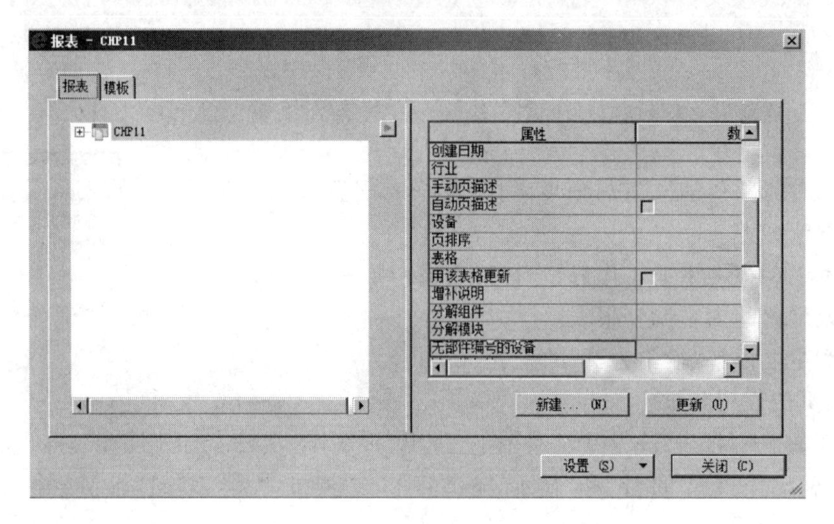

图 10-4 “报表”对话框

单击“新建”按钮，弹出“确定报表”对话框，如图 10-5 所示。

选择“输出形式”为“页”。

注意：“输出形式”此处有 2 种选择，即“输出为页”和“手动放置”。

- “输出为页”的输出形式是新建页并把报表放置在此图纸上，并入项目图纸中。
- “手动放置”的输出形式是把生成的图表插入到已经存在的图纸中，以补充该图纸中的信息。例如，可在安装板布局图的空白位置插入箱柜设备清单。

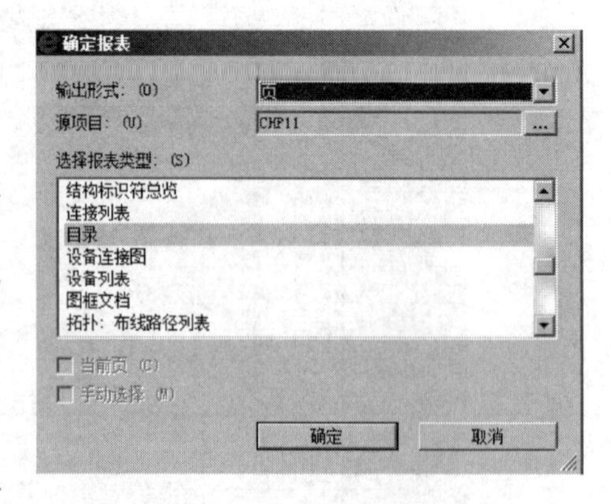

图 10-5 为目录确定报表

在“选择报表类型”列表框内选择“标题页/封页”，单击“确定”按钮，完成“确定报表”的设置，弹出“标题页/封页(总计)”对话框，如图 10-6 所示。

选择“标题页/封页”的保存位置，可以通过填写“高层代号”、“位置代号”文本框中内容设定封页保存位置，默认使用“标题页/封页”的页描述，也可以通过“自动页描述”的设置编写页描述文字。

在选择保存报表位置时，还可以通过单击鼠标选择图纸结构设定报表保存位置。

- “高层代号”中填写 MCC；
- “位置代号”中不填写；
- “页名”中填写“1”。

填写完成后如图 10－7 所示。

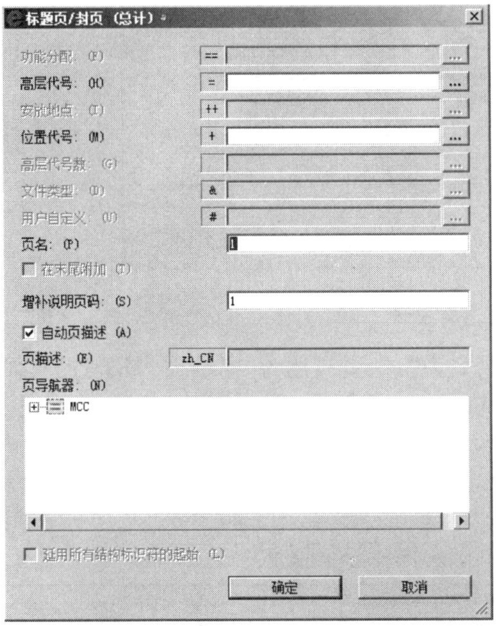

图 10－6　“标题页/封页(总计)”对话框

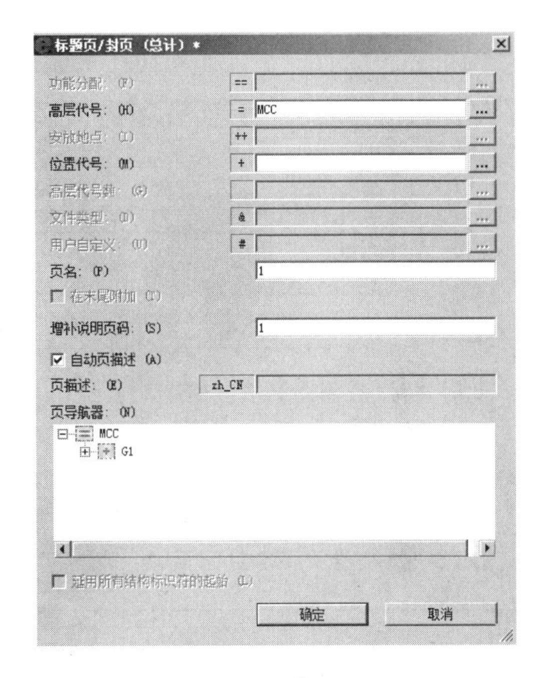

图 10－7　设定标题页位置

单击“确定”按钮，回到“报表”对话框，如图 10－8 所示。

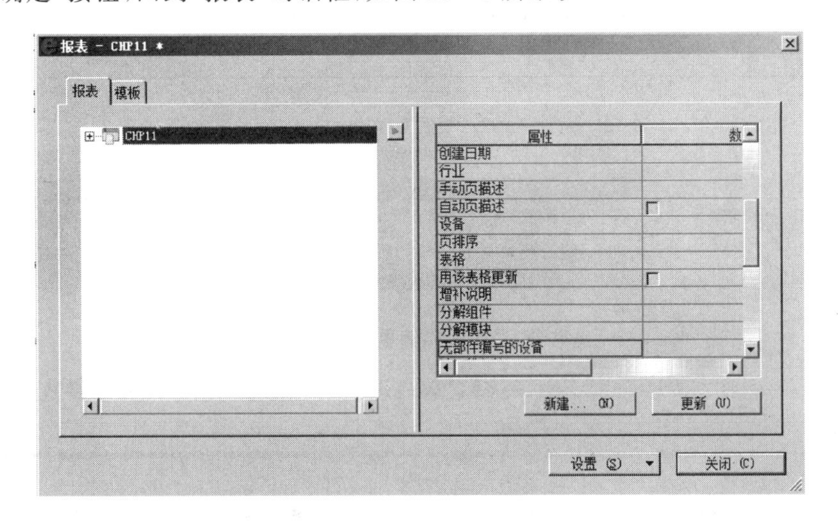

图 10－8　“报表”对话框

单击“报表”对话框左侧 CHP10 的展开符号，单击“页”展开符号，继续展开“PLC 卡总览”

(第 9 章制作的“PLC 卡总览”也是报表的一种)和“标题页/封页”,如图 10-9 所示。

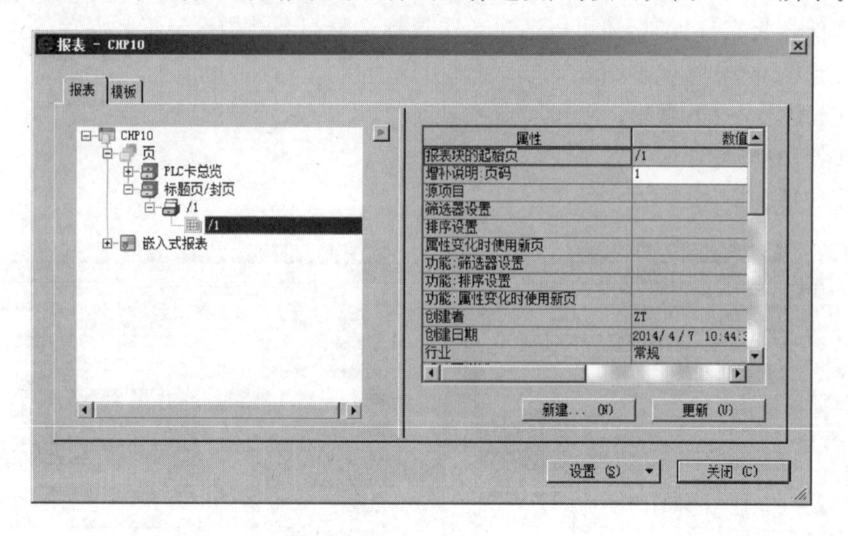

图 10-9　查看已有报表

此时,可以看到图纸页导航器中已经出现了页名为“1”、页描述为“标题页/封页”的页面。

注意: 如果已经存在报表,但是由于修改图纸内容或者修改表格的模板,需要更新报表,可以单击“更新”按钮,完成表格数据的更新。

单击“关闭”按钮,完成“标题页/封页”的绘制,回到图纸页面。

在“页”导航器中双击封面页,可以查看“标题页/封页”的内容,如图 10-10 所示。

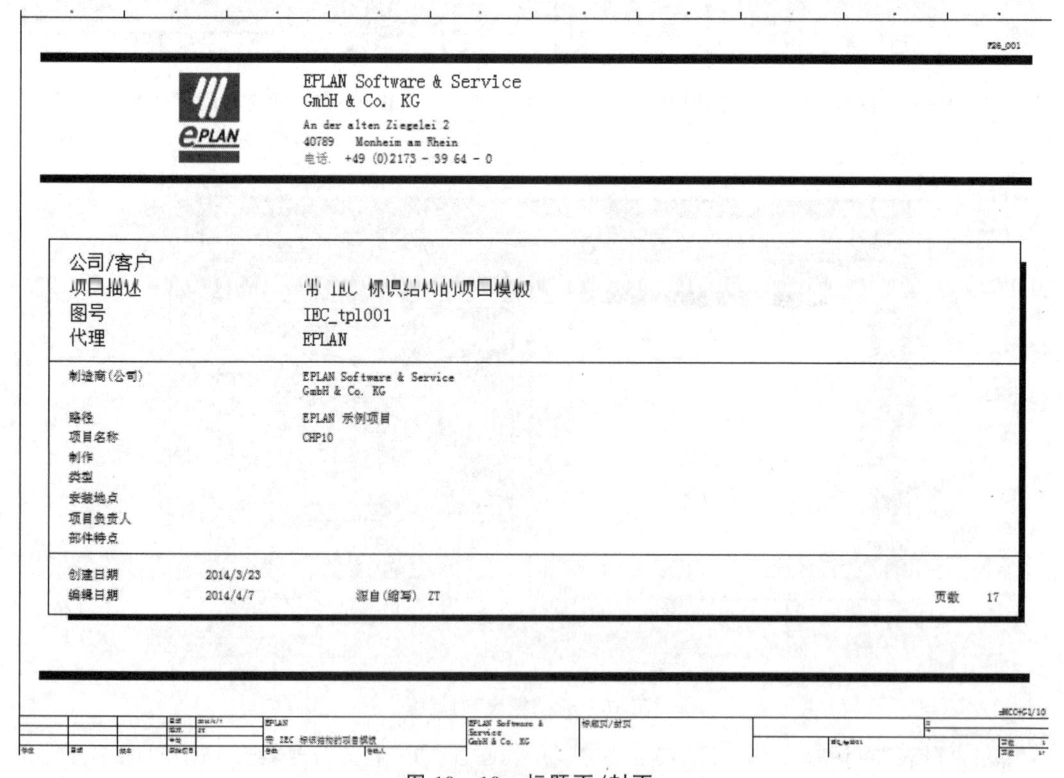

图 10-10　标题页/封页

“标题页”生成后，标题页的结构、文字是由“标题页表格”所决定的，可以更换标题页表格修改标题页结构。

选择“工具”→“报表”→“生成”菜单项，弹出“报表”对话框。

选择“设置”→“输出为页”菜单项，弹出“设置：输出为页”对话框，找到 26 行“标题页/封页”，单击该行“表格”列，弹出选择列表项，如图 10－11 所示。

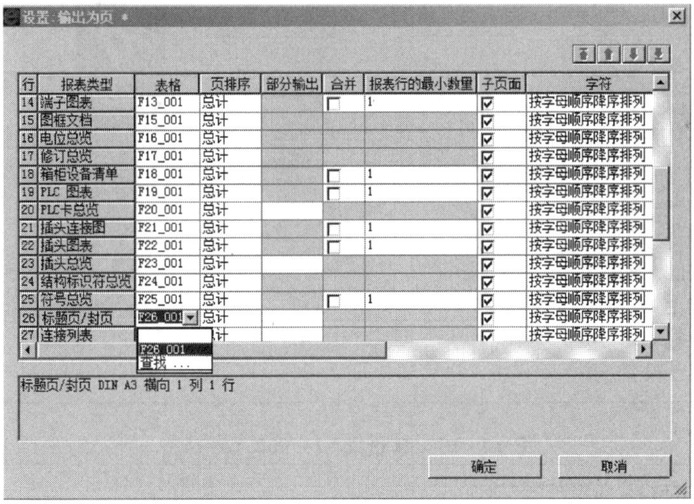

图 10－11　修改标题页表格设置

选择“查找”，弹出“选择表格”对话框，勾选右侧“预览”选项，可预览文件夹内后缀名为 f26 的标题页表格，当前使用的是 F26_001. f26 表格，单击选择 F26_002. f26 表格，右侧出现双列的标题页结构，如图 10－12 所示。

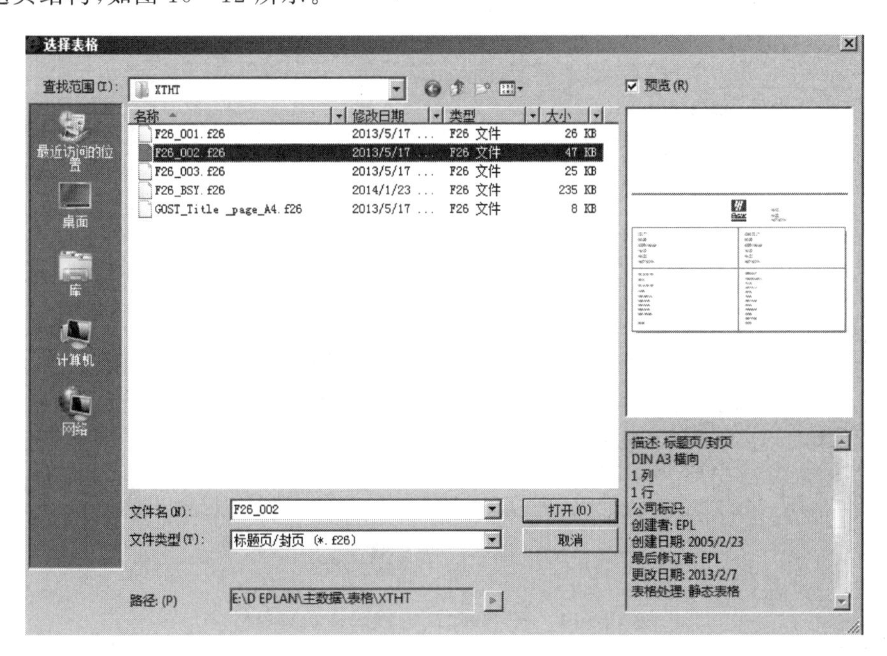

图 10－12　标题页 F26_002. f26 表格设置

单击“打开”按钮，完成“标题页”表格更换，在“设置：输出为页”对话框中单击“确定”按钮，完成“标题页”表格更换，回到“报表”对话框。

在“报表”对话框中单击“更新”按钮完成表格的替换。

单击“完成”按钮回到页面状态，当前“标题页”如图 10－13 所示。

EPLAN Software & Service GmbH & Co. KG

客户 街道 邮编/地址 电话 传真 电子邮件	最终客户 街道 邮编/地址 电话 传真 电子邮件

图 10－13　标题页 F26_002.f26 表格

在“页属性”内修改标题页表格如下：

还可以通过单击“标题页”编辑“页属性”，如图 10－14 所示，修改当前“标题页”表格结构。

注意：

- 通过修改“页属性”所做的修改是生效的。
- 当在项目中做报表更新时，所选的报表会根据表格的配置重新按“设置：输出为页”的配置进行更新和覆盖，更新的结果以“设置：输出为页”的配置为准。

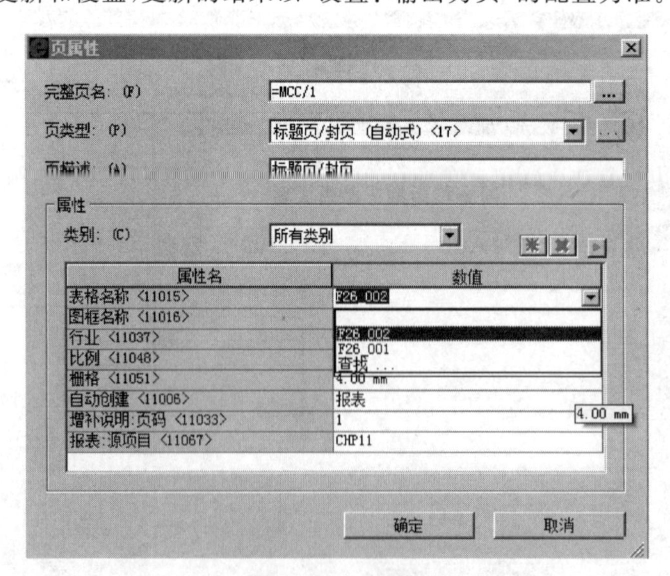

图 10－14　在“页属性”内修改标题页表格

选择“其他”并选择 F26_003.f26 表格，单击“确定”按钮，标题页如图 10－15 所示。

EPLAN Software & Service
GmbH & Co. KG

An der alten Ziegelei 2
40789　Monheim am Rhein
电话　+49 (0)2173 - 39 64 - 0

客户
工厂代号说明　带 IEC 标识结构的项目模板
图号　IEC_tpl001
代理　EPLAN

制造商(公司)　EPLAN Software & Service GmbH & Co. KG

图 10-15　标题页 F26_003.f26 表格

在"页"导航器中选择"标题页",选择"工具"→"报表"→"更新"(此更新操作与选中在"报表"对话框中"更新"的作用是相同的),更新结构是"标题页",表格更新为 F26_003.f26。

1. 生成目录

(1) 选择设置"目录"模板

选择"工具"→"报表"→"生成"菜单项,弹出"报表"对话框。选择"设置"→"输出为页"菜单项,弹出"设置:输出为页"对话框。

选择第 6 行"目录",如图 10-16 所示。单击"表格"选择"查找",进入"选择表格"对话框",选择 F06_002.f06 表格,单击"打开"按钮完成选择,回到"设置:输出为页"对话框,单击"确定"按钮回到"报表"对话框。

设置:输出为页

行	报表类型	表格	页排序	部分输出	合并	报表行的最小数量	子页面	字符
1	部件列表	F01...	总计				☑	按字母顺序降序排列
2	部件汇总表	F02_001	总计				☑	按字母顺序降序排列
3	设备列表	F03_001	总计				☑	按字母顺序降序排列
4	表格文档	F04_001	总计				☑	按字母顺序降序排列
5	设备连接图	F05_001	总计		☐	1	☑	按字母顺序降序排列
6	目录	F06_001	总计				☑	按字母顺序降序排列
7	电缆连接图	F07_001	总计		☐	1	☑	按字母顺序降序排列
8	电缆布线图		总计				☑	按字母顺序降序排列
9	电缆图表	F09_001	总计		☐	1	☑	按字母顺序降序排列
10	电缆总览	F10_001	总计				☑	按字母顺序降序排列
11	端子连接图	F11_001	总计		☐	1	☐	按字母顺序降序排列
12	端子排列图	F12_001	总计		☐	1	☑	按字母顺序降序排列
13	端子排总览	F14_001	总计				☑	按字母顺序降序排列
14	端子图表	F13_001	总计		☐	1	☑	按字母顺序降序排列

部件列表 DIN A3 横向 1 列 56 行

确定　取消

图 10-16　目录表格选择

(2) 生成“目录”

在“报表”对话框中，单击“新建”按钮，弹出“确定报表”对话框，选择“目录”，单击“确定”按钮，弹出“筛选/排序：目录”对话框，单击“确定”按钮，回到“目录(总计)”对话框，选择放置目录位置为高层代号 MCC，页名为“2”，页名自动描述“有效”，如图 10－17 所示。

单击“确定”按钮，完成目录生成。关闭“报表”对话框，回到“页”导航器，双击“2 目录”查看项目目录页，如 10－18 所示。

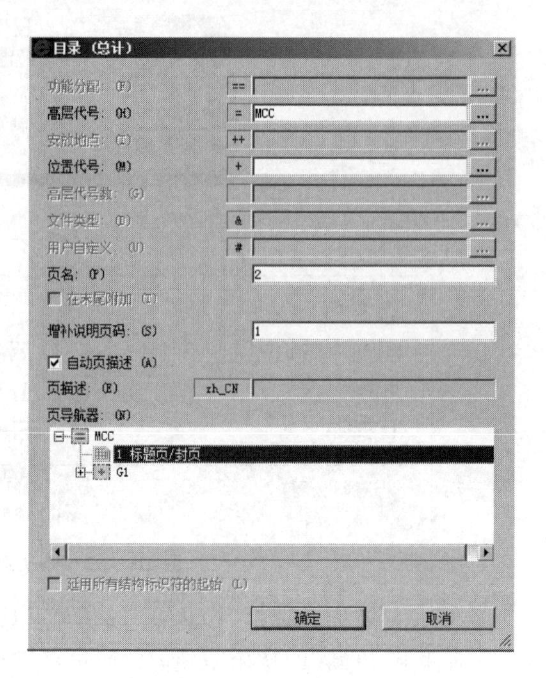

图 10－17　目录表格保存位置

2. 生成部件列表和部件汇总表

部件列表方便查看部件的型号，指导电柜的生成。部件汇总表把相同的部件汇总在一起，便于采购和库房的管理。

使用 EPLAN 默认设置生成“部件列表”和“部件汇总表”。

选择“工具”→“报表”→“生成”菜单项，弹出“报表”对话框。

工厂代号(较高级别)	位置代号	页	页描述
MCC		1	标题页/封页
		2	目录 ：=MCC/1 - =MCC+G1/404.a
		2.a	目录 ：=MCC+G1/405 - =MCC+G1/410
		10	部件列表 ：SIE.6ES7 390-1AE80-0AA0 -
		20	部件汇总表 ：SIE.6ES7 390-1AE80-0AA0 - SCE.XB2BA11C
		20.a	部件汇总表 ：SCE.XB2BA22C - PXC.0805001
	G1	10	电机回路1
	G1	11	电机回路2
	G1	20	控制电源220V
	G1	25	控制电源DC24V
	G1	50	PLC布局
	G1	51	PLC及模块供电
	G1	52	PLC及模块供电 2
	G1	65	PLC数字量输入模块1_1
	G1	66	PLC数字量输入模块1_2
	G1	75	PLC数字量输出模块1_1

图 10－18　完成目录页

在“报表”对话框中，单击“新建”按钮，弹出“确定报表”对话框，选择“部件列表”，单击“确定”按钮，弹出“筛选/排序：部件列表”对话框，单击“确定”按钮，回到“部件列表(总计)”对话框，选择放置的位置为高层代号 MCC，页名为“10”，页名自动描述“有效”。

单击“确定”按钮，完成“部件列表”生成。关闭“报表”对话框，回到“页”导航器，双击“部件列表”查看项目 10 页，如图 10－19 所示。

设备标识符	数量	名称	
=MCC+G1	1	AE 1050.500 500/500/210	AE 1050.500
=MCC+G1-50A0	1	SIMATIC S7-300，水平导轨	6ES7390-1AE80-0AA0
=MCC+G1-50A0	1	SIMATIC S7-300，带 MPI 的中央部件组	6ES7315-2AG10-0AB0
=MCC+G1-50A0	1	MCC 卡 储存卡 512KB	
=MCC+G1-50A0	1	Profibus DP	6ES7972-0BA12-0XA0
=MCC+G1-50A0	1	PROFIBUS 电缆	6XV1830-3EH10
=MCC+G1-50A1	1	SIMATIC S7-300，数字输入 SM 321	6ES7321-1BH02-0AA0
=MCC+G1-50A1	1	SIMATIC S7-300 20 Pin Front connector	6ES7392-1AJ00-0AA0
=MCC+G1-50A2	1	SIMATIC S7-300，数字输出 SM 322	6ES7322-1BH01-0AA0
=MCC+G1-50A2	1	SIMATIC S7-300 20 Pin Front connector	6ES7392-1AJ00-0AA0
=MCC+G1-50A3	1	SIMATIC S7-300，模拟输入 SM 331	S7
=MCC+G1-50A3	1	SIMATIC S7-300 20 Pin Front connector	6ES7392-1AJ00-0AA0
=MCC+G1-50A4	1	SIMATIC S7-300，模拟输出 SM 332	6ES7332-5HD01-0AB0
=MCC+G1-50A4	1	SIMATIC S7-300 20 Pin Front connector	6ES7392-1AJ00-0AA0
=MCC+G1-10H5	1	round pilot light ¥ 22 - IP 65 - green	XB2BVB3LC
=MCC+G1-10H6	1	round pilot light ¥ 22 - IP 65 - green	XB2BVB3LC
=MCC+G1-11H5	1	round pilot light ¥ 22 - IP 65 - green	XB2BVB3LC
=MCC+G1-11H6	1	round pilot light ¥ 22 - IP 65 - green	XB2BVB3LC
=MCC+G1-10KM7	1	主回路接触器	DILM17-10C (220-230V5

图 10－19　部件列表

选择“工具”→“报表”→“生成”菜单项，弹出“报表”对话框。

在“报表”对话框中，单击“新建”按钮，弹出“确定报表”对话框，选择“部件汇总表”，单击“确定”按钮，弹出“筛选/排序：部件汇总表”对话框，单击“确定”按钮，回到“部件汇总表(总计)”对话框，选择放置部件汇总表位置为高层代号 MCC，页名为“20”，页名自动描述“有效”。

单击“确定”按钮，完成“部件汇总表”生成。关闭“报表”对话框，回到“页”导航器，双击“部件汇总表”查看项目 20 页，如图 10－20 所示。

订货编号	数量	描述 名称	类型号 部件编号
6ES7390-1AE80-0AA0	1 Stück	SIMATIC S7-300，水平导轨	6ES7390-1AE80-0AA0 SIE.6ES7 390-1AE80-0AA0
6ES7315-2AG10-0AB0	1 Stück	SIMATIC S7-300，带 MPI 的中央部件组	6ES7315-2AG10-0AB0 SIE.6ES7 315-2AG10-0AB0
6ES7 953-8LJ20-0AA0	1	MCC 卡 储存卡 512KB	SIE.6ES7 953-8LJ20-0AA0
6ES7972-0BA12-0XA0	1 Stück	Profibus DP	6ES7972-0BA12-0XA0 SIE.6ES7 972-0BA12-0XA0
6XV1830-3EH10	1 m	PROFIBUS 电缆	6XV1830-3EH10 SIE.6XV1830-3EH10
6ES7321-1BH02-0AA0	1 Stück	SIMATIC S7-300，数字输入 SM 321	6ES7321-1BH02-0AA0 SIE.6ES7 321-1BH02-0AA0
6ES7392-1AJ00-0AA0	4 Stück	SIMATIC S7-300 20 Pin Front connector	6ES7392-1AJ00-0AA0 SIE.6ES7 392-1AJ00-0AA0
6ES7322-1BH01-0AA0	1 Stück	SIMATIC S7-300，数字输出 SM 322	6ES7322-1BH01-0AA0 SIE.6ES7 322-1BH01-0AA0
6ES7331-7KF02-0AB0	1 Stück	SIMATIC S7-300，模拟输入 SM 331	S7 SIE.6ES7331-7KF02-0AB0
6ES7332-5HD01-0AB0	1 块	SIMATIC S7-300，模拟输出 SM 332	6ES7332-5HD01-0AB0 SIE.6ES7332-5HD01-0AB0

图 10－20　部件汇总表

3. 生成端子图表

端子图表除了可以指导端子接线外，也方便现场施工时设备接线的指导工作。

选择“工具”→“报表”→“生成”菜单项，弹出“报表”对话框。选择“设置”→“输出为页”，弹出“设置：输出为页”对话框。设置端子图表使用 F13_003. f13 表格。

选择“工具”→“报表”→“生成”菜单项，弹出“报表”对话框。

在“报表”对话框中，单击“新建”按钮，弹出“确定报表”对话框，选择“端子图表”，单击“确定”按钮，弹出“筛选/排序：端子图表”对话框，单击“确定”按钮，回到“端子图表(总计)”对话框，选择放置端子图表位置为高层代号 MCC，位置代号填写“＋G1”，页名为“400”，页名自动描述“有效”，如图 10－21 所示。

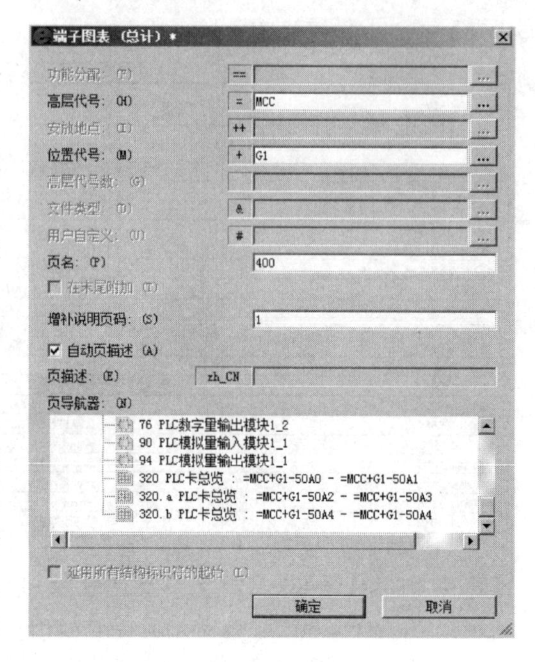

图 10－21 端子图表放置位置

单击“确定”按钮，完成“端子图表”的生成。关闭“报表”对话框，回到“页”导航器，双击“端子图表”查看项目 400 页，如图 10－22 所示。

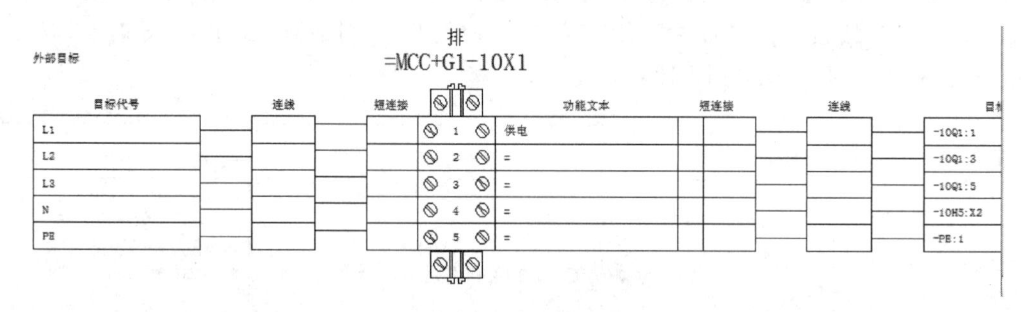

图 10－22 端子图表

4. 生成连接列表

连接列表可用于电柜接线的生产和接线后线路的检查。

选择“工具”→“报表”→“生成”菜单项，弹出“报表”对话框。选择“设置”→“输出为页”，弹出“设置：输出为页”对话框。设置“连接列表”使用 F27_002. f27 表格。

选择“工具”→“报表”→“生成”菜单项，弹出“报表”对话框。

在“报表”对话框中，单击“新建”按钮，弹出“确定报表”对话框，选择“连接列表”，单击“确定”按钮，弹出“筛选/排序：连接列表”对话框，单击“确定”按钮，回到“连接列表(总计)”对话框，选择放置连接列表位置为高层代号 MCC，位置代号填写“＋G1”，页名为“500”，页名自动描述“有效”。

单击“确定”按钮，完成“连接列表”生成。关闭“报表”对话框，回到“页”导航器，双击“连接列表”查看项目 500 页，如图 10－23 所示。

连接	目标 1	目标 2	颜色	截面积
	-10Q1:1	-10X1:1	BK	4
	-10Q1:3	-10X1:2	BK	4
	-10Q1:5	-10X1:3	BK	4
	-PE:1	-10X1:5	GNYE	4
	-10KM7:1	-10Q3:2	BK	4
	-10KM7:3	-10Q3:4	BK	4
	-10KM7:5	-10Q3:6	BK	4
	-10KM7:2	-10X3:1	BK	4
	-10KM7:4	-10X3:2	BK	4
	-10KM7:6	-10X3:3	BK	4

图 10-23 连接列表

5. 生成电缆图表

电缆图表指导电缆的制作和现场设备的连接。

选择“工具”→“报表”→“生成”菜单项，弹出“报表”对话框。选择“设置”→“输出为页”，弹出“设置：输出为页”对话框。设置“电缆图表”使用 F09.003.f09 表格。

选择“工具”→“报表”→“生成”菜单项，弹出“报表”对话框。

在“报表”对话框中，单击“新建”按钮，弹出“确定报表”对话框，选择“电缆图表”，单击“确定”按钮，弹出“筛选/排序：电缆图表”对话框，单击“确定”按钮，回到“电缆图表(总计)”对话框，选择放置电缆图表位置为高层代号 MCC，位置代号填写“+G1”，页名为“600”，页名自动描述“有效”。

单击“确定”按钮，完成“电缆图表”生成。关闭“报表”对话框，回到“页”导航器，双击“电缆图表”，查看项目 600 页，如图 10-24 所示。

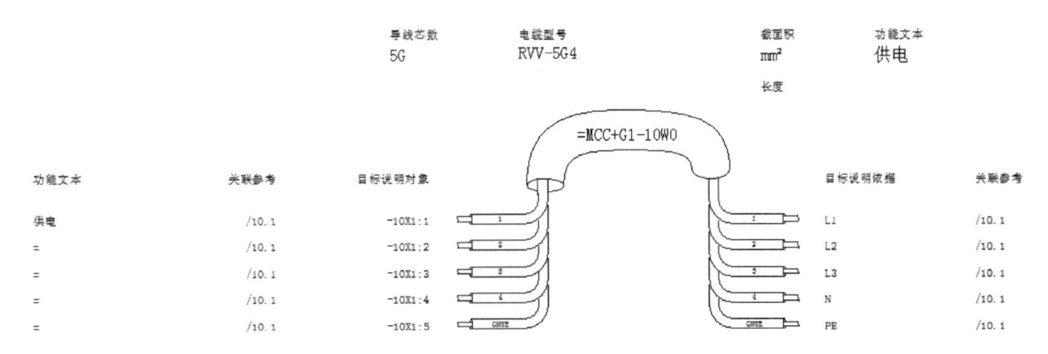

图 10-24 电缆图表

注意：

- EPLAN 是基于数据库设计的应用软件，完成项目包含大量的信息，原理图表达是其中的一种方式。
- 充分了解 EPLAN 提供的表格基本可以实现电气设计和制造各个环节的数据。
- 用户还可以根据自己的需求定制表格的格式和内容，满足个性化的需要。

第 11 章　标题页和图框

11.1　学习目标

本章学习目标如下：

通过本章学习标题页内容的设定及格式的定制，通过“图框应用”学习图框内容的设定及格式的定制。

11.2　实例教学

11.2.1　标题页的应用

在第 10 章介绍了标题页的生成，EPLAN 的标题页可以理解为一份特殊的表格，现进入项目了解以下标题页表格的一些细节内容。

复制项目 CHP10 到 CHP11，关闭 CHP10 并打开 CHP11。

在“页”导航器双击第 1 页，即“标题页/封页”，图纸区显示“标题页”。

右击“1”页，弹出快捷菜单，选择“属性”，弹出“页属性”对话框，如图 11－1 所示。

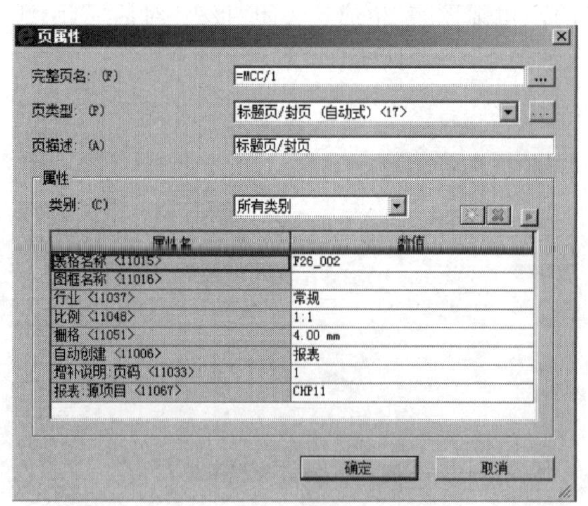

图 11－1　“页属性”对话框

在“页属性”窗口“表格名称”的“数值”列显示“标题页”实用的表格。

要想了解“标题页”，就要从了解 F26_002.f26 表格开始。

选择“工具”→“主数据”→“表格”→“打开”菜单项，弹出“打开表格”对话框，如图 11－2 所示。

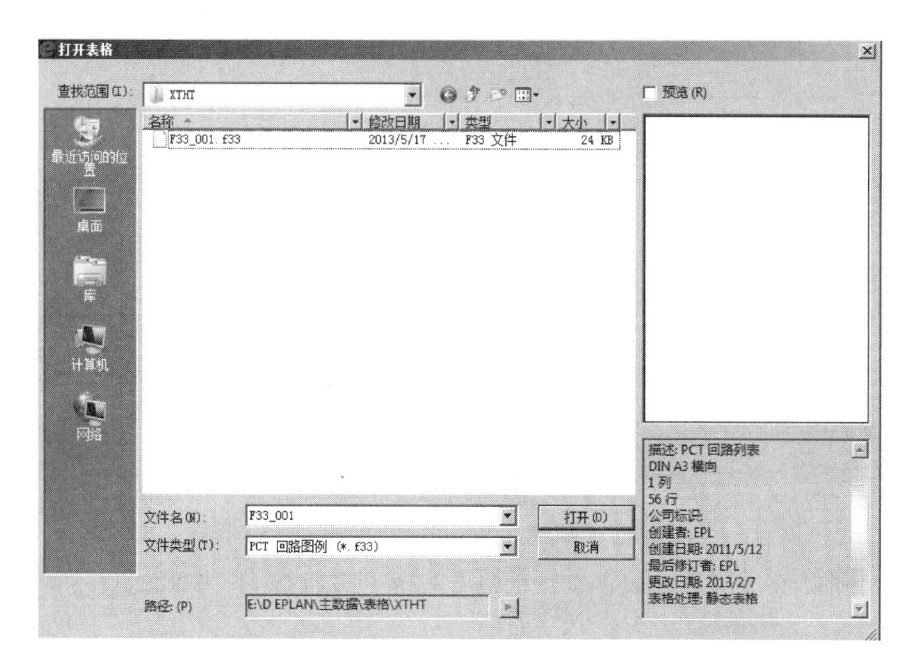

图 11-2　"打开表格"对话框

单击"文件类型"下拉按钮，选择"标题页/封页(*.f26)"文件，选择 F26_002.f26，勾选"预览"选项可以预览表格，如图 11-3 所示。

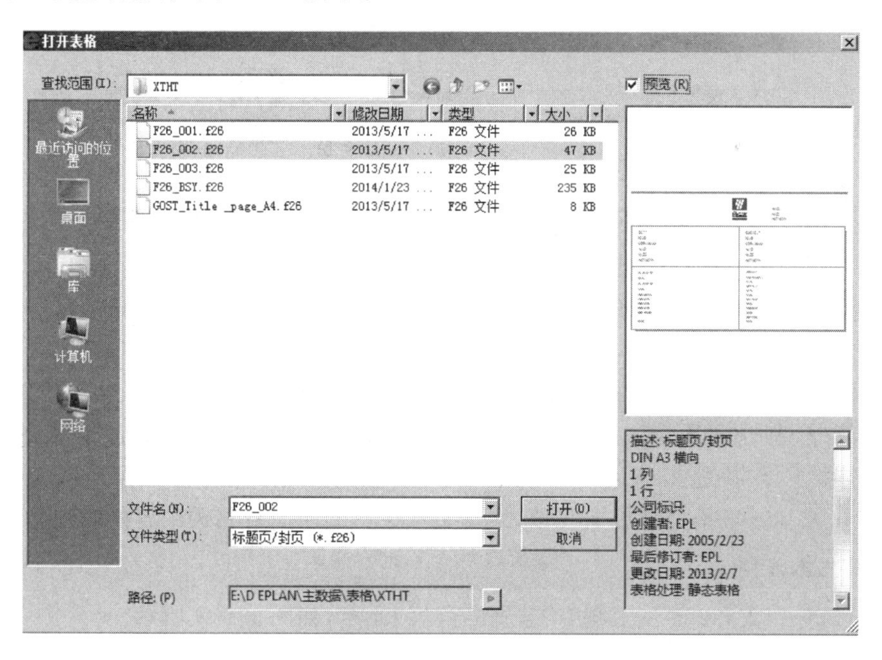

图 11-3　打开表格 F26_002 对话框

单击"打开"按钮，图纸区打开 F26_002.f26 表格的编辑界面，在图纸下方的选项卡符号区别于图纸符号，是黄色的表格符号，如图 11-4 所示。

1. 表格中的元素

表格中有 4 种元素，分别是“文本”、“特殊文本”、“图片文件”和“图形”。

(1) 文　本

文本就是普通的文字，其内容固定(可以通过设置切换语言)，如图 11 - 5 所示的“客户”和“街道”。

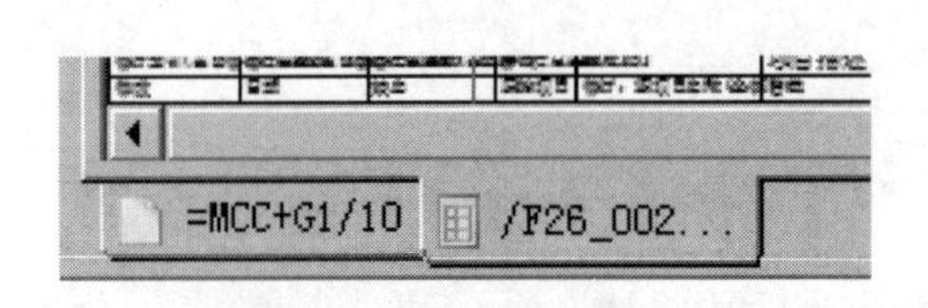

图 11 - 4　编辑表格选项卡

客户
街道
邮编/地址
电话
传真
电子邮件

图 11 - 5　表格中的文本

如果设计的表格文字比较固定，如图纸中出现“客户”2 个字，作为后续填写客户名称的提示文字，此处可在表格中使用“文本”类字符。

(2) 特殊文本

特殊文本如图 11 - 6 所示。

(3) 图片文件

在标题页内会出现 LOGO 等图片文件，如图 11 - 7 所示。

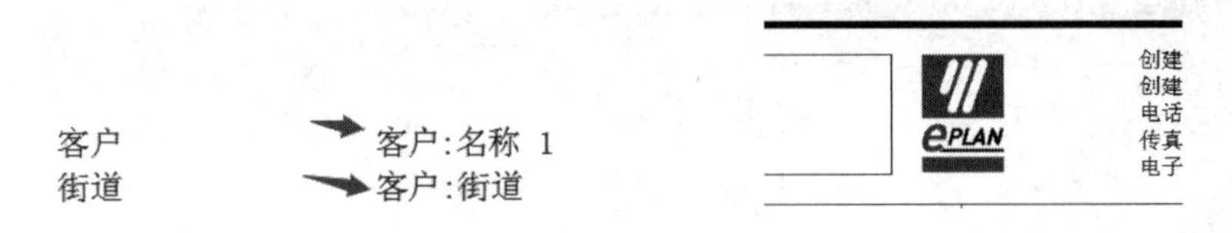

图 11 - 6　特殊文本　　　　图 11 - 7　表格内 LOGO 文件

(4) 图　形

在标题页还会出现由图形工具绘制的各种图形，如图 11 - 8 所示的表格边框等。

以上元素中，“文本”、“图片文件”和“图形”都是在编辑表格时预先编辑的。

“特殊文本”不同于“文本”内容，图纸应用表格时，并不会显示“特殊文本”的文字，显示的是特殊文本要表达“项目属性”、“页”或者“表格属性”的值。如果“特殊文本”代表的属性值没有定义，则图纸上该“特殊文本”位置不显示内容。

在 F26_002.f26 表格分析以上几种元素，实现在图纸层面对相关内容的修改。

2. 特殊文本应用

在表格 F26_002.f26 的左上角有“公司名称”的元素，如图 11 - 9 所示。

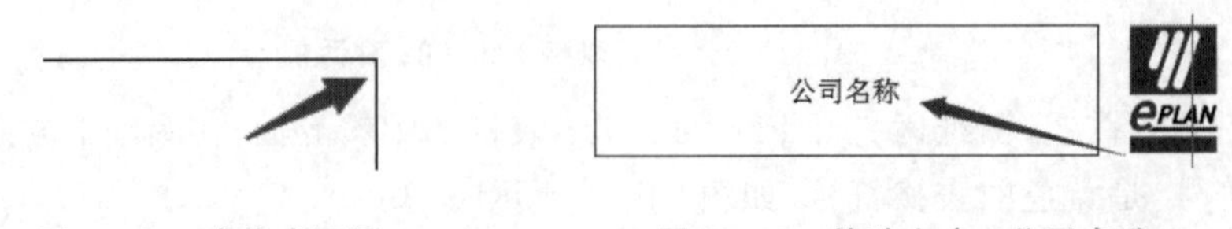

图 11 - 8　表格内图形　　　　图 11 - 9　特殊文本：公司名称

鼠标悬浮到特殊文本“公司名称”上方，则浮现内容如下：

特殊文本：项目属性

＜100015＞　　公司名称

语言设置：所有显示语言(上下排列)

位置框：宽度＝160.00　高度＝40.00

文本调节特征：从不分开文字移除换位

对比实际图纸该位置显示内容，如图 11－10 所示。

根据以上提示的内容，图纸显示的 EPLAN Software & Service GmbH & Co. KG 是项目 CHP12 的属性“公司名称”，其编号为＜100015＞。

图 11－10　图纸标题页公司名称

在设计图纸时，如果希望在该位置显示自己的“ABC 公司”，则应回到图纸设计页面，选中 CHP12，选择“项目”→“属性”菜单项，弹出“项目属性”对话框，如图 11－11 所示。

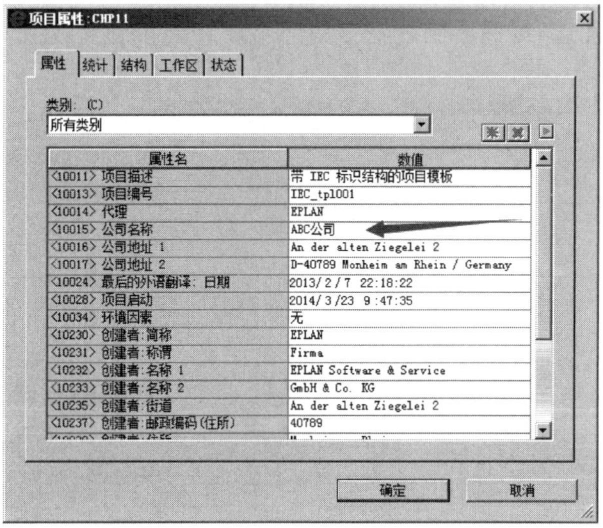

项目属性:CHP11

属性 | 统计 | 结构 | 工作区 | 状态

类别: (C)

所有类别

属性名	数值
<10011> 项目描述	带 IEC 标识结构的项目模板
<10013> 项目编号	IEC_tpl001
<10014> 代理	EPLAN
<10015> 公司名称	ABC公司
<10016> 公司地址 1	An der alten Ziegelei 2
<10017> 公司地址 2	D-40789 Monheim am Rhein / Germany
<10024> 最后的外语翻译: 日期	2013/2/7 22:18:22
<10028> 项目启动	2014/3/23 9:47:35
<10034> 环境因素	无
<10230> 创建者:简称	EPLAN
<10231> 创建者:称谓	Firma
<10232> 创建者:名称 1	EPLAN Software & Service
<10233> 创建者:名称 2	GmbH & Co. KG
<10235> 创建者:街道	An der alten Ziegelei 2
<10237> 创建者:邮政编码(住所)	40789

确定　取消

图 11－11　“项目属性”对话框

在“＜100015＞公司名称”文本框内显示内容为 EPLAN Software & Service GmbH & Co. KG。

删除“＜100015＞公司名称”文本框中内容，填写“ABC 公司”，单击“确定”按钮，完成项目属性的修改。

回到“标题页”，查看“公司名称”位置显示“ABC 公司”，如图 11－12 所示。

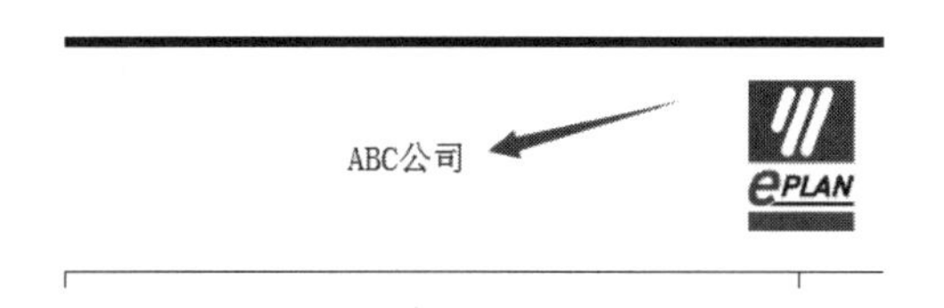

图 11－12　更新后的公司名称

以此类推，通过修改项目的属性，完成标题页内容的修改和调整。

关闭 F26_002. f26 表格编辑文件。

11.2.2 标题页表格设计

在应用系统提供的表格模板中，基本可以完成标题页内容的编写和设定。

但在实际图纸设计中，不但需要定制表格的结构和内容，也需要调整表格内的图形。

注意：在定制表格或者部件库时，建议不要直接修改 EPLAN 提供的模板，可以复制原模板或表格，重新命名并修改。如 F26_002. f26 标题页表格中在 002 的位置保存表格的文件标识。

1. 复制表格

复制 F26_002. f26 为 F26_test. f26 进行编辑。

选择“工具”→“主数据”→“表格”→“复制”菜单项，弹出“复制表格”对话框，选择 F26_002. f26 作为源，如图 11－13 所示。

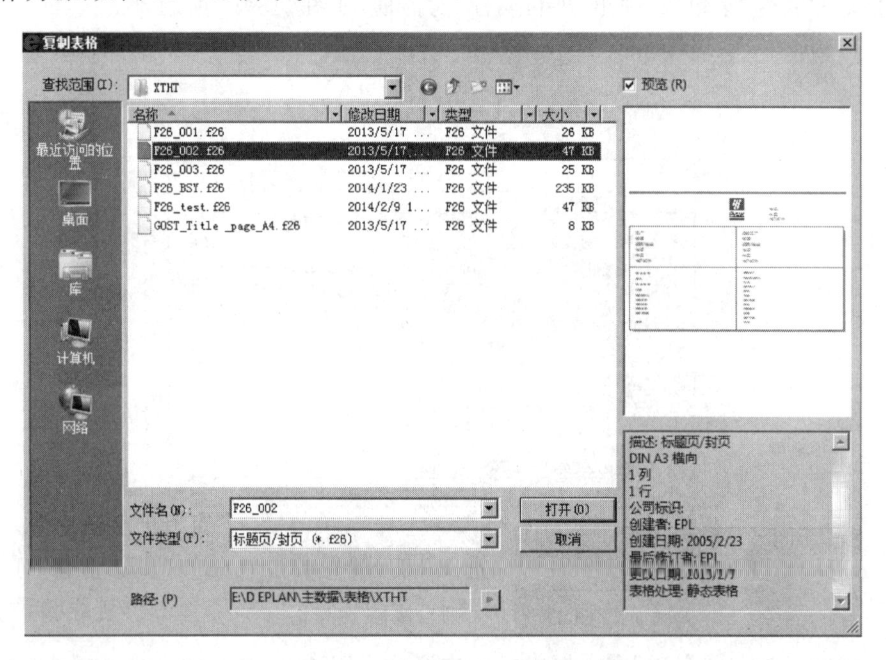

图 11－13 “复制表格”对话框

单击“打开”按钮，弹出“创建表格”对话框，填写 F26_test 到“文件名”文本框中，如图 11－14 所示。

单击“确定”按钮，EPLAN 系统打开名称为 F26_test. f26 的表格文件。

2. 编辑图片文件

选择表格中红色 EPLAN 图片文件，右击该图片，弹出快捷菜单，选择“删除”，图片文件在表格中消失。

在 F26_test. f26 表格界面，选择“插入”→“图形”→“图片文件”菜单项，弹出“选择图片文件”对话框，选择 EPLAN_Electric_P8，如图 11－15 所示。

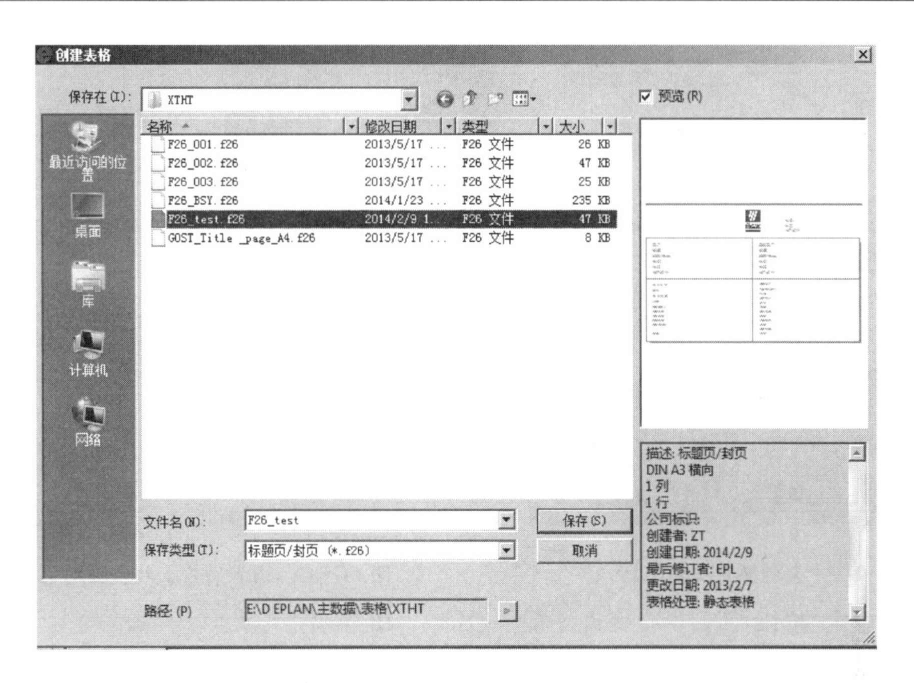

图 11－14　“创建表格”对话框

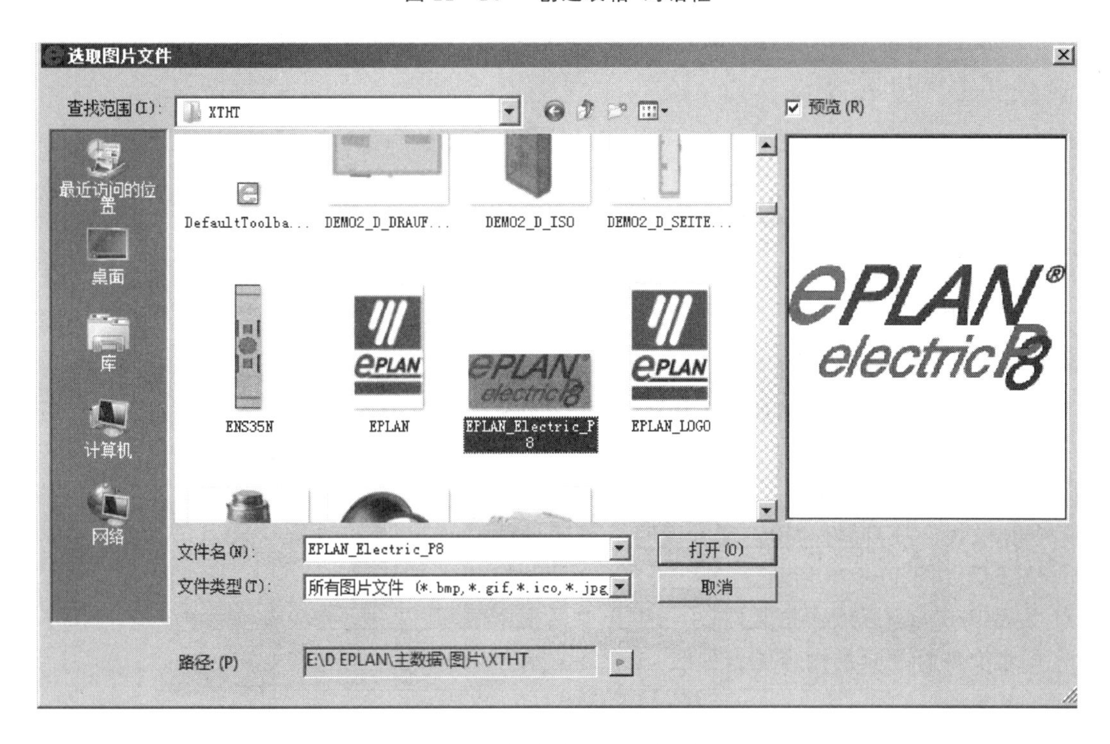

图 11－15　“选取图片文件”对话框

单击“打开”按钮，弹出“复制图片文件”对话框，如图 11－16 所示。

选择“复制”选项，单击“确定”按钮，将所使用“图片”复制到项目文件中，“复制图片文件”对话框关闭，“图片”符号附着在鼠标上，在需要放置图片文件的第一点单击，移动鼠标在第二点单击完成图片放置，弹出“属性”对话框，如图 11－17 所示。

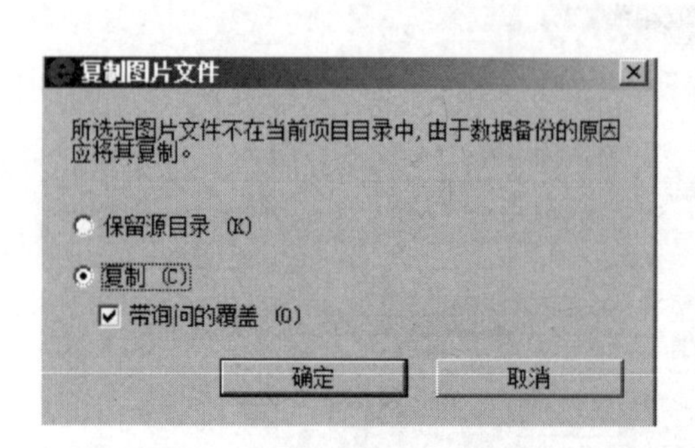

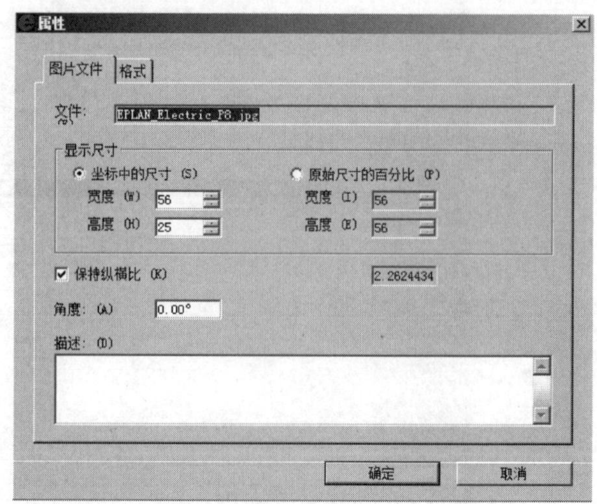

图 11-16 “复制图片文件”对话框　　　　图 11-17 放置图片文件属性对话框

单击“确定”按钮，回到表格编辑界面，如图 11-18 所示。

关闭表格文件回到图纸编辑界面，选择“工具”→“报表”→“生成”菜单项，弹出“报表”对话框。选择“设置”→“输出为页”，弹出“设置：输出为页”对话框。设置“标题页/封页”使用F26_test.f26 表格，单击“确定”按钮，单击“更新”按钮，完成新表格应用，公司名称和图片文件完成修改，如图 11-19 所示。

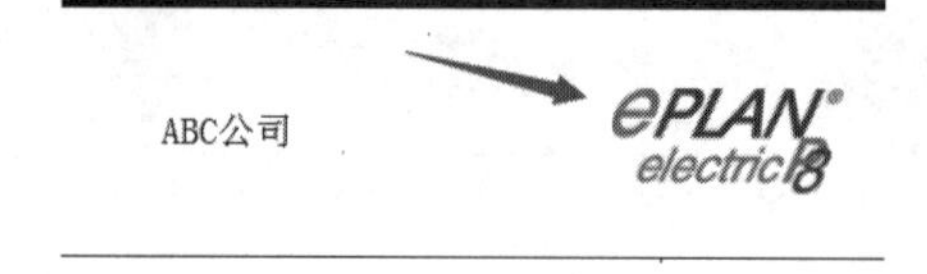

图 11-18 修改后的图片文件　　　　图 11-19 完成后的公司名称和图片文件

3. 增加标题页描述

为 F26_test.f26 表格增加一项描述，电柜制造标准使用 IEC60204。

为了实现这个目标，需要在 F26_test.f26 表格模板中增加下列内容：

文本：电柜制造标准。

特殊文本：项目属性“用户增补说明 1 <40001>”。

完成后如图 11-20 所示。

关闭 F26_test.f26 表格文件，单击弹出对话框中的“是”按钮，完成表格更新。

图纸文件标题页的内容更新如图 11-21 所示。

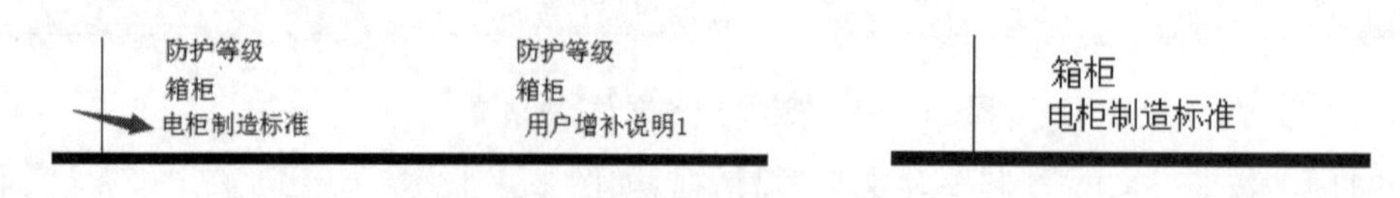

图 11-20 增加标题页内容　　　　图 11-21 标题页增加文本显示

具体标准内容保存在“项目属性”的项目属性“用户增补说明 1 <40001>”中，目前还没有填写。

回到图纸设计页面，选中 CHP12，选择“项目”→“属性”菜单项，弹出“项目属性”对话框，如图 11－22 所示。

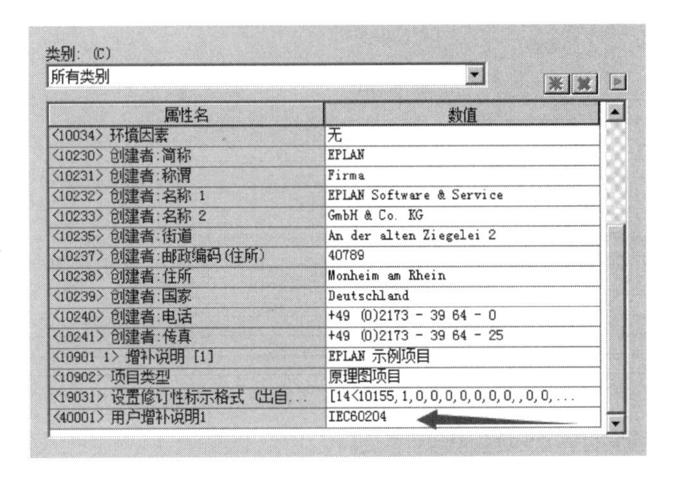

图 11－22　“项目属性”对话框

拉动属性滚动条，没有发现项目属性“用户增补说明 1　＜4000 1＞”，需要添加项目属性“用户增补说明 1　＜4000 1＞”到当前表格显示，并填写 IEC 60204 到文本框中。

图 11－23　完成电柜制造标准数值的设定

单击“确定”按钮，完成项目属性值的设定，回到图纸编辑页，以完成“电柜制造标准”的设定，如图 11－23 所示。

读者可以根据本章提供的方法对自己企业的封面进行设计。

F26_test. f26 保存到 CHP11 文件夹中供读者参考。

11.2.3　图框应用

图框和报表、标题页表格基本概念是相同的，只是形状和其中的文字不同而已。

本小节介绍更换单页图框、设定整个项目图框、复制并修改图框等内容。

1. 更换单页图框

打开项目，进入“页”导航器，右击“标题页”弹出快捷菜单，选择“属性”，查看“页属性”，如图 11－24 所示。

在“图框名称”文本框中没有内容，但是标题页确实存在“图框”，当前的图框文件是项目整体设定的。

通过单击“图框名称”文本框选择“标题页”图框。单击“图框名称”文本框，文本框出现下拉按钮，选择“查找”，弹出“选择图框”对话框，如图 11－25 所示。

勾选“预览”选项，可以通过单击选择图框文件预览图框。选择 FN1_002. fn1 图框，单击“打开”按钮，回到“页属性”对话框，如图 11－26 所示。

单击“确定”按钮，完成图框的更换。标题页图框由如图 11－27 所示的 FN1_001 更改为如图 11－28 所示的 FN1_002。

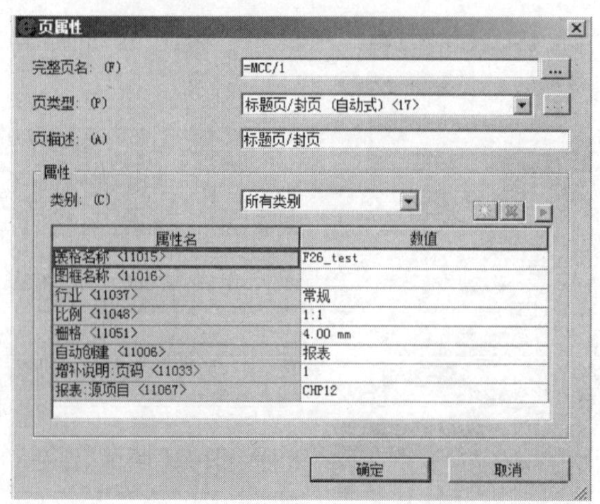

图 11-24　标题页“页属性”对话框

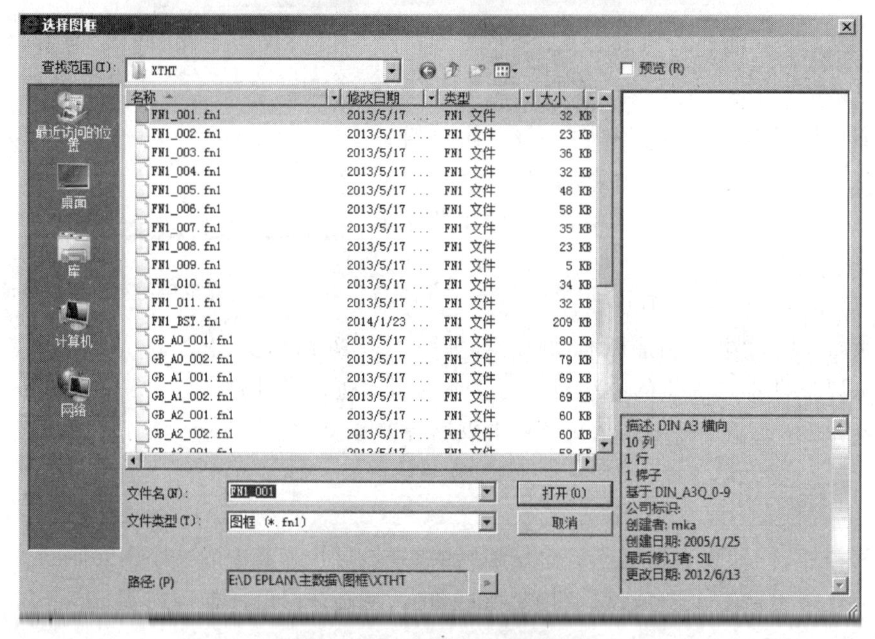

图 11-25　“选择图框”对话框

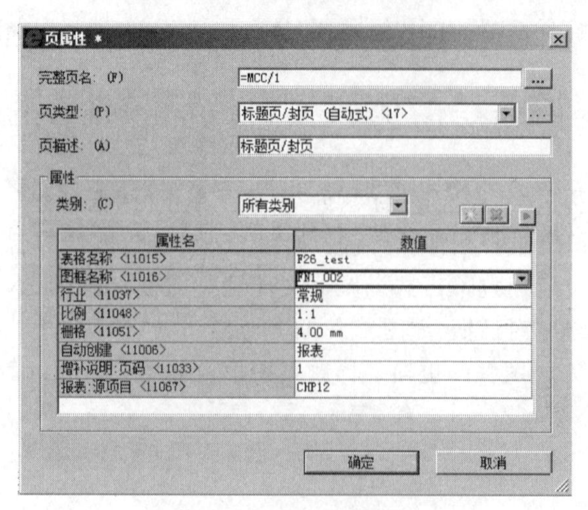

图 11-26　更新标题页图框

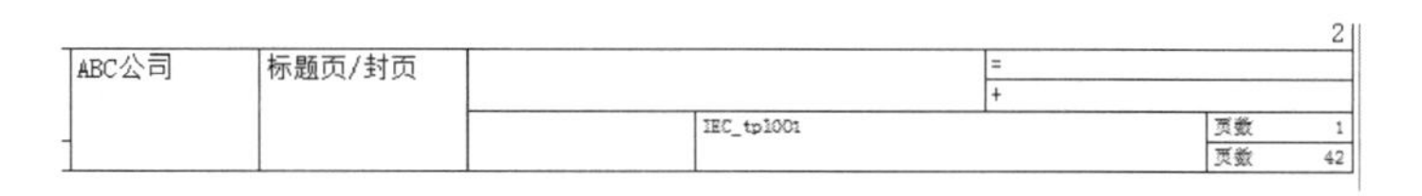

图 11－27　FN1_001 图框

图 11－28　FN1_002 图框

注意：

- 修改单页或者多页图纸的图框随着修改图纸会实时生效。
- 如果修改图框的图纸是表格生成的“页”，那么在重新生成表格时，该页面的图框会重新使用系统预先设置的图框，不会保存之前修改过的图框。
- 非报表类图纸(如原理图图框)修改后会保留。
- 可以在“页”导航器中选取 1 页或多页，批量进行图框的修改。

2. 更换项目图框

修改项目 CHP12 默认图框为 FN1_002。

选择“选项”→“设置”菜单项，选择“项目”→CHP12→“管理”→“页”，如图 11－29 所示。

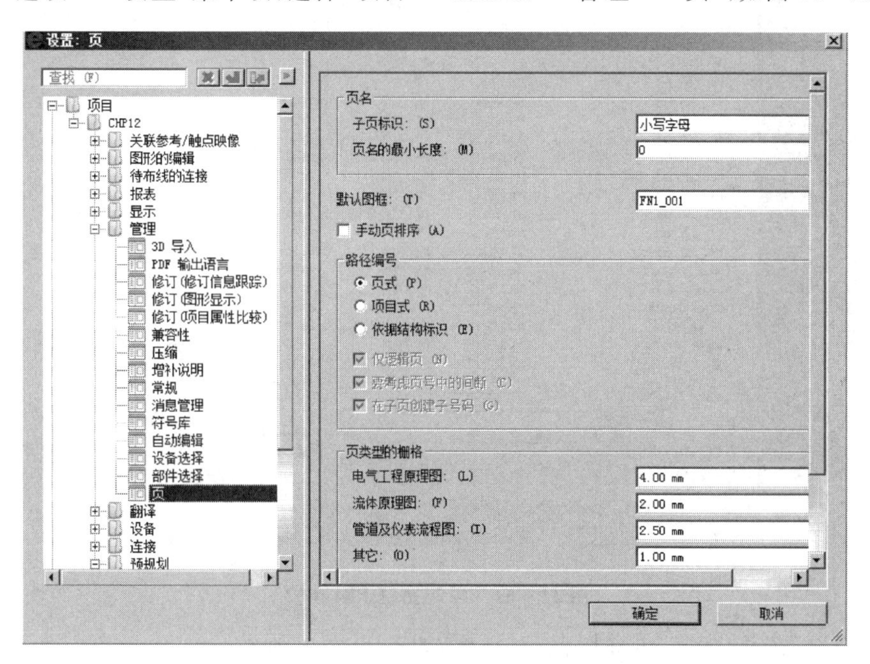

图 11－29　项目设置页的图框

在“默认图框”文本框内单击，选择“查找”，在弹出的“选择图框”对话框内选择 FN1_002.fn1 图框文件，单击“打开”按钮，回到“设置：页”对话框，如图 11－30 所示。

单击“确定”按钮，完成整个项目图框的修改。

图 11-30　修改系统设置页默认图框

注意：

- “页属性”对图框没有描述的，当项目设置页图框文件改变时，当前页图框随之改变。
- “页属性”对图框已经定义图框文件，而且这些文件不是表格生成的文件，那么当项目设置页图框文件改变时，当前页图框不变。

3. 复制并命名图框

以 FN1_002.fn1 图框文件为模板，复制并命名为 FN1_test.fn1 文件。

选择“工具”→“主数据”→“图框”→“复制”菜单项，弹出“复制图框”对话框，选择 F26_002.f26 作为源，如图 11-31 所示。

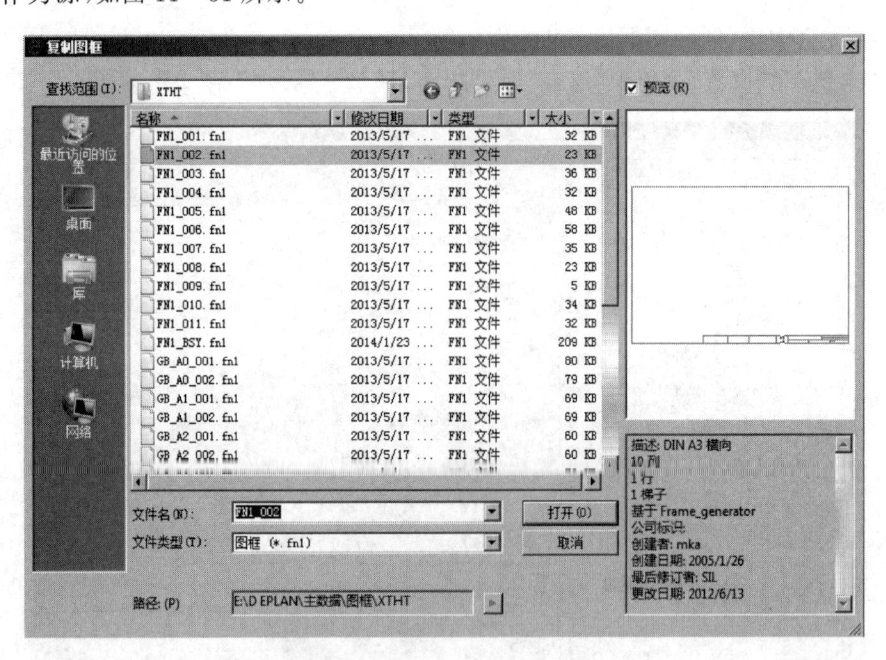

图 11-31　复制图框 FN1_002

单击“打开”按钮，弹出“创建图框”对话框，如图 11-32 所示。

填写 FN1_test 到文件名文本框，单击“保存”按钮，系统关闭“创建图框”对话框，打开 FN1_test 图框编辑器。

关闭图框编辑器，回到图纸编辑页面。

4. 应用新图框

修改项目 CHP12 默认图框为 FN1_test.fn1。

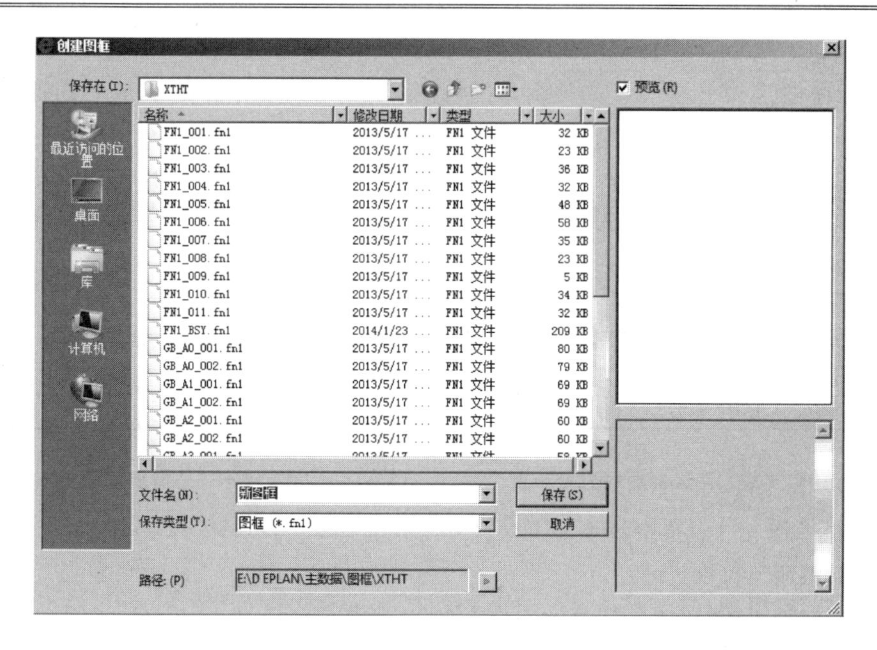

图 11-32　“创建图框”对话框

选择“选项”→“设置”菜单项，选择“项目”→CHP12→“管理”→“页”。

在“默认图框”文本框内单击，选择“查找”，在弹出的“选择图框”对话框内选择 FN1_test.fn1 图框文件，单击“打开”按钮，回到“设置：页”对话框，单击“确定”按钮，完成新图框的设定。

5. 定制新图框

修改 FN1_test.fn1 图框图表为与“标题页”相同的放置 EPLAN 图片文件，增加“电柜制造标准”到图框标题栏的左侧。

选择“工具”→“主数据”→“图框”→“打开”菜单项，弹出“打开图框”对话框，选择 FN1_test.fn1，如图 11-33 所示。

图 11-33　打开并编辑图框

单击“打开”按钮，进入“图框编辑”界面。

延长“标题栏”表格上方直线的长度，为“电柜制造标准”栏绘制表格，长度由原 280.00 调整为 316.00，如图 11-34 所示。

选择“插入”→“图形”→“直线”菜单项，“直线”符号附着在鼠标上，单击延伸线段的终点作为新绘制线段的起点，垂直向下到图纸边框，出现“捕捉”和“垂直”的符号，如图 11-35 所示，再次单击完成标题栏绘制。

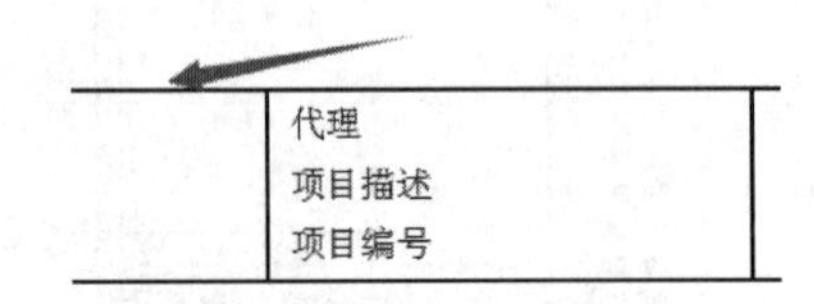

图 11-34　调整标题栏直线长度

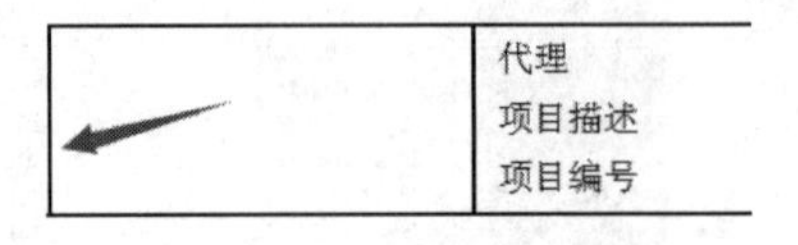

图 11-35　增加标题栏

在“标题栏”增加的表格中添加如下内容：

文本：电柜制造标准。

特殊文本：项目属性“用户增补说明 1 <40001>”。

插入方法与本章“标题页”插入方法相同。

调整新增加“文本”和“特殊文本”格式如下：

右击选择文本“电柜制造标准”，弹出快捷菜单，选择“属性”菜单项，弹出“属性-文本”对话框，选择“格式”选项卡，把字号的内容“源自层”修改为“2”，单击“确定”按钮，完成文本格式的修改。

用相同的方法修改特殊文本“用户增补说明 1”字体，完成后如图 11-36 所示。

修改图框“图形”文件如下：

右击标题栏内图片文件，选择“删除”菜单项，图片被删除。

选择“插入”→“图形”→“图片文件”菜单项，弹出“选择图片文件”对话框，选择 EPLAN_Electric_P8，弹出“复制图片文件”对话框，选择“复制”选项，单击“确定”按钮，确认复制后，“图片”符号附着在鼠标上，在标题栏选择放置图片第一点单击，选择第二放置点后完成放置，弹出“属性”对话框，单击“确定”按钮完成放置，如图 11-37 所示。

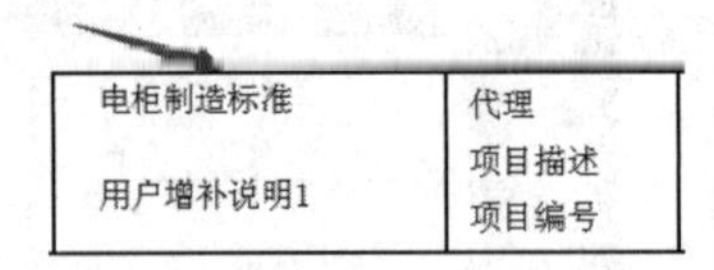

图 11-36　调整标题栏文字格式

图 11-37　完成图片文件修改

6. 标题栏文字的换行设置

在标题栏内的文本，尤其是“特殊文本”会显示项目属性或者页属性，有时这些属性值文字会比较长，如图框中的页属性“页描述”，如图 11-38 所示，有时会延伸到其他标题栏的位置，需要对这些特殊文本进行设置。

双击进入“页描述”属性对话框，如图 11-39 所示。

如果需要对“特殊文本”位置进行约束，需要选择“激活位置框”，对位置框的数值进行设定，并决定是否选择“固定文本宽度”和“固定文本高度”。

关闭图框编辑界面，确认更新后查看图框内容，如图 11-40 所示。

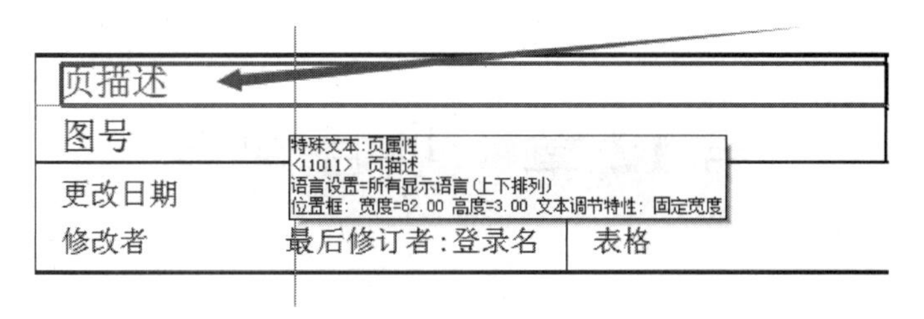

图 11-38　页描述

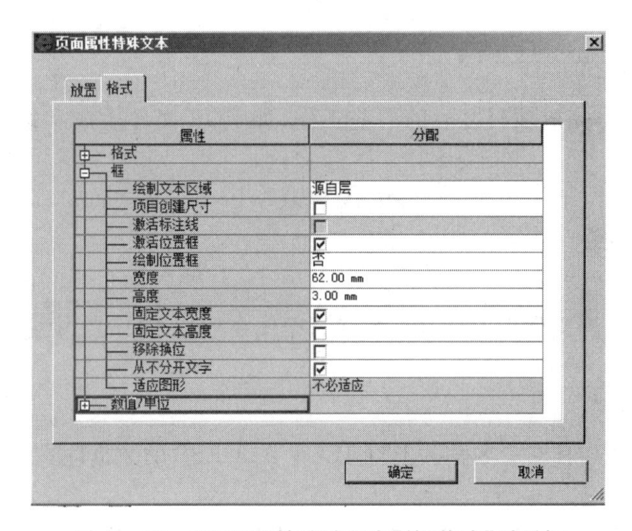

图 11-39　“页面属性特殊文本”的“格式”对话框

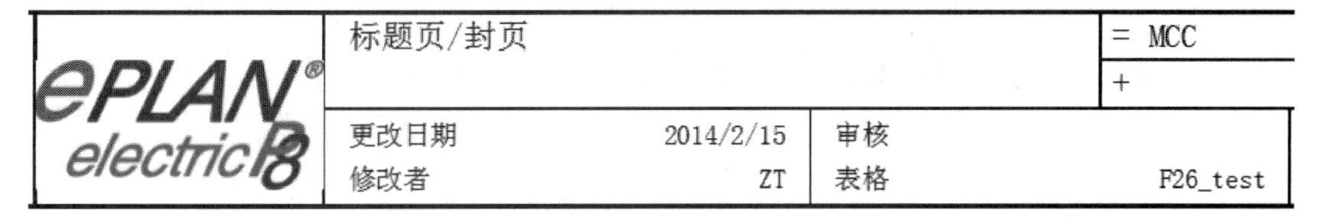

图 11-40　完成图框定制

注意：

- 有时即使设置了“固定文本宽度”，对应的文本还是会超出位置框，原因如下：
  - 英文或者德文的元素是字母，字母和字母组合形成了文字，也就是我们了解的单词，单词在文本表达中是不能被拆开或者截断的。
  - EPLAN 软件默认中国的文字为“字母”，那么“页描述”这样由很多汉字组成的句子在 EPLAN 认为就是一个“文字”，是不允许被拆开的，所以会超出位置框。
- 用户可以通过取消“从不分开文字”选项进行设置，以解决汉字换行的问题。
- 建议用户保持“从不分开文字”选项，但填写汉字描述时在“词语”间增加空格，这样不但在只用中文时能够完成固定文本放置位置，在英文或者德文应用时也不会拆开单词，在将来使用“多语言翻译”时，汉字的“词语”和外文“单词”的对应也会非常方便。
- 图框属性中有对“行数”、“列数”、“行高”、“列宽”以及“行列起始”等参数的设置，可以尝试了解和学习用于定制图框。

第 12 章　项目管理

12.1　学习目标

本章学习目标如下：

通过本章内容学习完成项目之后的一些工作，如 PDF 文件生成和修改、版本的发表和文件的归档等知识。

12.2　实例教学

复制项目 CHP11 到文件夹 CHP12，本章的操作在项目 CHP12 中完成。

12.2.1　项目数据库

在主数据文件夹中，有一个名称为 PROJECT ACCESS 的数据库文件，这个文件用于 EPLAN 对项目文件的管理。

可以通过选择“选项”→“设置”菜单项，弹出“设置”对话框，选择“公司”→“管理”→“项目管理数据库”进行数据库的设置，如图 12－1 所示，单击“确定”按钮，关闭“设置”对话框。

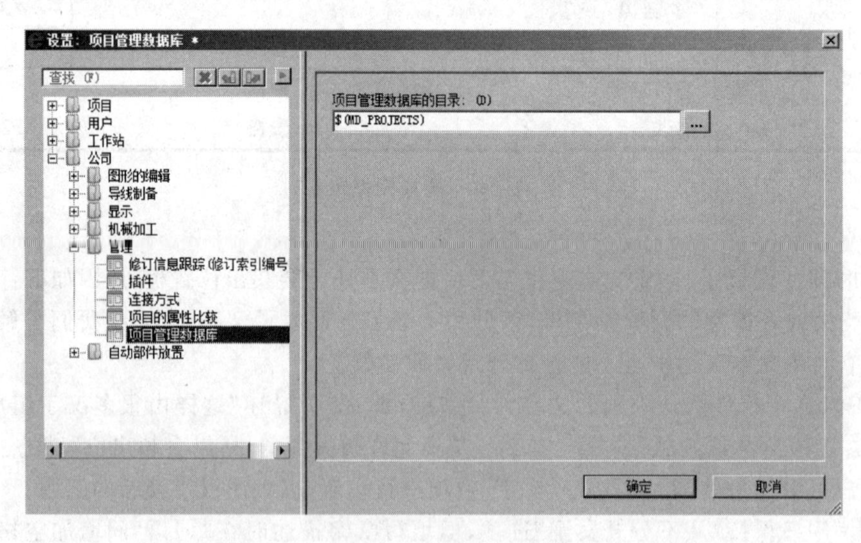

图 12－1　“设置：项目管理数据库”对话框

需要进行项目管理编辑时，可选择“项目”→“管理”菜单项，弹出“项目管理”对话框，如图 12－2 所示。

项目管理器作为一个数据库的应用，可以读取文件夹的项目信息，也可以修改项目的属性值。对于刚入门的读者而言，使用编辑界面有关项目的菜单项可基本满足常用的要求，对于项

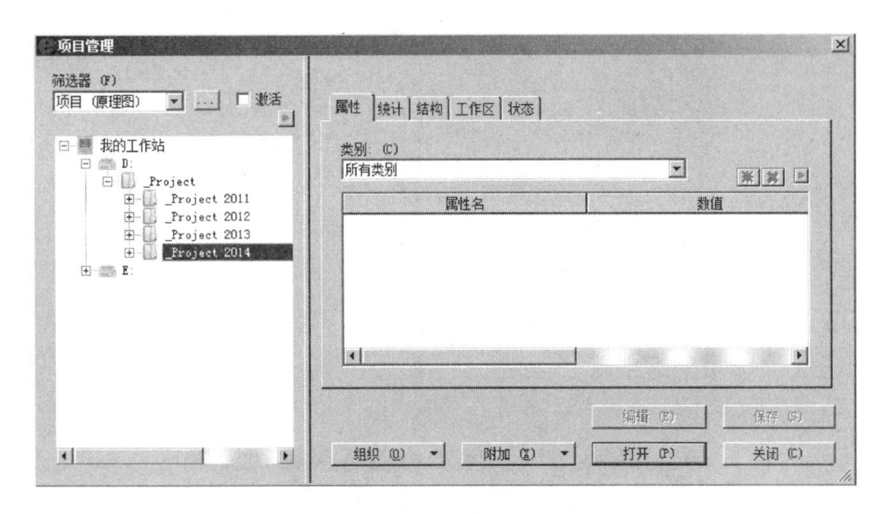

图 12－2　“项目管理”对话框

目管理，只需要了解对项目进行操作时，虽然没有打开“项目管理器”，但实际是通过“项目管理器”进行操作即可。

12.2.2　复　制

复制项目是初学者最常用的项目保存功能，与其他软件的“另存为”功能类似。

操作步骤如下：

单击选择需要复制的项目。

选择“项目”→“复制”菜单项，弹出“复制项目”对话框，如图 12－3 所示。

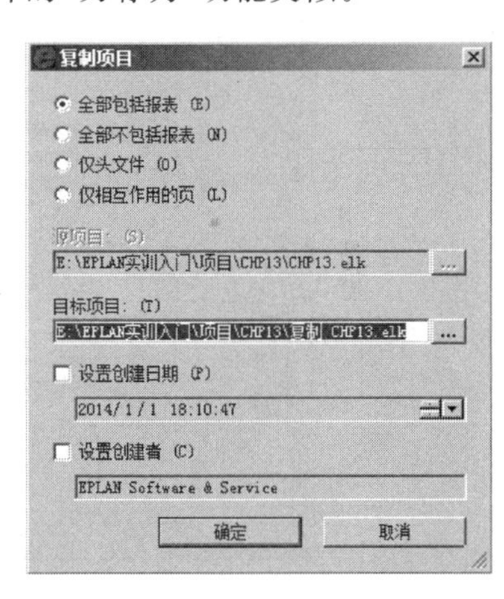

图 12－3　“复制项目”对话框

选择需要复制源项目的内容、目标项目的保存位置和目标项目的名称，选择是否修改项目的创建日期和创建者，即可完成项目的复制。

普通的项目文件是由一个项目文件和一个同名称的文件夹组成的，初学者在文件复制项目时，只复制单个项目文件是无法完成项目复制的功能的。

12.2.3　备　份

备份项目的功能与复制功能不同，把原项目(1 个文件和 1 个文件夹)保存为一个后缀为 *.zw1 的压缩文件。

选择“项目”→“备份”→“项目”菜单项，如图 12－4 所示。

弹出的“备份项目”对话框包含源项目名称、源项目描述、备份方法和备份文件名称等，如图 12－5 所示。

其中备份“方法”分为“另存为”、“锁定文件供外部编辑”和“归档”。

另存为：将项目备份在另一存储介质中。也可标记多个项目，此后按顺序备份。在项目管理的树结构视图中，可对项目进行多项选择。 *.elk 项目保持相同目录不变。另外，在选择的备份目录中生成 *.zw1 备份文件。

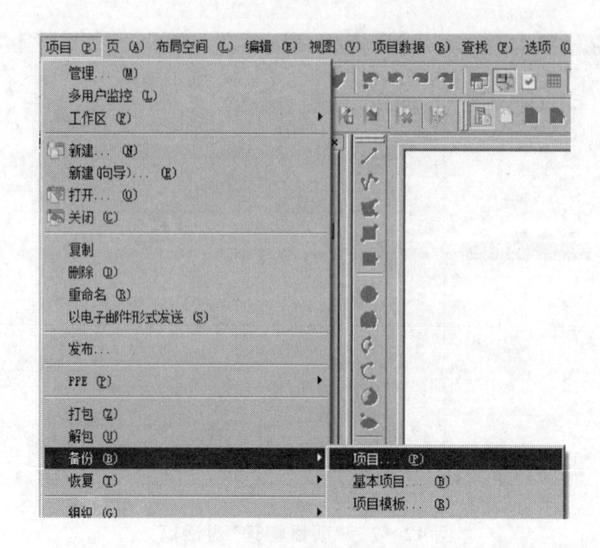

图 12-4　备份项目菜单项

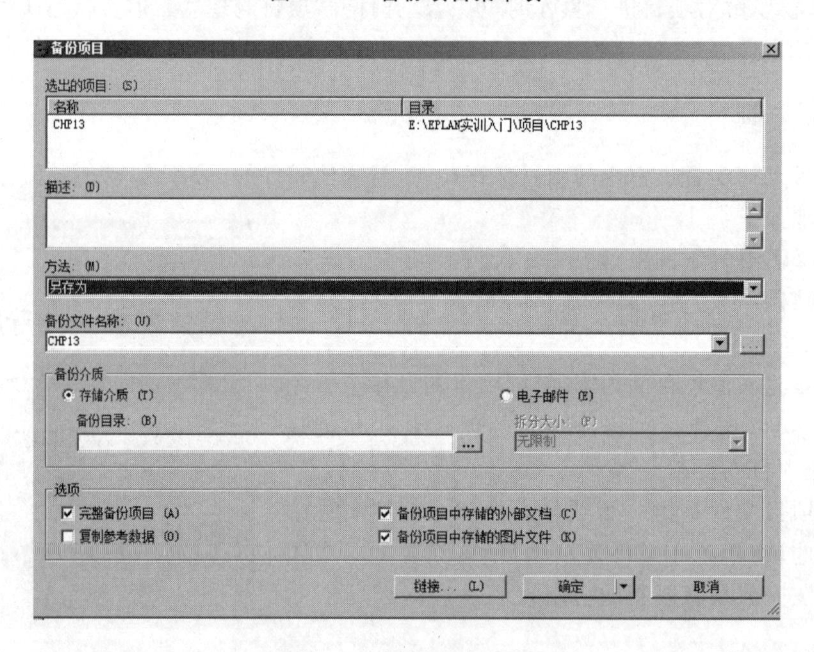

图 12-5　"备份项目"对话框

锁定文件供外部编辑：在另一存储介质中备份项目，并为源项目设置写保护。锁定导出项目的全部数据都保留在原始硬盘中。在相同目录中从 *.elk 项目中生成 *.els 项目。另外，在选择的备份目录中生成 *.zw1 备份文件。

归档：在另一存储介质中备份项目，从硬盘中删除源项目，仅保留信息文件。在相同目录中从 *.elk 项目中生成 *.ela 项目。另外，在选择的备份目录中生成 *.zw1 备份文件。

以上三种保存方法与备份目标文件的方法是相同的，区别是如何处理"源项目"。

12.2.4　基本项目

需要新建项目时，读者大多会复制一个项目，然后修改名称和保存位置，这样可以保存源项目的各种配置(如图框 LOGO)等内容。

复制修改建立新项目存在容易混淆不同项目的问题,EPLAN 提供保存“基本项目”的功能,为读者提供保存配置新建项目的方法。

选择项目 CHP09,选择“项目”→“组织”→“创建基本项目”菜单项,弹出“创建基本项目”对话框,如图 12-6 所示。

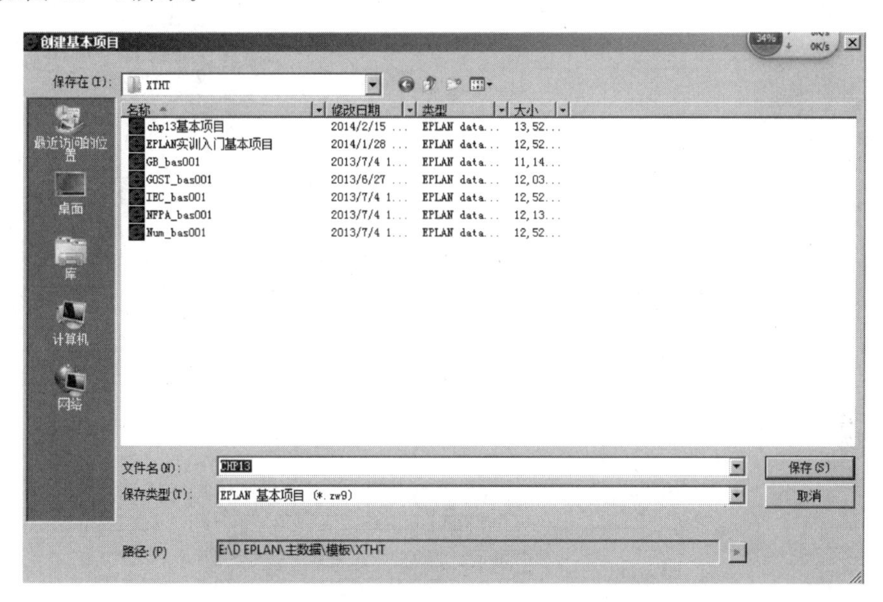

图 12-6　“创建基本项目”对话框

在“文件名”文本框内填写 CHP13 基本项目,保存类型为(*.zw9)基本项目文件。单击“保存”按钮,完成基本项目模板的创建。

选择“项目”→“新建”菜单项,弹出“新建项目”对话框,如图 12-7 所示。

单击“模板”下的“…”按钮,弹出“选择项目模板/基本项目”对话框,如图 12-8 所示。

在“文件类型”文本框中选择“EPLAN 基本项目(*.zw9)”,如图 12-9 所示。

模板列表中出现之前保存的“chp13 基本项目”模板,如图 12-10 所示,单击选择该模板。

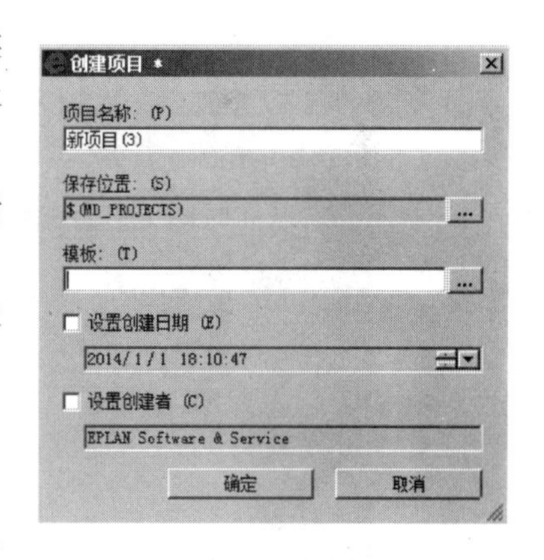

图 12-7　“创建项目”对话框

单击“打开”按钮,回到“创建项目”对话框,如图 12-11 所示。

单击“确定”按钮,继续“新项目(1)”的创建,在创建过程中,可以看到“新项目(1)”的项目属性和 CHP12 完全一样。

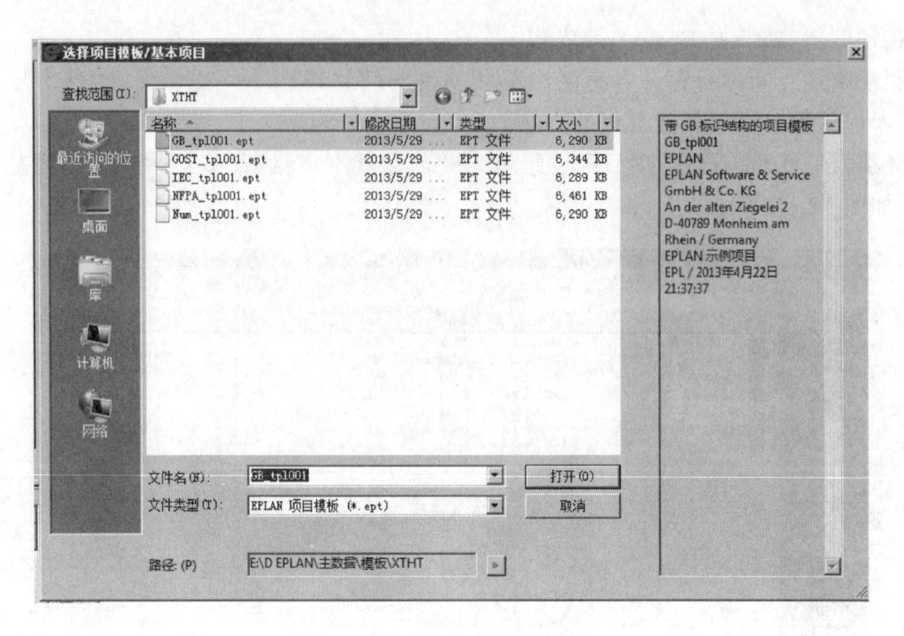

图 12-8　设置打开项目模板

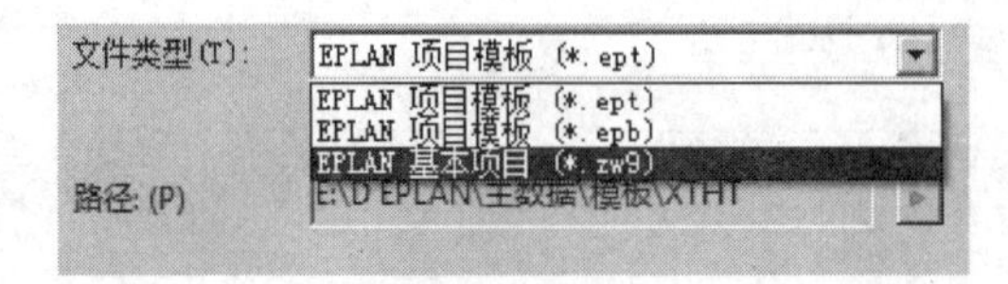

图 12-9　模板文件类型

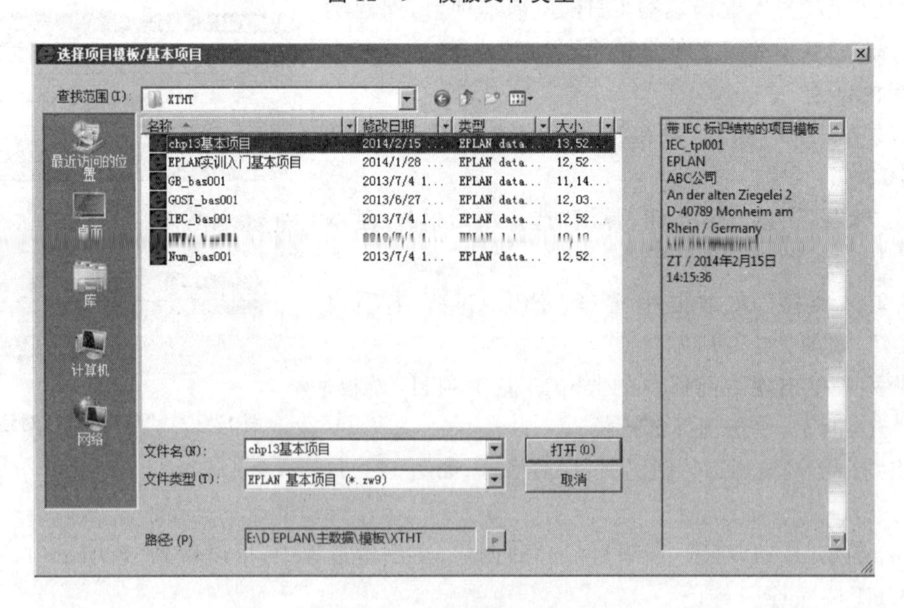

图 12-10　可选基本项目模板

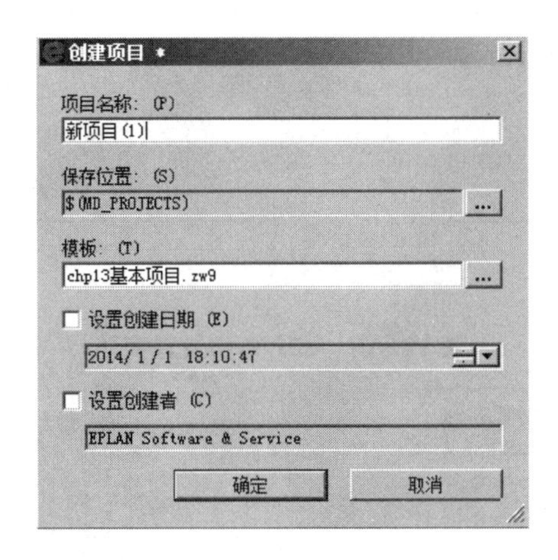

图 12-11　"创建项目"对话框

12.2.5　文件的输出

EPLAN 支持 3 种文件格式的输出：DXF/DWG 文件、图片文件和 PDF 文件。

导出的文件可以为没有安装 EPLAN 的同事或者客户提供可以阅读的图纸文件。下面以 PDF 为例介绍导出文件的过程。

选择需要导出的文件，可以是一页或者多页，也可以是整个项目。

在"页"导航器中选择项目 CHP12，选择"页"→"导出"→PDF 菜单项，弹出"PDF 导出"对话框，如图 12-12 所示。

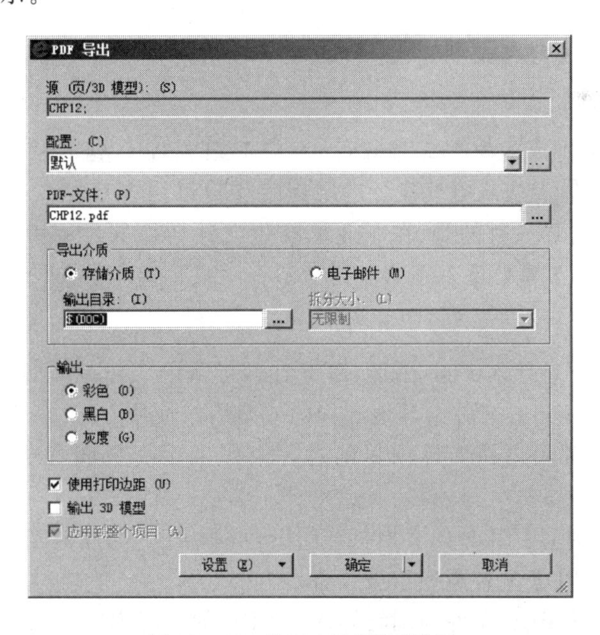

图 12-12　"PDF 导出"对话框

单击"设置"按钮，弹出设置的三个选择，如图 12-13 所示。

单击"页边距"进行页边距设置，弹出"设置：页边距"对话框，如图 12-14 所示。

调整各边边距为 10.00 mm，如图 12-15 所示。

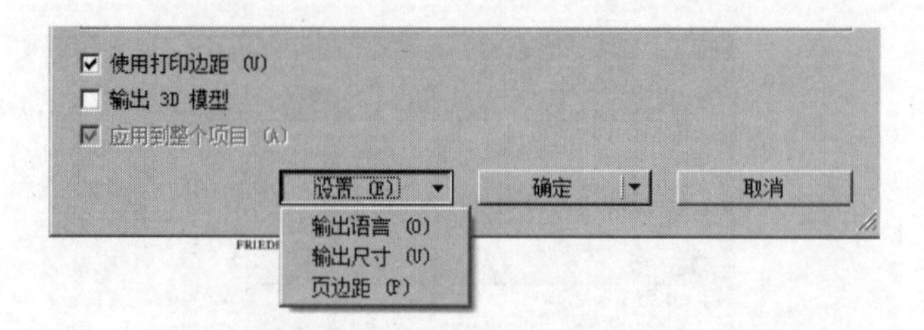

图 12-13　PDF 输出设置按钮

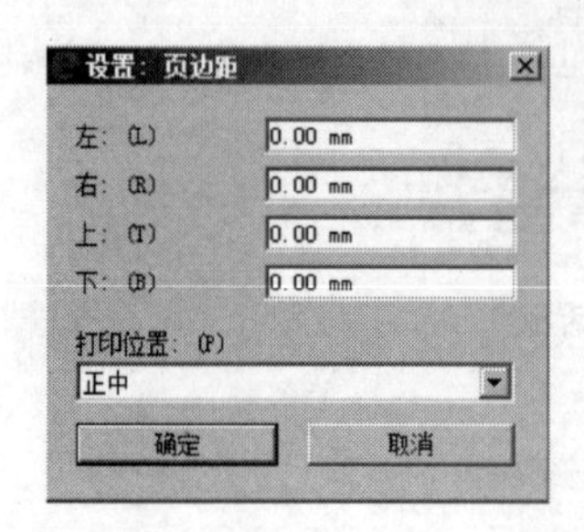

图 12-14　默认页边距对话框

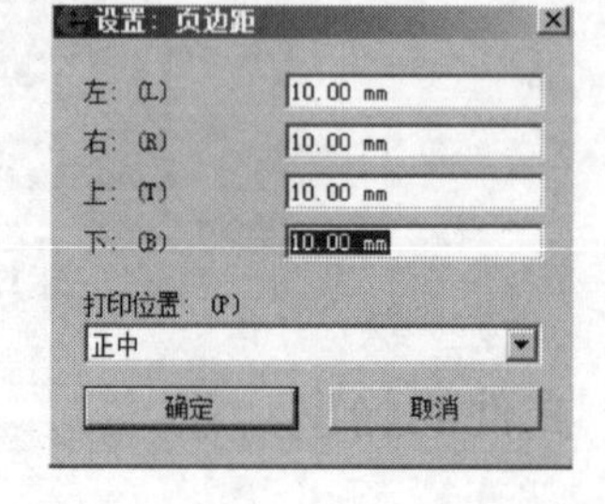

图 12-15　调整后的页边距设置

单击"确定"按钮，导出的图纸四周会包含 10 mm 边框。

其他"页"导出设置采用系统默认配置即可。如果需要修改，则可以自己参照帮助调整各个参数尝试。

12.2.6　文件导入

EPLAN 支持 2 种文件格式的输入：DXF/DWG 格式和 PDF 注释。

1. DXF/DWG 格式

EPLAN 是基于数据库的电气设计软件，对应 DXF/DWG 格式的图纸文件，导入的结构是图形层面的描述信息，无法从电气设计的层面读取 DXF/DWG 格式的电气信息。

DXF/DWG 格式的导入目的是，在企业标准化文件转换的过程中，在图形和一些文档标准的图纸转换方面提高工作效率。

2. PDF 注释导入

PDF 注释导入并不是导入 PDF 图形，PDF 注释导入的工作流程如下：

① EPLAN 发布 PDF 的文件给其他工程师或者用户使用。

② 其他工程师或者用户在实施项目的过程中发生了变更或者现场图纸修改或部件的更新。

③ 在做更新记录时，用 PDF 的文档打开图纸，可用 PDF 的注释工具对图纸进行注释。

④ 把包含注释的 PDF 文件返回给设计者。

⑤ 设计者在导入该 PDF 文件的同时导入了 PDF 的注释内容，注释内容同时和 PDF 备注时图纸页的位置相关联，以方便设计者更新图纸。

下面举例说明 PDF 的注释导入。

首先发布项目 CHP13 图纸，默认目录在项目文件的 DOC 文件夹中（过程如文件的输出）。

然后用 PDF 软件打开 CHP13 的文件。

检查文件发现“公司名称”的文本应该是 ABC. Co，需要在该 PDF 文件上用“添加附注”工具在“公司名称”位置增加注释，如图 12－16 所示。

修改后保存文件为“CHP12 注释”。

EPLAN 工程师在收到增加 PDF 注释的文本后导入 PDF 文件，过程如下：

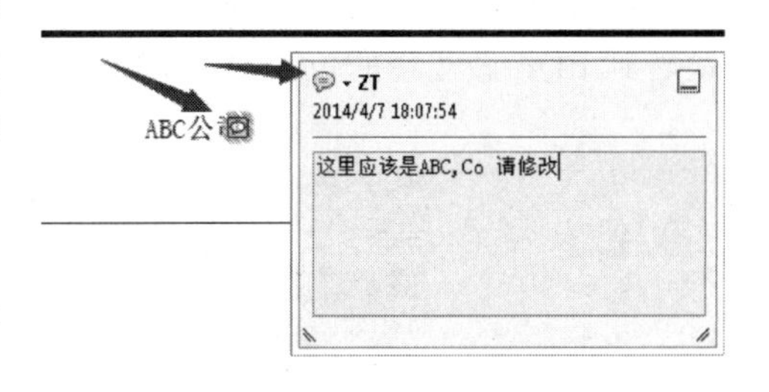

图 12－16　增加 PDF 注释

在打开项目 CHP13 文件后，选择“页”→“导入”→“PDF 注释”菜单项，弹出“打开”对话框，如图 12－17 所示。

图 12－17　选择 PDF 注释文件

选择“CHP12 注释”PDF 文件，单击“打开”按钮，弹出“导入 PDF 注释”信息框，如图 12－18 所示。

信息框提示“1 个注释已经导入”，单击“确定”按钮，确认导入信息框，PDF 注释导入工作完成。

查看注释内容如下：

选择“页”→“注释”导航器，打开“注释”导航器，如图 12－19 所示。

图 12－18　“导入 PDF 注释”信息框

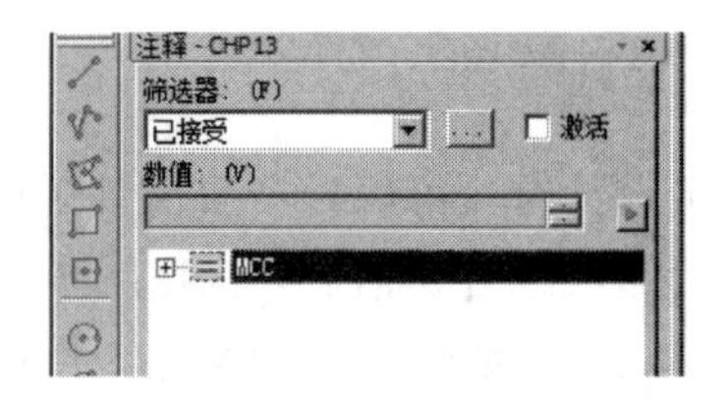

图 12－19　“注释”导航器

展开 MCC 高层代号，可见注释清单，如图 12－20 所示。

右击第一条注释“这里应该是 ABC，Co 请修改”，弹出快捷菜单，选择“转到图形”，页编辑器跳转到 PDF 做注释的位置，如图 12－21 所示。

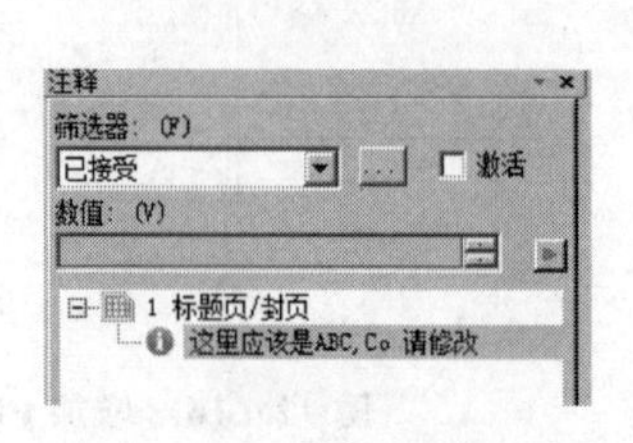

图 12－20 查看注释清单

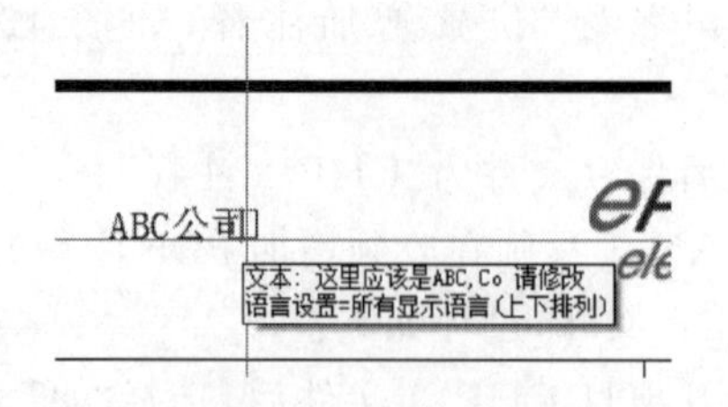

图 12－21 注释调整位置

双击第一条注释“这里应该是 ABC，Co 请修改”，弹出“属性”对话框，如图 12－22 所示。

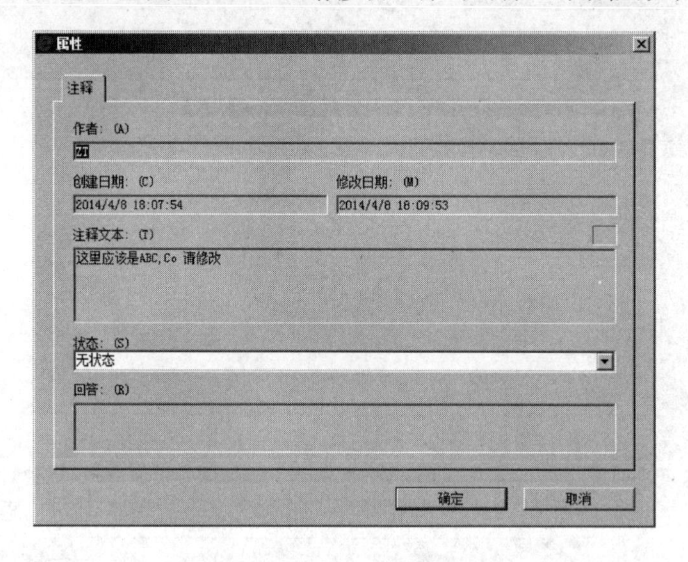

图 12－22 PDF 注释项属性

在“状态”栏可以标注此注释设计者的修改状态，分别为“无状态”、“已接受”、“已结束”、“已拒绝”和“已中断”5 种状态，如图 12－23 所示。

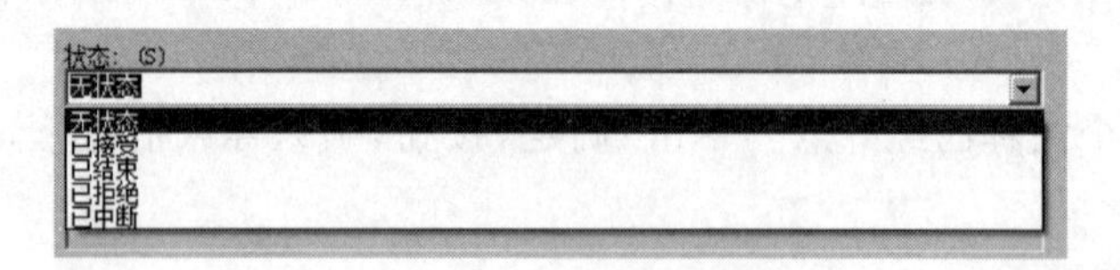

图 12－23 注释修改状态

12.2.7 修订管理

在图纸设计阶段可以对项目文件随时进行修改，对修改的过程不关注。

在项目完成或者归档后，如果有修改的需求，或者之前的归档项目现在应用有更新的需求，就需要保护原发布版本的内容，并清晰地记录每次更新或者修改的内容及修改结果，EPLAN 的修订管理就是为此提高的软件功能。

复制项目 CHP12 到项目 CHP12a 用于修订管理练习。

打开项目 CHP12a，选择“工具”→“修订管理”→“项目属性比较”→“生成参考项目”菜单项，弹出“生成参考项目”对话框，如图 12-24 所示。

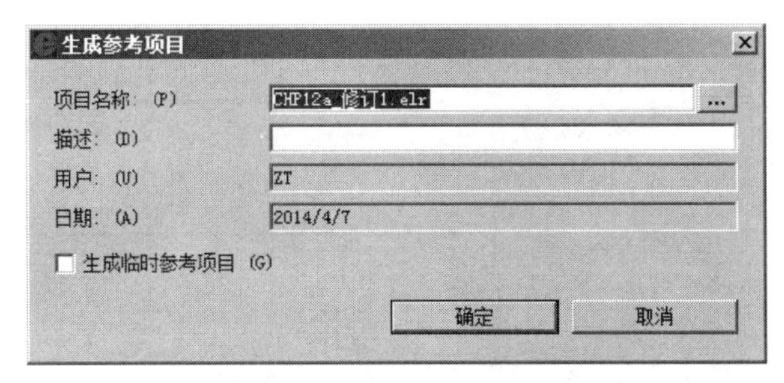

图 12-24　“生成参考项目”对话框

在“描述”文本框中填写“完成项目”，单击“确定”按钮，生成参考项目。

1. 完成项目

打开项目 CHP12a，选择“工具”→“修订管理”→“完成项目”菜单项，“页”导航器中 CHP12a 项目符号增加了锁定符号，同时符号前增加了印章的符号，如图 12-25 所示。

经过“完成项目”操作的项目处于写保护模式。

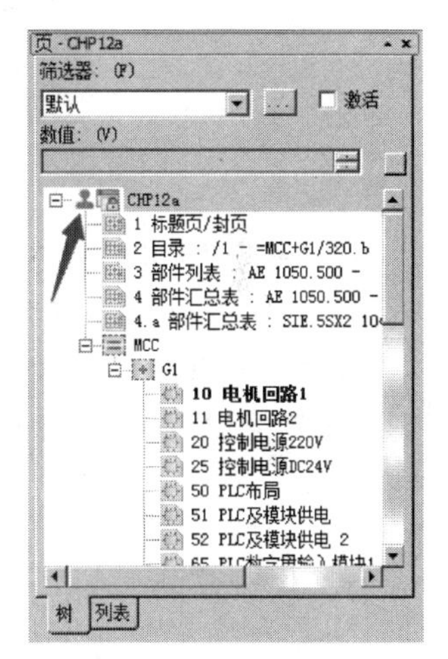

图 12-25　完成项目

2. 生成修订和完成项目

每一次修订都是以“生成修订”开始，以“完成项目”结束。在这两个动作之间所做的修订内容都会被汇总到该修订内容，这些修订内容有相同的“修订名”。

选择“工具”→“修订管理”→“修订信息跟踪”→“生成修订”菜单项，弹出“生成修订”对话框，如图 12-26 所示。

“修订名”默认是“修订 1”，为该修订填写“注释”信息为“第一次修订”。单击“确定”按钮，进行“修订名”为“修订 1”的修改。

每个修订的动作，都会有一个“索引”的编号，这些编号是按顺序排列的，每个“修订名”可以包括一个或多个“索引”编号。

“索引”编号是以“完成页”命令作为结束的。修改“=MCC+G1/10”中“N”线的线径为“4 mm^2”，一共 2 处位置，修改的位置被系统用点划线矩形标识出来，如图 12-27 所示。

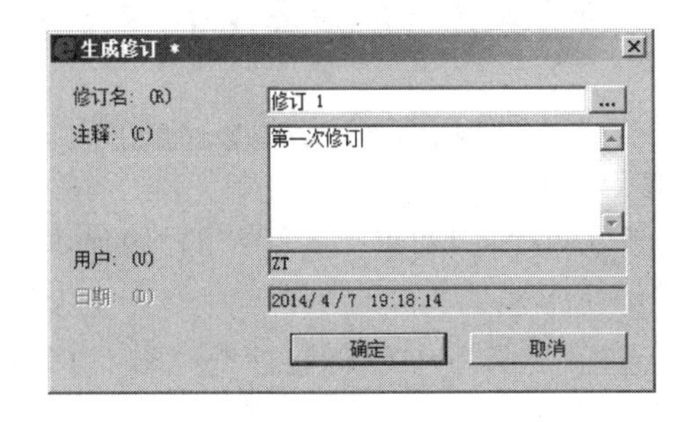

图 12-26　“生成修订”对话框

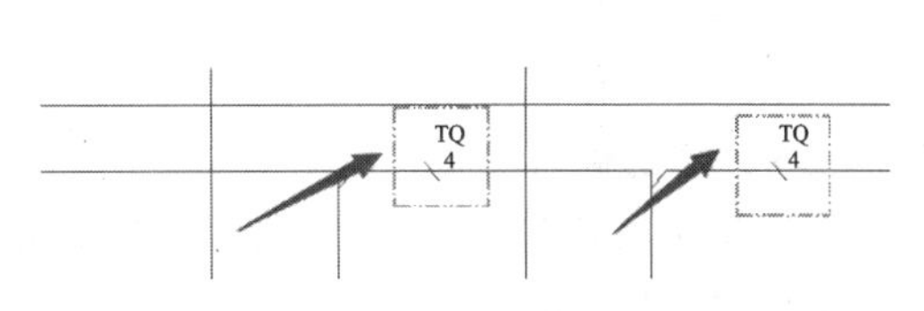

图 12-27　修改线径

选择“工具”→“修订管理”→“修订信息跟踪”→“完成页”菜单项，弹出“页的修改说明”对话框，此处出现了默认值为“01”的“修订索引”，填写“描述”为“修改 4 列和 5 列 N 线线径”，填写“修改原因”为“容量调整”，如图 12－28 所示。

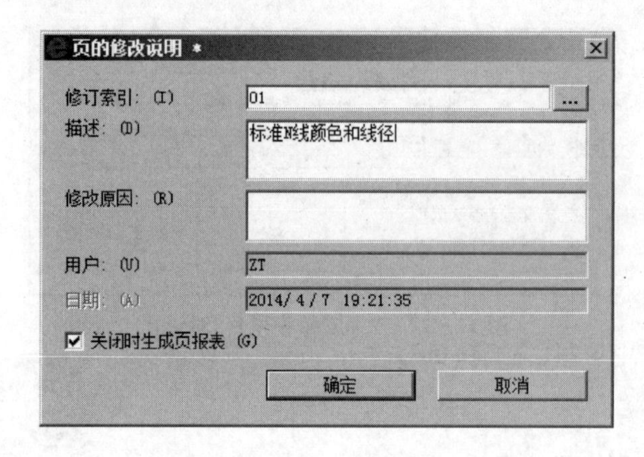

图 12－28 “页的修改说明”对话框

单击“确定”按钮，完成“修订索引”为“01”的修改内容。

选择再次进行“修订名”为“修订 1”且“修订索引”为“02”的修改。

修改“＝MCC＋G1/10”中“N”线的线径为“4 mm^2”，一共 1 处位置，修改的位置被系统用点划线矩形标识出来，如图 12－29 所示。

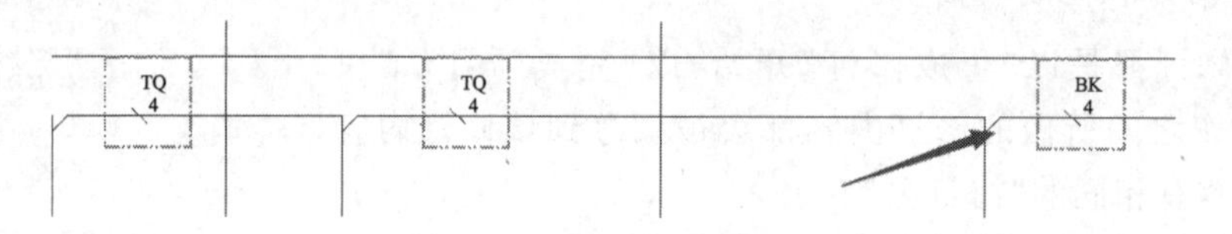

图 12－29 修改第三处线径

选择“工具”→“修订管理”→“修订信息跟踪”→“完成页”菜单项，弹出“页的修改说明”对话框，此处出现了默认值为“02”的“修订索引”，填写“描述”为“修改 7 N 线线径”，填写“修改原因”为“容量调整”，如图 12－30 所示。

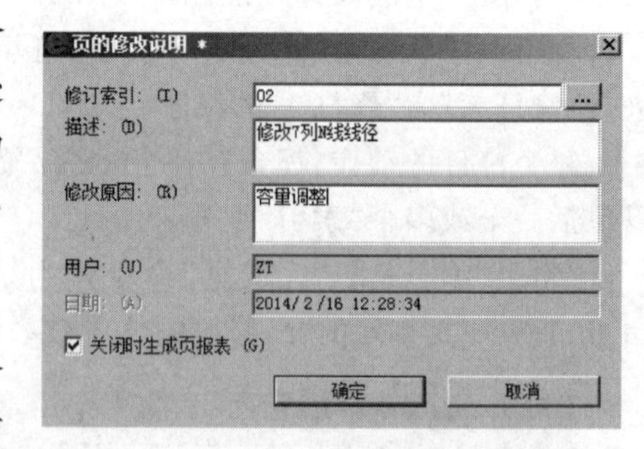

图 12－30 02 号修订索引

单击“确定”按钮，完成“02”修订索引。

选择“工具”→“修订管理”→“修订信息跟踪”→“编辑修订信息”菜单项，弹出“编辑修订数据”对话框，如图 12－31 所示。

从“编辑修订数据”对话框可查看修订名为“修订 1”的两次修改，分别是索引为“01”的“标准 N 线颜色和线径”和索引为“02”的“增加本页第三个 N 线标注”的修订。

如果希望进行修订名为“修订 2”的修订，重新选择“工具”→“修订管理”→“修订信息跟踪”→“生成修订”菜单项即可。

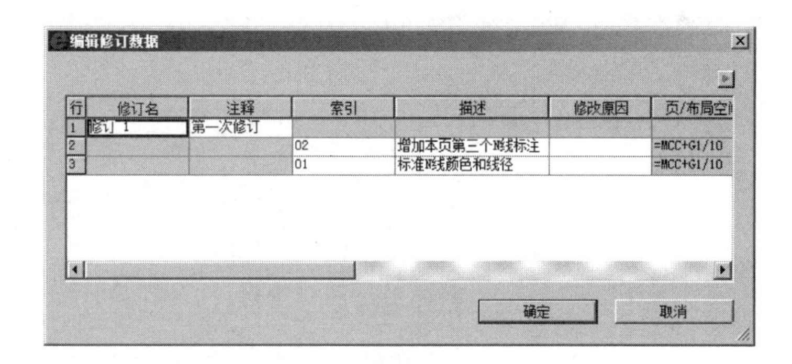

图 12-31　“编辑修订数据”对话框

单击“完成项目”，与“完成页”类似，进行修订名为“修订 1”的第三次修改，完成索引为“03”的修订索引，如图 12-32 所示。

填写“描述”信息为“完成项目修改”后单击“确定”按钮，完成本次项目修改。

3. 图框显示当前页修订内容

选择“工具”→“修订管理”→“取消写保护”菜单项。

在“页”导航器中右击“＝MCC＋G1/10”，弹出快捷菜单，选择“属性”菜单项，弹出“页属性”对话框，选择图框名称为 FN1_001，单击“确定”按钮，回到编辑界面，查看“＝MCC＋G1/10”图框标题栏左侧有相关本页“修订”信息，如图 12-33 所示。

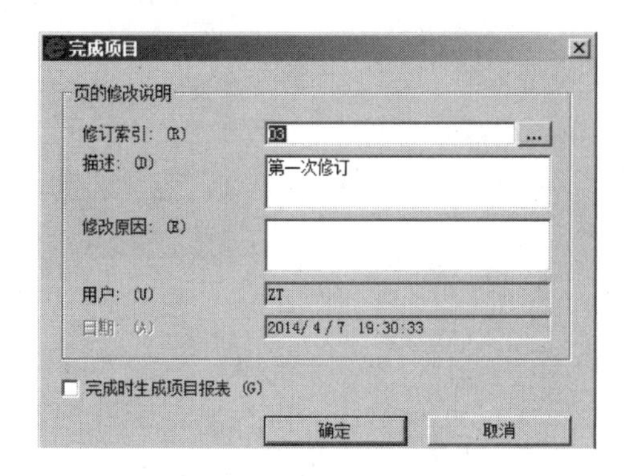

图 12-32　“完成项目”修改

=+/4. a

02	2014/4/7	ZT
01	2014/4/7	ZT
修改	日期	姓名

图 12-33　包含修订信息图框

4. 生成修订报表

在每页显示本页修订信息的同时，EPLAN 提供修订信息报表功能，便于用户对修订信息进行查询。

选择“工具”→“报表”→“生成”菜单项，弹出“报表”对话框，如图 12-34 所示。

单击“新建”按钮，弹出“确定报表”对话框，选择“修订总览”，如图 12-35 所示。

单击“确定”按钮，弹出“修订总览(总计)”对话框，选择放置“修订总览(总计)”报表位置在“＝MCC/30”位置，如图 12-36 所示。

单击“确定”按钮，新建修订总览报表并退出“修订总览”对话框，回到“报表”对话框，单击“确定”按钮，回到图纸编辑界面。

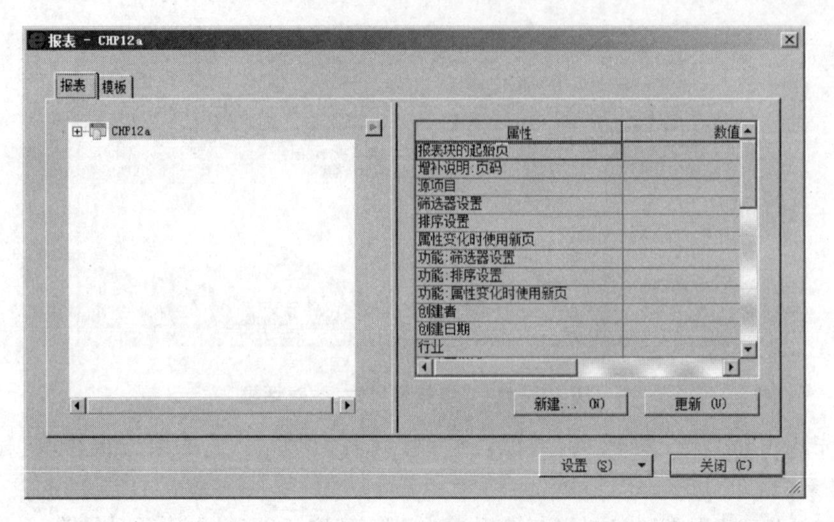

图 12-34　新建报表

图 12-35　新建修订总览报表

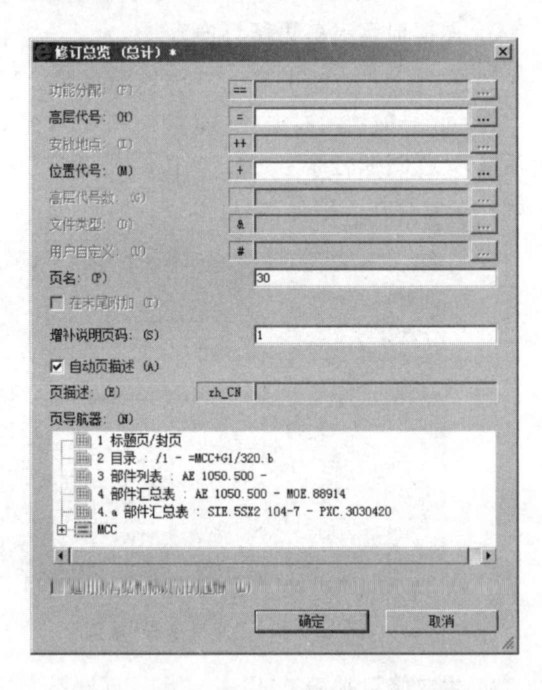

图 12-36　"修订总览(总计)"对话框

在"页"导航器双击"＝MCC/30",查看"修订总览"报表,如图 12-37 所示。

修订名	修订注释	修订原因	页名	修订描述	创建者
修订 1	第一次修订		=MCC+G1/10	增加本页第三个跳线标注	ZT
修订 1	第一次修订		=MCC+G1/10	标准跳线颜色和线径	ZT

图 12-37　修订总览报表

12.2.8　项目完成

经过绘图实例的学习完成了一个基本项目的绘制，在绘制的过程中会出现各种未完成的内容或者错误。EPLAN 是一个容错的系统，根据用户对图纸的使用程度，有些错误在不进行相关报表时是可以存在于图纸中的，不影响图纸的正常使用。

如果需要了解图纸相关的设计错误或警告，则可以通过 EPLAN 的消息检查进行检查，检查这些信息可以帮助工程师了解图纸设计过程中的错误，在帮助信息的提示下完善自己的图纸。